CAILIAO KEXUE YU GONGCHENG
SHIYAN ZHIDAO JIAOCHENG

材料科学与工程
实验指导教程

王兆波　张萍萍　王桂雪　等编著

化学工业出版社
·北京·

内容简介

本书是结合材料科学与工程专业的全面发展以及相关学科、行业发展对人才的需求编写而成的。本书在实验内容的设计方面，结合大量基础型、应用型、综合型及设计创新型实验项目，更加注重培养读者的知识应用能力、分析综合能力，为培养出有探索精神的创新型、科研型人才打下坚实基础。

本书主要分为四个部分：第一部分主要是材料制备与合成实验；第二部分主要是材料成型与加工实验；第三部分主要是材料结构表征实验；第四部分主要是材料性能测试实验。全书内容涉及无机非金属材料实验、金属材料实验、高分子材料实验、材料加工改性实验以及新材料实验等方面内容。

全书力求覆盖面宽、内容精选、简明实用，便于实际应用指导和自学，既可以作为材料科学与工程相关专业师生的实训教材或教学参考书，也可供从事相关专业的技术人员和科研人员参考。

图书在版编目（CIP）数据

材料科学与工程实验指导教程/王兆波等编著．—北京：化学工业出版社，2022.6

ISBN 978-7-122-40984-3

Ⅰ.①材…　Ⅱ.①王…　Ⅲ.①材料化学-实验-高等学校-教学参考资料　Ⅳ.①TB3-33

中国版本图书馆 CIP 数据核字（2022）第 046133 号

责任编辑：朱　彤　　文字编辑：邢苗苗　刘　璐
责任校对：李雨晴　　装帧设计：刘丽华

出版发行：化学工业出版社（北京市东城区青年湖南街 13 号　邮政编码 100011）
印　　装：北京天宇星印刷厂
787mm×1092mm　1/16　印张 12　字数 311 千字　　2023 年 1 月北京第 1 版第 1 次印刷

购书咨询：010-64518888　　售后服务：010-64518899
网　　址：http://www.cip.com.cn
凡购买本书，如有缺损质量问题，本社销售中心负责调换。

定　　价：59.00 元

前言

实验教学是高等学校创新人才培养体系的重要组成部分，也是实践教育环节的重要组成部分，对于提高学生的综合素质，培养创新意识、创新精神以及实践能力，有着不可替代的作用。实验教学不仅能够巩固课堂教学的理论内容，增加感性的认识，而且能够培养学生实事求是的精神及理论联系实际的学风和严谨的治学态度。

本书是编著者多年来从事材料科学与工程专业实验和实践的总结。作者所在单位综合教学和科研工作的需求，开设了基础型、应用型、综合型及设计创新型实验项目，并且随着材料科学的发展和实验条件的改善，实验项目及授课模式的不断调整，力求实验教学内容紧跟时代发展步伐，以满足培养高素质创新型人才的需要。需要指出的是，本书大部分实验项目是随着我国材料工业和分析仪器工业的发展而逐渐扩充的，所需实验耗材国内基本可以提供，大部分实验设备国内也能够生产或者自制，这也是使用本教材的有利条件。

本书编写时力求内容比较全面，全书分为材料合成与制备、材料成型与加工、材料结构表征、材料性能测试四大部分，涉及作者所在单位（青岛科技大学材料科学与工程学院）近年来为材料物理、材料化学、无机非金属材料工程、金属材料工程及新能源材料与器件五个专业开设的 90 多个专业实验项目。在本书内容编排上，注意与相关理论课程进行衔接，具有简明、实用、以学生为中心的特点。本书编写时还以实验操作技能的系统训练为主线，注重探索意识与创新能力的培养，重视实验技能、动手能力的培养和训练，促进学生知识、能力、素质的协调发展；有助于读者更深入地掌握材料学相关专业课程的基础知识，致力于培养有探索创新精神的教学、科研型人才。

本书由王兆波、张萍萍、王桂雪等编著。谢广文、于薛刚、王宝祥、隋凝、李霞、白强、王志义、孙瑞雪、彭红瑞、宋彩霞、刘通、韩荣江、李成栋、蔺玉胜、郭志岩、王莉、单妍、赵平、张乾、刘欣、隋静、尹正茂、孙琼、林森、肖海连、冯建光、于庆先、奉若涛、李斌、石良、刘静、刘鲁梅、董红周、赵云琰、刘光波、卢迎习、肖瑶、闫凤英、刘漫红、于寿山、万家齐等老师参与了本书的编写，全书由张萍萍老师负责校对。本书的出版得到了青岛科技大学材料科学与工程学院有关老师的热情支持和帮助，在此谨表谢意！

限于编著者的水平和经验，书中一定有很多不完善和不妥之处，望读者不吝指正。

编著者
2022 年 5 月

目录

第一章　材料制备与合成实验　/　001

实验 1　溶胶-凝胶法制备纳米二氧化钛粉体　/　001

实验 2　常温制备表面修饰的 ZnS 半导体纳米晶材料　/　002

实验 3　三草酸合铁（Ⅲ）酸钾的合成及性质　/　003

实验 4　本体聚合制备有机玻璃棒　/　005

实验 5　乳液聚合制备聚醋酸乙烯酯乳液　/　007

实验 6　界面缩聚制备聚对苯二甲酰己二胺（PA6T）　/　008

实验 7　化学还原法制备金属纳米簇催化剂　/　009

实验 8　模板法制备导电高分子纳米材料　/　011

实验 9　荧光防伪材料的制备　/　013

实验 10　碳酸钡（$BaCO_3$）单分散颗粒的制备　/　014

实验 11　钢铁材料表面化学镀镍工艺　/　016

实验 12　水溶液法制备磷酸二氢钾（KDP）单晶　/　017

实验 13　直流等离子体法制备类金刚石薄膜（DLC）　/　019

实验 14　采用快速混合法和界面聚合法制备聚苯胺纳米纤维　/　021

实验 15　微波水热法制备氧化铈纳米粉体　/　022

实验 16　阳极氧化制备多孔氧化铝薄膜　/　024

实验 17　介孔状二氧化铈的溶剂热合成　/　025

实验 18　固体氧化物燃料电池电解质片压制及其密度测定实验　/　027

实验 19　半导体光催化降解染料废水　/　028

实验 20　无外加酸条件制备 Al-SBA-15 有序介孔材料　/　030

实验 21　荧光量子点的制备　/　031

实验 22　草酸盐共沉淀法制备 $LiNi_{1/3}Co_{1/3}Mn_{1/3}O_2$ 正极材料　/　032

实验 23　电催化分解水制氢实验　/　033

实验 24　氧化锌纳米阵列形貌调控及表征　/　036

实验 25　惰性气体蒸发法制备纳米粉体　/　037

实验 26　氢电弧等离子体法制备纳米粉体　/　039

实验 27　苯乙烯自由基悬浮聚合　/　040

实验 28　光催化分解水制氢实验　/　041

实验 29　高真空蒸发镀金属薄膜　/　043

第二章　材料成型与加工实验　/　048

实验 30　金相显微试样的制备　/　048

实验 31　金属材料的热处理实验　/　049

实验 32　金属材料的电阻点焊实验　/　051

实验 33 金属粉末冷等静压成型实验 / 053
实验 34 铝合金的熔炼 / 054
实验 35 铝的真空烧结实验 / 057
实验 36 橡胶配合与开炼机混炼工艺 / 058
实验 37 橡胶的硫化工艺 / 062
实验 38 热塑性塑料挤出工艺 / 064
实验 39 热塑性塑料注射成型工艺 / 065
实验 40 高速捏合工艺 / 067
实验 41 氧化铝（Al_2O_3）陶瓷膜坯的水基流延成型 / 068
实验 42 电子陶瓷素坯干压成型与烧结 / 070
实验 43 有色玻璃的熔制 / 072
实验 44 无机膜的固态粒子烧结法合成工艺 / 073
实验 45 注浆成型法制备管状SOFC（固体氧化物燃料电池）电解质工艺 / 074

第三章 材料结构表征实验 / 076

实验 46 X射线衍射物相分析 / 076
实验 47 透射电子显微镜分析 / 079
实验 48 扫描电子显微镜分析 / 081
实验 49 综合热分析仪实验 / 083
实验 50 有机化合物的紫外吸收光谱研究 / 085
实验 51 气相质谱仪系统实验 / 087
实验 52 气相色谱-质谱（GC-MS）联用仪分离分析实验 / 089
实验 53 能谱仪原理及成分分析实验 / 090
实验 54 陶瓷微观结构观察 / 092
实验 55 偏光显微镜观察高分子的球晶 / 093
实验 56 相差显微镜观察聚合物共混形态 / 096
实验 57 金相光学显微镜的构造及使用方法 / 099
实验 58 铁碳合金平衡组织观察 / 101
实验 59 铅-锡二元合金的配制及铸态组织的显微分析 / 103
实验 60 金属塑性变形与再结晶观察 / 105
实验 61 金属腐蚀体系的电化学阻抗谱测试实验 / 106
实验 62 铸铁的金相组织观察 / 108
实验 63 激光粒度仪测定粉体粒度分布 / 111

第四章 材料性能测试实验 / 113

实验 64 粉体样品相对密度测定——比重瓶法 / 113
实验 65 粉体材料装填体积和表观密度测定 / 114
实验 66 粉体样品的白度测定 / 115
实验 67 碱滴定法测定气相白炭黑比表面积 /117
实验 68 粉末接触角的测定 /118
实验 69 陶瓷坯体密度测定实验 /120
实验 70 粉末法测定玻璃化学稳定性 /121
实验 71 材料的体积密度、吸水率和孔隙率测定 /122
实验 72 无机膜材料绝对孔径的测定 /123
实验 73 陶瓷泥料的可塑性实验 /124
实验 74 陶瓷浆料的流动性、触变性和稳定性

实验 /126
实验 75 金属材料的硬度测试实验 /129
实验 76 高分子材料的邵氏硬度测试实验 /132
实验 77 Dataphysics 动态接触角与表面张力仪的使用 /134
实验 78 金属材料的中性盐雾腐蚀实验 /136
实验 79 金属的电化学腐蚀实验 /137
实验 79-1 金属极化曲线的测试 /137
实验 79-2 电偶腐蚀的测定 /139
实验 80 金属材料热导率的测定 /141
实验 81 金属材料的拉伸实验、压缩实验、弯曲实验、冲击韧性实验 / 143
实验 81-1 拉伸实验 / 143
实验 81-2 压缩实验 / 144
实验 81-3 弯曲实验 / 145
实验 81-4 冲击韧性实验 / 146
实验 82 聚合物的电性能测试 / 148
实验 83 膨胀计法测定高分子的玻璃化转变温度 / 153
实验 84 黏度法测定高分子的黏均分子量 / 155
实验 85 膨胀计法测定自由基聚合反应速率 / 158
实验 86 橡胶拉伸强度的测试 / 160
实验 87 半导体激光器实验 / 164
实验 88 霍尔效应 / 166
实验 89 直接甲醇燃料电池催化剂性能测试 / 168
实验 90 芳香性化合物紫外-可见吸收光谱的理论计算研究 / 169
实验 91 四端子法和四探针法测量半导体的电阻率 / 172
实验 92 卡尔·费歇尔法测试材料中微量水分含量 / 177
参考文献 / 180

第一章

材料制备与合成实验

实验1　溶胶-凝胶法制备纳米二氧化钛粉体

一、实验目的

（1）了解溶胶-凝胶法制备纳米二氧化钛粉体的实验原理。

（2）掌握溶胶-凝胶法制备纳米二氧化钛粉体的实验步骤。

（3）了解实验中影响实验结果的各因素，并对实验结果进行分析。

二、实验原理

纳米粉体是指颗粒粒径介于1～100nm之间的粒子。颗粒尺寸的微细化，使得纳米粉体在保持材料原化学性质的同时，在磁性、热阻、光吸收、化学活性、催化和熔点等方面表现出独特的性能。纳米二氧化钛（TiO_2）粉体具有比表面积大、熔点低、磁性强、光吸收性能好等特点，尤其是对紫外线具有很强的吸收能力，使其具有非常广阔的应用空间：利用纳米TiO_2粉体作光催化剂，可以有效处理有机废水，其催化活性远超普通TiO_2（粒径约10μm）粉体；利用其透明性和散射紫外线的能力，可作食品包装材料、木器保护漆、人造纤维添加剂、化妆品（如防晒霜）等；利用其光电导性和光敏性，可开发TiO_2感光材料。

制备纳米粒子的方法很多，常用的有化学沉淀法、溶胶-凝胶法、微乳液法、水热法、反相胶团法、气相法等。本实验采用溶胶-凝胶法（sol-gel法）来制备纳米TiO_2粉体，即将含高化学活性组分的化合物经溶液、溶胶、凝胶而固化，再经热处理形成氧化物或其他化合物固体的方法。溶胶是指微小固体颗粒悬浮分散在液相中并不停进行布朗运动的体系，由于界面原子的吉布斯（Gibbs）自由能比内部原子高，因此溶胶是热力学不稳定体系。凝胶是指胶体颗粒或高聚物（或聚合物）分子互相交联形成空间网状结构，网状结构空隙中充满了作为分散介质的液体（在干凝胶中也可以是气体）的分散体系。但并非所有的溶胶都能转变为凝胶，凝胶形成的关键在于胶粒间的相互作用力足够强，以至于克服胶粒-溶剂间的相互作用力。

本实验以钛酸四丁酯（TNB）为原料来制备纳米TiO_2粉体，通过水解和缩聚反应制得溶胶，进一步缩聚得到凝胶。钛酸四丁酯的水解和缩聚反应过程如下：

水解：　$Ti(OC_4H_9)_4 + nH_2O \longrightarrow Ti(OC_4H_9)_{4-n}(OH)_n + nHOC_4H_9$

缩聚：$2Ti(OC_4H_9)_{4-n}(OH)_n \longrightarrow [Ti(OC_4H_9)_{4-n}(OH)_{n-1}]_2O + H_2O$

实验过程中，由于TNB黏度较大且水解速度极快，因此加入一定比例的乙醇溶液作为分散剂，并加入一定量的硝酸作为抑制剂延缓其水解速率，防止发生局部沉淀而形成团聚体。

三、实验原料与用品

实验原料：钛酸四丁酯、无水乙醇、二乙醇胺、聚乙二醇、浓硝酸、去离子水。

实验用品：磁力搅拌器、干燥箱、马弗炉、研钵、瓷舟、烧杯、量筒、移液管。

四、实验步骤

(1) 取定量的钛酸四丁酯溶解于无水乙醇溶剂中（二者体积比为1∶20）。

(2) 剧烈搅拌条件下依次向钛酸四丁酯的醇溶液中加入二乙醇胺、硝酸水溶液、聚乙二醇，搅拌2h得到透明、稳定、均匀的淡黄色溶胶。

(3) 将湿溶胶陈化2h后，放入烘箱内干燥，得到黄色透明的干凝胶。将干凝胶研磨后，在450℃马弗炉内煅烧2h，得到白色TiO_2粉末。

(4) 实验过程中反应物的配比（体积）如下。

钛酸四丁酯∶无水乙醇∶二乙醇胺∶硝酸∶聚乙二醇＝1∶20∶0.1∶20∶0.3，其中HNO_3水溶液的浓度为0.25mol/L。

五、思考题

(1) 实验过程中为什么要添加抑制剂？

(2) 溶胶-凝胶法制备纳米二氧化钛粉体的机理是什么？

(3) 水的添加量对反应过程有什么影响？

实验2　常温制备表面修饰的ZnS半导体纳米晶材料

一、实验目的

(1) 了解表面修饰的ZnS半导体纳米晶材料的制备工艺。

(2) 掌握常温制备纳米材料的制备方法和工艺特征。

(3) 了解纳米材料常用表征方法，包括扫描电镜、透射电镜和粒度分析等。

二、实验原理

β-ZnS又称闪锌矿，面心立方结构，晶胞参数$a=0.5406$nm，$z=4$，在自然界中能够稳定存在。ZnS是一种性能优良的半导体材料，禁带宽度为3.54eV，被广泛用作陶瓷材料、光催化材料、阴极射线显示、气敏材料、电致发光材料等，近年来ZnS型半导体发光器件、半导体量子阱器件也取得了重大成果。此外，它还被应用于传感器，对X射线进行探测，也可用于制作光电（太阳能电池）敏感元件、涂料及特定波长控制的具有光电识别标志的激光涂层等。ZnS还是一种优异的红外光学材料，在波段3～5μm和8～12μm范围内具有较高的红外透过率及优良的光学、力学、热学综合性能，是性能最佳的飞行器双波段红外观察窗口和头罩材料。此外，ZnS还具有一定的气敏性，对低浓度、还原性较强的 H_2S 具有很高的灵敏度，对其他还原性相对较弱的气体灵敏度较低。因此，其抗干扰能力较强，有很好的开发应用前景。近年来，用水热法合成ZnS粒子屡有报道。中国科技大学钱逸泰院士课题组利用水热法将 $Zn(CH_3COO)_2$ 和 Na_2S 反应生成白色蓬松的悬浮液，在150℃条件下水热处理，成功制备出纳米级ZnS。其为立方型ZnS相（闪锌矿），平均粒径约为6nm；制备出的闪锌矿ZnS粉末粒子分布窄，在400～500cm^{-1}范围内具有良好的红外透射率。青岛科技大学胡正水教授利用咪唑啉型表面活性剂作为表面修饰剂，在无水乙醇中将 $Zn(CH_3COO)_2$ 和硫代乙酰胺（TAA）于150℃溶剂热反应12h，得到粒径300～500nm的均分散ZnS空心球，其具有良好的空心量子效应和光致发光效应。

随着材料化学的发展，制备ZnS半导体纳米材料的工业化应用越来越引起人们的广泛关注。然而对于上述制备ZnS纳米材料的方法，水热法、溶剂热法的高温和高压不但会增加成本，而且操作比较复杂、危险，引入的表面活性剂经常会遭到破坏或难以被回收循环利用，对工业化生产非常不利。因此，开发一种简便、经济的合成工艺，大规模制备ZnS空心球还面临很大挑战。

本实验以 $Zn(CH_3COO)_2$ 和硫代乙酰胺分别为Zn源和S源，以三嵌段聚合物PEO-PPO-PEO或十六烷基三甲基溴化铵（CTAB）为表面活性剂，在室温下于水中或无水乙醇中反应24h制备ZnS纳米晶。

三、实验原料与用品

实验原料：乙酸锌、硫代乙酰胺（TAA）、无水乙醇、十六烷基三甲基溴化铵(CTAB)，均为分析纯，水为去离子水。

实验用品：烧杯（100mL）、电子天平、离心机、离心试管、干燥箱。

四、实验步骤

在100mL烧杯中分别加入等摩尔比的乙酸锌和TAA，用40mL无水乙醇充分搅拌溶解后，再加入0.24g的表面活性剂CTAB。该体系在室温（15～20℃）下放置24h，得到白色沉淀。将沉淀仔细收集后，分别用去离子水和无水乙醇洗涤多次，所得粉末于室温干燥4h，采用JEM-2000 EX型透射电镜（日本JEOL公司，加速电压为160kV）表征其形貌，采用Zeta-3000HS粒度分布仪（英国马尔文仪器公司）确定其粒径分布。

五、思考题

（1）常温制备ZnS纳米材料有哪些优点？

（2）TAA是如何提供硫源的？

实验3　三草酸合铁（Ⅲ）酸钾的合成及性质

一、实验目的

（1）了解三草酸合铁（Ⅲ）酸钾的合成方法及性质。

(2) 综合训练配合物合成的基本操作；练习溶解、沉淀、沉淀洗涤、过滤（常压、减压）等基本操作。

二、实验原理

(1) 性质。三草酸合铁（Ⅲ）酸钾为翠绿色单斜晶体，溶于水，难溶于乙醇；110℃下失去全部结晶水，230℃时分解。三草酸合铁（Ⅲ）酸钾对光敏感，遇光照射发生分解变为黄色：

$$2K_3[Fe(C_2O_4)_3]\cdot 3H_2O \longrightarrow 2FeC_2O_4 + 3K_2C_2O_4 + 2CO_2\uparrow + 6H_2O$$

遇光照射分解产生的草酸亚铁遇六氰合铁（Ⅲ）酸钾生成滕氏蓝：

$$3FeC_2O_4 + 2K_3[Fe(CN)_6] \longrightarrow Fe_3[Fe(CN)_6]_2\downarrow + 3K_2C_2O_4$$

(2) 应用

① 三草酸合铁（Ⅲ）酸钾具有光敏性，常用作化学光电直读光谱仪。

② 三草酸合铁（Ⅲ）酸钾是制备负载型活性铁催化剂的主要原料，也是一些有机反应的良好催化剂，在工业上具有一定的应用价值。

(3) 合成。三草酸合铁（Ⅲ）酸钾的合成工艺路线有多种。本实验以硫酸亚铁铵为原料合成三草酸合铁（Ⅲ）酸钾，主要反应式如下。

① 由硫酸亚铁铵与草酸反应制备草酸亚铁：

$$(NH_4)_2Fe(SO_4)_2\cdot 6H_2O + H_2C_2O_4 \longrightarrow FeC_2O_4\cdot 2H_2O\downarrow + (NH_4)_2SO_4 + H_2SO_4 + 4H_2O$$

② 在草酸根过量存在条件下，用 H_2O_2 氧化草酸亚铁即可得到三草酸合铁（Ⅲ）酸钾，同时生成氢氧化铁：

$$6FeC_2O_4\cdot 2H_2O + 3H_2O_2 + 6K_2C_2O_4 \longrightarrow 4K_3[Fe(C_2O_4)_3] + 2Fe(OH)_3\downarrow + 12H_2O$$

③ 加入适量草酸可使 $Fe(OH)_3$ 转化为三草酸合铁（Ⅲ）酸钾：

$$2Fe(OH)_3 + 3H_2C_2O_4 + 3K_2C_2O_4 \longrightarrow 2K_3[Fe(C_2O_4)_3] + 6H_2O$$

④ 加入乙醇，静置，析出产物结晶。后几步总反应式为：

$$2FeC_2O_4\cdot 2H_2O + H_2O_2 + 3K_2C_2O_4 + H_2C_2O_4 \longrightarrow 2K_3[Fe(C_2O_4)_3]\cdot 3H_2O$$

三、实验原料与用品

实验原料：H_2SO_4（3.0mol/L）、$H_2C_2O_4\cdot 2H_2O$、H_2O_2（6%）、硫酸亚铁铵 $[(NH_4)_2Fe(SO_4)_2\cdot 6H_2O]$、$K_2C_2O_4$ 饱和溶液、无水乙醇、去离子水。

实验用品：分析天平、电热套、水浴锅、烧杯（100mL、250mL）、玻璃棒、量筒（10mL、100mL）、滴瓶、称量纸、滤纸、布氏漏斗（带橡皮塞）、吸滤瓶、真空泵、表面皿、干燥器。

四、实验步骤

(1) $FeC_2O_4\cdot 2H_2O$ 的制备

① 硫酸亚铁铵的溶解。称取 3g 硫酸亚铁铵放入 250mL 烧杯中，加入 0.5mL 3.0mol/L 的 H_2SO_4 水溶液和 10mL 去离子水，加热使其完全溶解。

② $H_2C_2O_4\cdot 2H_2O$ 的称量、溶解。称取 1.8g $H_2C_2O_4\cdot 2H_2O$ 放到 100mL 烧杯中，加入 18mL 去离子水，微热搅拌使其溶解。

③ 草酸亚铁的制备。取 11mL $H_2C_2O_4$ 倒入硫酸亚铁铵溶液中，加热搅拌至沸腾，并维持微沸状态 5min。

④ 倾泻法分离洗涤沉淀。将上述③中的溶液静置，用倾泻法倒出上层清液，得到黄色 $FeC_2O_4 \cdot 2H_2O$ 沉淀。用热去离子水洗涤沉淀 3 次，以除去可溶性杂质。

(2) $K_3[Fe(C_2O_4)_3] \cdot 3H_2O$ 的制备

① Fe(Ⅱ) 的氧化。在上述洗涤过的沉淀中加入 8mL 饱和 $K_2C_2O_4$ 溶液，水浴加热至 40℃，滴加 6mL 6%的 H_2O_2 溶液，其间不断搅拌溶液并维持温度在 40℃左右。滴加完成后，加热溶液至沸腾以除去过量的 H_2O_2。

② 配位。取上述配制的 $H_2C_2O_4$ 溶液，滴加到沸腾溶液中，搅拌使沉淀溶解至呈翠绿色（$H_2C_2O_4$ 溶液滴加量约为 7mL)。

③ $K_3[Fe(C_2O_4)_3] \cdot 3H_2O$ 的结晶、抽滤。$K_3[Fe(C_2O_4)_3]$ 溶液冷却后，加入 8mL 无水乙醇溶液，在暗处放置，结晶。减压抽滤，用少量乙醇洗涤产品，继续抽干，称量并计算产率，最后将晶体置于干燥器内避光保存。

五、思考题

(1) 为什么合成过程采用 H_2O_2 作为氧化剂，能否使用其他氧化剂？为什么？

(2) 为什么要多次洗涤 $FeC_2O_4 \cdot 2H_2O$ 沉淀？如不洗涤对产品质量有何影响？

(3) 氧化 $FeC_2O_4 \cdot 2H_2O$ 时，氧化温度需控制在 40℃，不能太高，为什么？

(4) 在合成过程中，滴完 H_2O_2 后为什么还要煮沸溶液？

实验 4　本体聚合制备有机玻璃棒

一、实验目的

(1) 了解过氧化苯甲酰引发的甲基丙烯酸甲酯（MMA）的聚合反应。

(2) 了解本体聚合反应的基本原理和聚合特点。

二、实验原理

本体聚合是指单体本身在不加溶剂及其他分散介质的情况下，由微量引发剂或光、热、辐射能等引发进行的聚合反应，具有聚合产物纯度高、聚合产物不需进行后处理等优点。本体聚合这种聚合方式经常被用于实验室研究，如聚合反应动力学的定量研究和共聚反应中竞聚率的测定等。在工业中，本体聚合多被用于制造板材和型材，聚合反应所采用的设备也相对比较简单。本体聚合的突出优点是产品纯净，特别是可以用来制得透明的高分子产品，但其突出的缺点是聚合反应热的散热困难，而且在聚合中容易发生凝胶效应。为了解决这个问题，目前在工业上通常采用分段聚合的方式。

本体聚合的体系组成和反应设备是最简单的，但聚合反应却是最难控制的。这是由于本体聚合不加分散介质，当聚合反应到一定阶段后，体系黏度大，易产生自动加速现象，聚合反应热难以导出，因而反应温度难控制，易局部过热，导致反应不均匀，使产物分子量分布变宽，这在一定程度上限制了本体聚合在工业上的应用。为克服以上缺点，常采用分段聚合法，即工业上常称的预聚合和后聚合。

有机玻璃，其学名是聚甲基丙烯酸甲酯（PMMA），常采用本体聚合的方法来制备。PMMA的制品具有非常优良的光学性能，且密度小、力学性能及耐候性好，目前在航空、光学仪器、电器工业、日用品等众多领域有着非常广泛的应用。MMA是含不饱和双键结构的不对称有机小分子，容易发生聚合反应，聚合反应热为56.5kJ/mol。在MMA的本体聚合中，最突出的特点是存在着“凝胶效应”。也就是说，在聚合反应的过程中，当单体的转化率达到10%～20%的时候，整个反应体系的聚合速率会突然加快，反应体系物料的黏度会骤然上升，并导致出现局部过热的现象。出现这个现象的原因是随着聚合反应的持续进行，整个反应体系的黏度不断增大，活性增长链的移动越来越困难，致使它们之间相互碰撞而产生的双基链终止反应的速率常数发生显著下降；相反，单体小分子扩散作用则不受影响。如此一来，活性增长链与单体小分子的结合进行链增长的反应速率并不变，但链终止的速度减慢。对于整个聚合体系而言，其总的结果是聚合总速率显著增加，以致发生爆发性的聚合反应。由于在本体聚合的反应体系中，没有任何溶剂、稀释剂的存在，这就使得整个反应体系的聚合反应热的排散相对比较困难，“凝胶效应”释放出的大量反应热，会使得最终产品中含有气泡并直接影响产物的光学性能。因此，无论在实验室还是工业生产中，必须通过严格控制聚合温度，以此来有效控制聚合反应速率，并确保最终产物有机玻璃产品的质量。

对于采用MMA的本体聚合来制备有机玻璃，常常采用分段聚合的方式，即先在聚合釜内进行MMA的预聚合，之后再将预聚物浇注到制品型模内，然后再开始缓慢后聚合进行成型。实行预聚合的方式会存在几个益处：①可缩短聚合反应的诱导期，并使“凝胶效应”提前到来，以便在灌模成型之前可以移出较多的聚合反应热，以此保证产品的质量；②可以减少聚合时的体积收缩量，MMA由单体变成聚合物时，其体积要缩小20%～22%，通过预聚合的方法，可使收缩率小于12%；③由于预聚物浆液的黏度大，可以减少灌模时的渗透造成的损失。

三、实验原料与用品

实验原料：甲基丙烯酸甲酯（MMA）、过氧化苯甲酰（BPO）。

实验用品：温度计、试管（10mL）、脱脂棉、锥形瓶（50mL）、水浴锅、烧杯（250mL）。

四、实验步骤

（1）预聚合。在50mL锥形瓶中加入30mL甲基丙烯酸甲酯及约30mg过氧化苯甲酰（BPO），瓶口加脱脂棉，在85～90℃的水浴中，进行预聚合反应；同时，要密切注意观察反应体系黏度的变化。当体系黏度变大至甘油状的时候，取出放入冷水中冷却（250mL烧杯+冷水），结束预聚合。

（2）灌模。将上述预聚液小心灌入干燥的10mL试管中，注意防止锥形瓶外水珠滴入，垂直放置10min，赶出气泡。

（3）后聚合。将灌好预聚液的试管放入45～50℃的烘箱中反应约20h（注意温度不要太高，否则产物内部易产生气泡）；然后升温至100～105℃反应2～3h，使单体转化完全。

（4）取出所得到的有机玻璃棒，观察其透明度及是否有气泡。

五、思考题

（1）在本体聚合反应过程中，为什么必须严格控制不同阶段的反应温度？

（2）凝胶效应进行完毕后，提高反应温度的目的何在？

实验 5 乳液聚合制备聚醋酸乙烯酯乳液

一、实验目的

（1）了解醋酸乙烯酯（又称乙酸乙烯酯）的乳液聚合实验。

（2）了解乳液聚合中各组分作用和乳液聚合的特点。

二、实验原理

乳液聚合是以水作为分散介质，小分子单体在乳化剂的作用下进行分散，并且采用水溶性引发剂引发单体进行聚合反应的方法，具有导热容易、聚合反应温度容易控制的优点。因采用的是水溶性引发剂，聚合反应不是发生在单体液滴内，而是发生在增溶胶束内形成单体/聚合物乳胶粒，每一个单体/聚合物乳胶粒仅含有一个自由基，因而聚合反应速率主要取决于单体/聚合物乳胶粒的数目，也即取决于乳化剂的浓度。乳液聚合能在高聚合速率下获得高分子量的聚合产物，且聚合反应温度通常较低，特别是使用氧化还原引发体系时，聚合反应通常在室温下进行。乳液聚合即使在聚合后期体系黏度通常仍很低，可用于合成黏度大的聚合物，如橡胶等。

乳化剂的选择对稳定的乳液聚合十分重要。乳化剂能降低溶液表面张力，使单体容易分散成小液滴，并在乳胶粒表面形成保护层，防止乳胶粒凝聚。常见的乳化剂分为阴离子型、阳离子型和非离子型三种，一般离子型和非离子型配合使用。乳液聚合所得乳胶粒子粒径大小及其分布主要受以下因素的影响。

① 乳化剂。乳化剂浓度越大，乳胶粒子的粒径越小，粒径分布越窄。

② 油水比。油水比一般为（1∶2）～（1∶3），油水比越小，聚合物乳胶粒子越小。

③ 引发剂。引发剂浓度越大，产生的自由基浓度越大，形成的单体/聚合物乳胶粒子越多；聚合物乳胶粒子越小，粒径分布越窄，但分子量越小。

④ 温度。温度升高可使乳胶粒子变小，温度降低则使乳胶粒子变大，但都可能导致乳胶体系不稳定而产生凝聚或絮凝。

⑤ 加料方式。分批加料比一次性加料更易获得较小的聚合物乳胶粒子，且聚合反应更易控制。

目前市场上“白乳胶”类黏合剂，就是采用乳液聚合方法制备的聚醋酸乙烯酯（又名聚乙酸乙烯酯）的乳液。对于乳液聚合，通常是在装备回流冷凝管的搅拌反应釜中进行反应，首先在反应釜中加入乳化剂、引发剂水溶液和单体后，一边进行搅拌，一边加热即可制得乳液。乳液聚合的反应温度一般控制在70～90℃之间，pH 值控制在 2～6 之间。对于醋酸乙烯酯的聚合反应，由于聚合反应放热较大，反应温度的上升较为显著，采用一次投料法要想获得高浓度的稳定乳液是比较困难的，因此一般可以采用分批次加入引发剂或者单体的方法，以获得高浓度稳定乳液。醋酸乙烯酯乳液的聚合反应机理与一般乳液聚合机理是相似的。但是，由于醋酸乙烯酯在水中有较高的溶解度，而且容易发生水解，并且水解后产生的醋酸（乙酸）会干扰聚合反应；同时，醋酸乙烯酯自由基十分活泼，链转移反应也比较显著，因此，在醋酸乙烯酯乳液聚合中，除了加入乳化剂外，一般还需要加入聚乙烯醇来保护胶体。

醋酸乙烯酯也可以与其他单体共聚制备性能更优异的聚合物乳液，如与氯乙烯单体共聚可改善聚氯乙烯的可塑性或改良其溶解性；与丙烯酸共聚可改善乳液的粘接性能和耐碱性。

三、实验原料与用品

实验原料：醋酸乙烯酯、10％聚乙烯醇水溶液、聚乙二醇辛基苯基醚（OP-10）、过硫酸钾（KPS）、碳酸氢钠（$NaHCO_3$）、去离子水。

实验用品：电热套、三颈瓶（装有搅拌棒、冷凝管和温度计）、烧杯（50mL）、滴管、锥形瓶（50mL）。

四、实验步骤

（1）在50mL烧杯中将过硫酸钾（KPS）溶于8mL水中。

（2）往装有搅拌棒、冷凝管和温度计的三颈瓶中加入40mL 10％聚乙烯醇水溶液，1mL乳化剂聚乙二醇辛基苯基醚（OP-10），12mL去离子水，搅拌均匀；再加入5mL醋酸乙烯酯和2mL过硫酸钾（KPS）水溶液，搅拌均匀。

（3）加热，升温至70～75℃，反应约40min。

（4）保持温度稳定（70～75℃），在约2h内分别滴加完剩余单体及引发剂，保持温度至反应无回流，逐步将反应温度升高至80～85℃，反应0.5h，撤除电热套，将反应混合物冷却至约50℃，加入10％ $NaHCO_3$ 水溶液，调节体系pH值至5～6；经充分搅拌后，冷却至室温，出料。

五、思考题

（1）乳化剂浓度对聚合反应速率和产物分子量有何影响？

（2）在实验操作中，为什么要加入聚乙烯醇？

（3）在实验操作中，单体为什么要分批加入？

实验6　界面缩聚制备聚对苯二甲酰己二胺（PA6T）

一、实验目的

通过实验了解界面缩聚特点。

二、实验原理

界面缩聚是将两种单体分别溶于两种互不相溶的溶剂中，再将这两种溶液倒在一起，在两液相的界面上进行缩聚反应，聚合产物不溶于溶剂，在界面析出。界面缩聚具有以下特点。

① 界面缩聚是一种不平衡缩聚反应，小分子副产物可被溶剂中的某一物质所消耗。

② 界面缩聚反应速率受单体扩散速率控制。

③ 单体为高反应性，聚合物在界面迅速生成，其分子量与总的反应程度无关。

④ 对单体纯度和功能基等摩尔比要求不严。

⑤ 反应温度低，可避免因高温而导致的副反应，有利于高熔点耐热聚合物的合成。

界面缩聚由于需采用高活性单体，溶剂消耗量大，设备利用率低，因此虽具有许多优点，但在工业上实际应用并不多。典型的例子是用光气与双酚 A 界面缩聚合成聚碳酸酯。对苯二甲酰氯与己二胺反应生成聚对苯二甲酰己二胺（PA6T 或尼龙 6T），反应实施时，将对苯二甲酰氯溶于有机溶剂如 CCl_4，己二胺溶于水，在水相中加入 NaOH 来消除聚合反应生成的小分子副产物 HCl。将两相混合后，聚合反应迅速在界面进行，所生成的聚合物在界面析出成膜，把生成的聚合物膜不断拉出，单体不断向界面扩散，聚合反应在界面持续进行。

三、实验原料与用品

实验原料：对苯二甲酰氯、己二胺、四氯化碳（CCl_4）、氢氧化钠（NaOH）、去离子水。

实验用品：具塞锥形瓶（干燥）、烧杯（150mL、250mL，干燥）、玻璃棒。

四、实验步骤

（1）在干燥锥形瓶中加入约 1g 对苯二甲酰氯，50mL CCl_4，加塞，摇晃使对苯二甲酰氯尽量溶解配成有机相（不能全部溶解）。

（2）在 150mL 烧杯中加入己二胺约 0.5g、80mL 去离子水和 0.4g NaOH，配成水相。

（3）将有机相倒入干燥的 250mL 烧杯中，然后用玻璃棒紧贴烧杯壁并插到有机相底部，沿玻璃棒小心地将水相倒入，马上在界面观察到聚合物膜的生成。用镊子将膜小心提起，并缠绕在玻璃棒上，转动玻璃棒，将持续生成的聚合物膜卷绕在玻璃棒上。

五、思考题

（1）为什么在水相中需加入 NaOH？若不加，将会发生什么反应？对聚合反应有何影响？

（2）二酰氯可与双酚类单体进行界面缩聚合成聚酯，但却不能与二醇类单体进行界面缩聚，为什么？

实验 7　化学还原法制备金属纳米簇催化剂

一、实验目的

通过实验操作，使学生了解并掌握化学还原法制备金属纳米簇的基本原理和基本步骤。

二、实验原理

化学还原法是一种重要并广泛应用的制备金属纳米簇的方法。在溶剂中，选择合适的还原剂，将金属离子还原为零价的金属，并在合适的保护剂下生成 1～100nm 的金属纳米粒子。

三、实验原料与用品

实验原料：氯金酸（$HAuCl_4$，纯度大于 99%）、硝酸银（$AgNO_3$）等金属盐、聚乙烯吡咯烷酮（PVP）、甲醇、乙醇、氢氧化钠、柠檬酸钠、硝酸、盐酸、去离子水。

实验用品：微波炉、烧杯、量筒、移液管、洗瓶、玻璃棒、滴管、称量纸、圆底烧瓶、回流冷凝管、双顶丝、电子分析天平、台秤。

所有玻璃仪器都经过醇碱洗液（$NaOH/C_2H_5OH$）和王水（HNO_3/HCl）或硝酸浸泡处理，使用前用去离子水充分洗净。

四、实验步骤

（1）实验方案一。在装有回流冷凝管的100mL圆底烧瓶中，加入0.4g PVP，然后加入15mL乙醇和15mL水，再加入1mL 1×10^{-4}mol/L硝酸银搅拌均匀使其溶解完全。在此过程中，持续剧烈搅拌，均匀后将此溶液加热、回流，可观察到溶液颜色改变，继续回流2h，得到了PVP稳定的Ag金属胶体。

（2）实验方案二。在装有回流冷凝管的100mL圆底烧瓶中加入50mL浓度为2.5×10^{-4}mol/L的$HAuCl_4$水溶液，剧烈搅拌下加热至沸腾，然后一次性快速加入1.75mL 10g/mL的柠檬酸钠水溶液。氯金酸与柠檬酸钠的摩尔比接近1∶5.4。溶液经过一系列的颜色变化，最终呈现为酒红色，表明金纳米粒子已经形成。保持反应液沸腾状态10min后关闭热源，再继续搅拌15min，待溶液自然冷却。

（3）实验方案三。在100mL烧杯中，加入0.555g PVP（5×10^{-3}mol链节单元）并将其溶解在15mL乙醇中，然后加入0.5mL的1×10^{-4}mol/L硝酸银搅拌均匀使其溶解完全。在此过程中，持续剧烈搅拌，然后将此溶液用微波炉加热，可观察到溶液颜色改变，得到了PVP稳定的Ag金属胶体。

五、思考题

（1）如何能够成功制备金属纳米簇？

（2）简述化学还原法制备金属纳米粒子的特点。

（3）保护剂的作用是什么？常用保护剂有哪些？

参 考 资 料

Frens法合成金晶种的TEM形貌表征与粒径分布统计见图1-1。

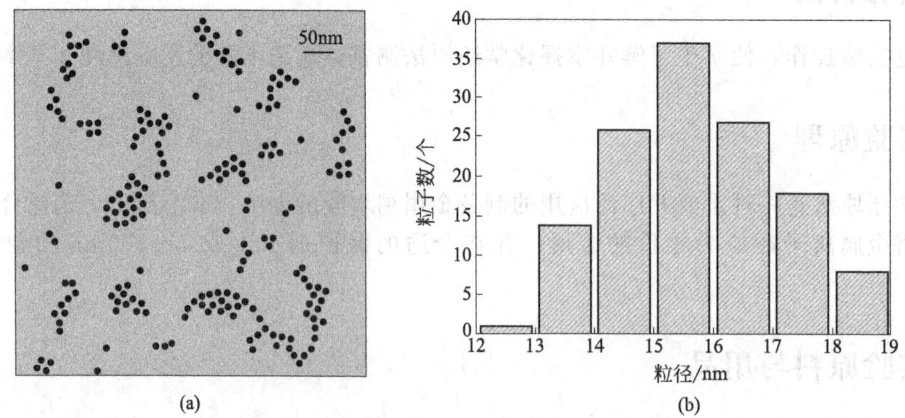

图1-1 Frens法合成金晶种的TEM形貌表征（a）与粒径分布统计图（b）

金溶胶合成初期和放置 1 年后的紫外-可见（UV-Vis）吸收光谱见图 1-2。

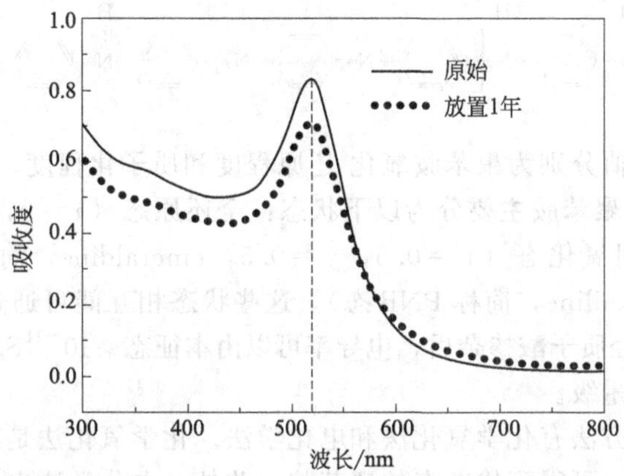

图 1-2 金溶胶合成初期和放置 1 年后的紫外-可见（UV-Vis）吸收光谱

实验 8 模板法制备导电高分子纳米材料

一、实验目的

（1）掌握模板法制备导电高分子纳米材料的原理和工艺。

（2）掌握导电高分子纳米纤维的制备过程。

（3）了解实验中影响实验结果的各因素，并会对实验结果进行分析。

二、实验原理

1976 年，日本化学家 H. Shirakawa、美国化学家 A. G. MacDiarmid 和物理学家 A. J. Heeger 发现用碘掺杂的聚乙炔的电导率（σ）由原来的 10^{-9}S/cm（绝缘体）变为 10^{3}S/cm（导体），而且伴随着掺杂过程，聚乙炔薄膜的颜色也由银灰色转变为具有金属光泽的金黄色，这一发现宣告了导电聚合物的诞生，打破了有机聚合物不导电的传统观念。导电聚合物主链是由共轭 π 键构成，经过化学和电化学等方法掺杂后，该高聚物（或聚合物）的导电性能明显提高，其导电机理和分子结构与有机电荷转移复合物、有机硅及离子导电聚合物有明显区别，具有独特的物理及化学特性。

在众多导电聚合物中，聚苯胺具有许多优点，如反复的质子掺杂能力和氧化-还原能力、可调的导电能力、化学稳定性强、原料价廉易得、合成工艺简单等，从而成为有机导电聚合物的研究热点。聚苯胺在室温下易与许多化学物质发生物理化学反应，如酸掺杂（HCl）、碱解掺杂（NH_3）、还原（N_2H_2）、溶胀（$CHCl_3$）和聚合物链构象改变（CH_3OH）等，反应过程中其电阻发生明显变化。一维导电聚合物纳米结构同时拥有有机导体和低维纳米结构的优点，它在高分子导体、化学传感器或激发器、气体分离膜等方面均有着潜在应用。因此，导电聚合物纳米结构的研究与开发引起了人们的广泛关注。

早在一百多年前人们就已经发现了聚苯胺，但是这种黑绿色的固体在很长一段时间里仅被用于颜料，称为“苯胺黑”。20 世纪初，科学家们对于聚苯胺分子结构的本质展开了激烈争论。1987 年，MacDiarmid 等提出被广泛接受的苯式/醌式结构单元共存的模型，认为聚苯胺的分子结构由还原单元（—B—NH—B—NH—）和氧化单元（—B—N═Q═N—）构成，其中 B 和 Q 分别指苯环和醌环。

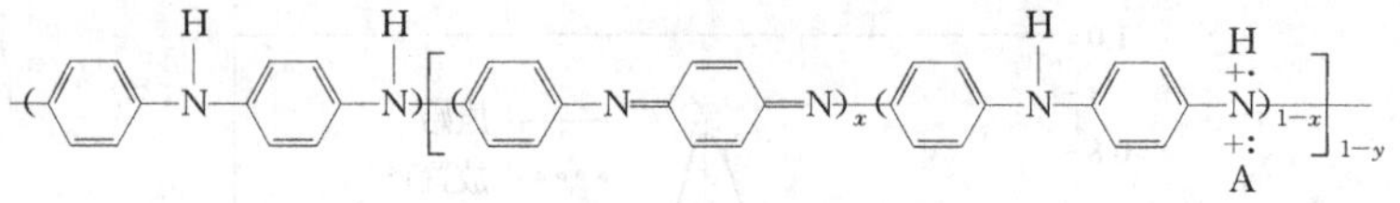

上式中，y 值和 x 值分别为聚苯胺氧化-还原程度和质子化程度，其值在 0～1 之间。根据 y 值和 x 值的大小，聚苯胺主要分为以下状态：全还原态（$x=0$，$y=1$，leucoemeraldine，简称 LB 态），中间氧化态（$x=0.5$，$y=0.5$，emeraldine，简称 EB 态），全氧化态（$x=1$，$y=0$，pernigraniline，简称 PNB 态），这些状态相互间可通过氧化还原反应相互转变。中间氧化态聚苯胺经质子酸掺杂后，电导率可以由本征态$>10^{-11}$S/cm 提高到约 10S/cm，电导率提高了十几个数量级。

常用的聚苯胺合成方法有化学氧化法和电化学法。化学氧化法是在酸性介质条件下，用强氧化剂氧化苯胺单体，可得到掺杂态的聚苯胺。此外，电化学法也是制备导电聚合物的常用方法。聚苯胺的电化学合成是在苯胺的电解质溶液中，阳极发生氧化聚合反应在电极表面沉积成膜的过程。

目前，已经开发了许多制备导电聚合物纳米结构的方法。根据是否使用模板一般可以分为模板法和无模板法。模板法是最近十多年发展起来的合成纳米结构材料的新型方法。根据模板自身的特点和局限性，模板法可以分为硬模板法和软模板法。硬模板法多是利用材料的内表面或外表面为模板，填充到模板的单体进行化学或电化学氧化聚合，通过控制聚合物的停留时间，除去模板后可以得到导电聚合物的纳米颗粒、纳米棒、纳米线、纳米管、空心球和多孔材料等。常使用的硬模板有分子筛、多孔氧化铝膜、径迹蚀刻聚合物膜、聚合物纤维、纳米碳管和聚苯乙烯微球等。软模板通常为两亲性分子形成的有序聚集体，主要包括：胶束、反相微乳液、液晶等。Kaner 等报道了用樟脑磺酸、盐酸、硫酸、硝酸和高氯酸作掺杂剂，苯胺在水油两相界面上进行化学氧化聚合，得到了高质量的聚苯胺纳米纤维，但合成过程中应用大量的有机试剂如正己烷、苯、甲苯、四氯化碳和二硫化碳等。

本实验以表面活性剂十六烷基三甲基溴化铵阳离子与氧化剂过硫酸铵阴离子形成的层状介晶为模板，合成了聚吡咯的纳米线和纳米带。当聚合反应完成后，充当模板的层状介晶自动消失。通过控制表面活性阳离子（或氧化剂阴离子）的浓度和单体浓度可以非常简单地调节纳米尺寸聚吡咯的形貌。

三、实验原料与用品

实验原料：过硫酸铵、吡咯、苯胺、十六烷基三甲基溴化铵（CTAB）、乙醇、盐酸、氨水、去离子水。

实验用品：冰箱、恒温磁力搅拌器，电子分析天平、台秤、真空干燥箱、不锈钢升降台、汞温度计、磁力搅拌子、电线、冷凝管夹、烧瓶夹、双顶丝、铁架台、乳胶管、三角烧瓶、直形冷凝管、三叉燕尾管、蒸馏头、圆底烧瓶、空心塞、旋转蒸发仪、循环水真空泵、变压器、温度指示控制仪、加热圈、硅油浴加热设备、烧杯、量筒、移液管、搅拌器套管、洗瓶、玻璃棒、滴管。

四、实验步骤

实验之前吡咯单体重新蒸馏。

(1) 聚吡咯纳米线的制备。将十六烷基三甲基溴化铵溶于 30mL 去离子水中配成 0.3mmol/L 浓度的溶液。将 60μL 吡咯加入上述溶液，剧烈搅拌 10min 后冷却到 0～5℃，然后在剧烈搅拌下滴加预冷却的过硫酸铵溶液 6.5mL（0.90mmol/L），加完后将此溶液放在冰箱中 2h，得到的沉淀过滤后用去离子水洗涤，然后用无水乙醇洗涤，过滤抽干后于 80℃真空干燥箱干燥 12h 即得到聚吡咯纳米线。

(2) 聚吡咯纳米带的制备。将十六烷基三甲基溴化铵溶于 30mL 去离子水中配成 0.3mmol/L 浓度的溶液。将 30μL 吡咯加入上述溶液，剧烈搅拌 10min 后冷却到 0～5℃，然后在剧烈搅拌下滴加预先冷却的过硫酸铵溶液 6.5mL（0.45mmol/L）。加完后将此溶液在冰箱中放置 24h，得到的沉淀过滤后用去离子水洗涤，然后用无水乙醇洗涤，过滤抽干后于 80℃真空干燥箱干燥 12h 即得到聚吡咯纳米带。

(3) 聚苯胺纳米纤维的制备

① 在 50mL 去离子水中加入 0.6mL 盐酸，然后加入 0.11g 十六烷基三甲基溴化铵（CTAB）和 0.17g 苯胺，在室温下溶解得到溶液 A。

② 称取 0.2g 过硫酸铵溶解到 10mL 去离子水中得到溶液 B。

③ 将溶液 B 倒入溶液 A 中，振荡后迅速冷却至 0℃，聚合反应在静态下进行 24h。

随着聚合时间的延长，反应体系的颜色由淡黄色逐渐变为墨绿色。用去离子水和乙醇洗涤数次除去残余的 CTAB，沉淀在常温下干燥 24h 后得到墨绿色粉末。这些粉末可以均匀地分散到去离子水和乙醇中，形成绿色的均相溶液。制备的粉末用氨水解掺杂后利用扫描电子显微镜（SEM）观察产物的形貌。利用红外光谱和紫外-可见吸收光谱表征产物的分子结构。

五、思考题

(1) 试讨论影响聚吡咯纳米线和聚吡咯纳米带形成的因素。

(2) 简述软模板法制备纳米材料的特点。

实验 9 荧光防伪材料的制备

一、实验目的

(1) 学习稀土有机配合物的制备方法。

(2) 了解稀土配合物的发光原理。

(3) 增强防伪意识，了解化学防伪的原理。

二、实验原理

随着经济的发展，人民生活水平有了极大提高，但伪劣商品的出现也给人们带来了困扰。因此，防伪、识伪日益受到人们的普遍重视，成为各厂家、商家及消费者保护自身利益的重要手段。化学防伪是近年发展起来的新技术，具有制造简单、识别方便、成本较低、保密性好、可靠性高等优点。所谓化学防伪是在热、光或磁等条件下，利用物质化学反应和物理变化而产生的光、色等变化进行真伪识别的方法。例如，利用光致发光的荧光材料在一定波长的紫外线照射下发射出荧光，而达到识别真伪的目的。

稀土元素的原子具有未充满的受到外界屏蔽的 4f5d 电子组态，因此具有丰富的电子能级和长寿命激发态，能级跃迁通道达20余万个，可以产生多种多样的辐射吸收和发射，构成广泛的发光和激光材料。

本实验以稀土离子Eu^{3+}、乙酰丙酮（acac）及邻菲咯啉（phen）合成三元配合物，其在紫外灯下可以显现明亮鲜艳的红色荧光。

三、实验原料与用品

实验原料：$EuCl_3$溶液（0.5mol/L）、乙酰丙酮（acac）、邻菲咯啉（phen）、乙醇（95%）、NaOH溶液（2mol/L，6mol/L）、HCl溶液（2mol/L，6mol/L）。

实验用品：365nm紫外灯、电磁加热搅拌器。

四、实验步骤

（1）分别取少许$EuCl_3$溶液、acac（玻璃棒蘸取于滤纸上，待稍干）和phen，在紫外灯下观察是否有荧光。

（2）用锥形瓶将6mmol/L的acac溶于30mL 95%乙醇中，调节pH≈8。

（3）在电磁搅拌下，将2mmol/L $EuCl_3$（pH≈4）缓慢地逐滴加入上述acac溶液，随时注意调节pH≈7，温度保持在45℃左右。滴加完毕，继续反应0.5h。用玻璃棒蘸取反应混合物于滤纸上，待稍干，置于紫外灯下观察。与步骤（1）的现象进行对比。

（4）取2mmol/L phen溶于20mL 95%乙醇中，在不断搅拌下，缓慢地逐滴加入上述反应混合物。滴加完后继续反应0.5h。反应过程中保持pH≈7，温度在45℃左右。用玻璃棒蘸取反应混合物于滤纸上，待稍干，置于紫外灯下观察。与步骤（3）的现象进行对比，并解释所发生的现象。

（5）将（4）中的反应液蒸发掉1/2体积的乙醇溶剂，待反应混合物冷却至室温，过滤。将固体用滤纸吸干，于50℃烘箱中干燥20min后称重，计算产率，并再次在紫外灯下观察所得产品。

五、思考题

（1）pH值过高或过低，对实验结果有何影响？

（2）对比实验步骤（1）、（3）和（1）、（4）在紫外灯下观察到的现象，并加以解释。

实验10　碳酸钡（$BaCO_3$）单分散颗粒的制备

一、实验目的

（1）掌握制备$BaCO_3$单分散颗粒的化学原理和实验方法。

（2）熟悉液相化学法制备无机材料的常规操作。

二、基本原理

近代高新技术的发展不仅对材料的化学组成提出了更高要求，而且对材料的形态有严格的规定。例如，制造高分辨率的高速摄影胶片就需要粒度极细且非常均匀的感光剂颗粒。优质磁记录材料、传感器件、精细陶瓷、集成电路及超导材料等高新技术的发展也提出了制备粒度小至微米以下精细颗粒的迫切要求。在这种背景下，近年来单分散颗粒的制备与研究成为材料化学和胶体化学的热门研究领域之一。

单分散颗粒的制备关键在于控制实验条件，使成核与生长两个阶段分开，确保第一批晶核形成后，过饱和溶液的浓度既能维持晶核生长，又能保证低于再次成核所需数值，不再形成新的晶核。现有的制备单分散体系的方法中，采取了种种措施来使成核与生长两个阶段分开。方法之一是控制溶液中金属离子的释放速度，一种有效的措施是加入某些配位剂，如乙二胺四乙酸（EDTA）、三乙胺或柠檬酸等。配位剂先与金属离子在缓冲溶液中形成配合物，然后加入解蔽剂，使络离子（又称配位离子）缓慢分解释放出金属离子，并与溶液中的阴离子反应物进行反应，得到单分散的目标产物。

本实验采用EDTA配位-过氧化氢氧化法，达到缓慢释放金属阳离子的目的，反应原理如下：

$$Ba^{2+} + EDTA \longrightarrow Ba\text{-}EDTA$$

$$Ba\text{-}EDTA + H_2O_2 \longrightarrow Ba^{2+}$$

$$Ba^{2+} + CO_3^{2-} \longrightarrow BaCO_3 \downarrow$$

三、实验原料与用品

实验原料：氯化钡、碳酸铵、乙二胺四乙酸二钠（EDTA-2Na）、氯化铵、氨水、过氧化氢（30%），去离子水。

实验用品：电子天平、鼓风干燥箱、电磁搅拌器、离心机、光学显微镜。

四、实验步骤

（1）缓冲溶液的制备。配制pH=10的NH_3-NH_4Cl缓冲溶液。

（2）$BaCO_3$单分散体系的制备

① 将0.208g $BaCl_2$和0.336g EDTA-2Na分别溶于2mL去离子水中，将两种溶液混匀后加入2mL、pH=10的NH_3-NH_4Cl缓冲溶液并搅拌均匀。

② 向上述混合溶液中加入0.096g $(NH_4)_2CO_3$和2mL 30%的过氧化氢溶液，搅拌均匀并用去离子水稀释至10mL。

③ 将混合液转移到具塞试管中，置于95℃烘箱中，陈化反应1～2h。

④ 陈化结束后，将具塞试管从烘箱中取出，立即放入冷水中冷却，离心分离出母液，并用去离子水和无水乙醇分别洗涤3次，最后在无水乙醇中分散保存。

（3）对照实验。将0.208g $BaCl_2$和0.096g $(NH_4)_2CO_3$分别溶于5mL去离子水中，将两种溶液混合，得到白色浑浊液，用去离子水和无水乙醇分别洗涤3次，在无水乙醇中分散保存。

（4）在光学显微镜下比较所得$BaCO_3$样品的形貌。

（5）用透射电镜观察所得$BaCO_3$样品的大小、形状、分散状态，用XRD分析其晶体结构。

五、思考题

（1）影响本次实验的关键因素有哪些？

（2）查阅有关资料讨论制备无机单分散颗粒的机理。

实验 11 钢铁材料表面化学镀镍工艺

一、实验目的

(1) 掌握化学镀镍的基本原理。

(2) 熟悉活性材料表面化学镀镍的常规操作步骤。

(3) 了解化学镀镍镀层的特性及其应用。

二、基本原理

化学镀镍是常用的环保型表面处理技术，又称为无电解镀镍或自催化镀镍。该工艺是通过溶液中适当的还原剂使金属离子在自催化作用下进行还原，并沉积到具有催化活性的材料表面形成金属镀层的工艺方法。化学镀过程实质是一个有电子转移但无外电源的化学氧化还原反应导致的化学沉积过程。化学镀镍工艺具有许多突出的优点，如适用于各种基体（金属、非金属及半导体等）、镀层厚度均匀可控、镀层结合力较好且具有很好的物理化学性能（耐磨、耐蚀及电磁性能等）以及环保等，因此在航空航天、汽车、石化、电子及食品等领域具有广泛应用。

化学镀镍技术的关键是镀液体系。通过镀液络合剂控制和基体表面的自催化作用，金属镍离子能够从镀液中稳定均匀地沉积到基体表面，形成化学镀镍层。化学镀镍反应的引发及持续进行是依靠镀镍液内部的化学反应，而不是通过外加电场，因此是一种区别于常规电镀的新型表面处理技术。化学镀镍反应过程复杂，自其问世以来，人们一直在探究其反应机理，但至今其反应机理仍不十分清楚，只有一些假说得到了大家的公认，如原子氢析出机理、电子还原机理和正负氢离子机理。以下为电子还原机理：

$$H_2PO_2^- + H_2O \longrightarrow H_2PO_3^- + 2H^+ + 2e^-$$

$$Ni^{2+} + 2e^- \longrightarrow Ni$$

$$H_2PO_2^- + 2H^+ + e^- \longrightarrow P + 2H_2O$$

$$2H^+ + 2e^- \longrightarrow H_2 \uparrow$$

化学镀镍的化学反应原理决定了其具有比较慢的沉积速率（通常化学镀镍的沉积速率为 $10 \sim 20\mu m/h$），镀层通常为非晶态镍磷合金。上述特点使得化学镀镍层具有高精度、高结合强度、高硬度、高耐腐性等优良特性。

三、实验原料与用品

实验原料：氢氧化钠、碳酸钠、磷酸三钠、洗涤剂、硫酸镍、次磷酸钠、醋酸钠（乙酸钠)、乳酸、硫脲、去离子水。

实验仪器：电子天平、恒温水浴锅、温度计、烧杯、铁片。

四、实验步骤

(1) 溶液的配制

① 碱洗液。氢氧化钠：20～30g/L；碳酸钠：30～40g/L；磷酸三钠：30～40g/L；洗

涤剂：3～4g/L；水：余量。

② 化学镀镍液。硫酸镍：25g/L；次磷酸钠：30g/L；醋酸钠：30g/L；乳酸：18mL/L；硫脲：2mg/L；水：余量；pH：4.5。

(2) 镀件的表面预处理。将铁片加工成 2cm×3cm 的小条，然后依次进行砂纸抛光→水洗→碱洗除油→水洗→干燥。

(3) 施镀。配制好的化学镀镍液在恒温水浴中加热至 85℃，将处理好的铁片悬浸于镀液中，观察镀件表面发生的现象。当温度上升至 90℃时，保持此温度，反应 30～40min；然后将镀件取出，冲洗、干燥。观察镀液颜色和铁片表面的变化。

注意：施镀过程中，镀液水分蒸发过快，可适当补充。

五、思考题

(1) 镀件表面为什么要进行预处理？

(2) 试述化学镀镍的原理。

(3) 化学镀液主要成分的作用是什么？

实验 12 水溶液法制备磷酸二氢钾（KDP）单晶

一、实验目的

(1) 掌握 KDP 单晶的生长原理。

(2) 掌握水溶液法快速生长块体 KDP 单晶的实验过程。

二、实验原理

磷酸二氢钾（KH_2PO_4，简称 KDP）晶体是优良的非线性光学晶体材料，具有较大的非线性光学系数和较高的激光损伤阈值，从近红外到紫外波段都有较高的透过率。KDP 单晶是 20 世纪 40 年代发展起来的一类优良的非线性光学材料、电光材料，广泛应用于激光变频、电光调制和光快速开关等高技术领域。KDP 单晶具有较大的非线性光学系数，激光损伤阈值高等特性，特别是能够生长出高光学质量的大尺寸单晶，这是迄今为止任何非线性光学材料所不及的。因此，大截面 KDP 类晶体是目前唯一可应用于激光核聚变中的非线性光学材料。KDP 可对 Nd：YAG 激光器发出的 1064nm 激光实现二倍频、三倍频和四倍频，也可对染料激光实现二倍频，因此广泛应用于制作各种激光变频器件。

水溶液法是生长高质量 KDP 晶体的首选方法。其基本原理为通过适当方法将原料（溶质）溶解于水中，使其保持过饱和，然后采取措施（如蒸发、降温等）使溶质在籽晶表面析出长成晶体。常用方法包括蒸发法、降温法、循环流动法、温差梯度法等。降温法和循环流动法的生长技术比较成熟，是目前 KDP 单晶生长的主要方法。

降温法采用籽晶，通过生长溶液的缓慢降温获得晶体生长所需的过饱和度来进行晶体生长。该方法由于设备简单、晶体生长的驱动力（过饱和度）主要由降温量单一参数来控制，因此在 KDP 单晶的小、中、大尺寸晶体生长方面被广泛采用。目前，国际上大尺寸 KDP 单晶的生长大都采用降温法，但大尺寸 KDP 晶体生长需要 1000L 以上的大型设备。

本实验采用降温法生长 KDP 晶体。该法适合生长溶解度温度系数较大并具有一定温度区间的晶体，通过降低饱和溶液的温度使溶液处于亚稳区，让溶质在籽晶上不断析出，长成大块晶体。

实验过程中，过饱和度对晶体生长有极大影响。当其他条件确定后，培养大而均一的单晶体主要在于控制溶液的过饱和度。通常，培养优质单晶体应在小过饱和度下进行，在此条件下才能有效地防止亚稳区的破坏而自发析出晶核，晶体的缺陷也较小。但晶体生长速率与过饱和度密切相关，小的过饱和度，意味着较慢的生长速率及较长的生长周期，尤其是当溶液中存在结构杂质时，会增加杂质进入晶体组织内的可能性；而大的过饱和度会使晶形简化导致晶体不均匀生长，出现母液包藏。

图 1-3 为选择生长温度区的重要参数，相关曲线除了确定饱和度外，还存在着另一条不易准确测定的过饱和曲线。这两条曲线将整个溶解度图分成三个区域：稳定区、准稳区（或称为亚稳区）、不稳定区。A 区为稳定区，溶液没有达到饱和点；B 对应的是饱和度曲线；C 区为亚稳区，是晶体与溶液共存区；D 对应的是过饱和极限曲线，超过 D 点就会有晶体析出并逐渐生长变大；E 区为不稳定区，会有大量的多晶析出，生长的单晶质量不好。由此可见，亚稳区对单晶生长来说十分重要。实际上，在晶体生长过程中要根据溶解度曲线的斜率来确定其生长速率。当其斜率较大时，可以适当控制降温速率使生长速率变慢，保证单晶的生长质量；当溶解度曲线斜率变小时，可相对加快生长速率，从而保持所生长单晶的均匀性。

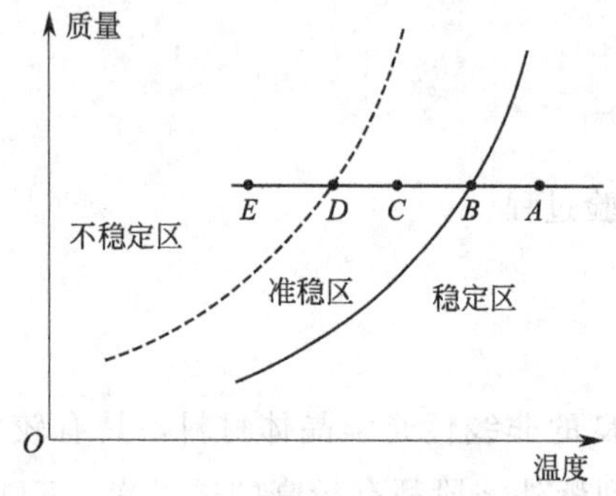

图 1-3 饱和度曲线和过饱和极限曲线

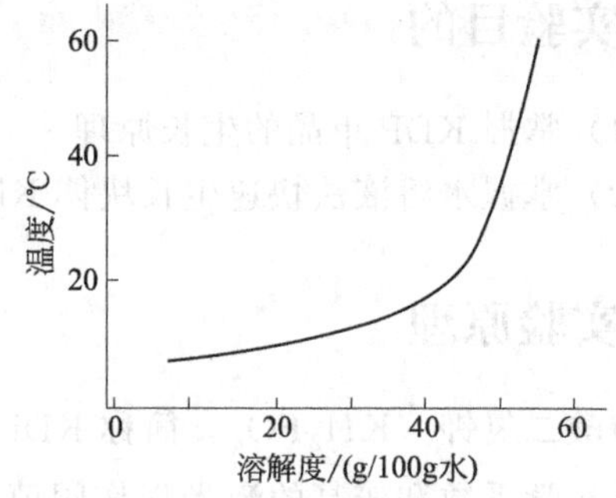

图 1-4 KDP 的溶解度曲线

三、实验原料与用品

实验原料：KH_2PO_4（分析，AR）、水。

实验用品：恒温水浴、电子天平、电磁搅拌器、药匙、烧杯（100mL，250mL）、温度计、量筒（100mL）、玻璃棒。

四、实验步骤

（1）溶解度是考察溶液法生长晶体的最基本参数。室温下，量取 100mL 去离子水置于 250mL 烧杯中。用电子天平称取适量的 KH_2PO_4 加入该烧杯中，持续搅拌，直到 KH_2PO_4 不再溶解，用温度计测量溶液的温度。计算出该温度下的溶解度。

（2）将盛有 KH_2PO_4 溶液的烧杯放入恒温水浴中，由低温到高温依次调节水浴温度（30℃、40℃、50℃、60℃、70℃），测定不同温度下 KH_2PO_4 的溶解度并画出其溶解度曲线（图 1-4）。根据溶解度曲线、饱和度曲线与过饱和极限曲线，选择合适温度（如 70℃）配制 KH_2PO_4 饱和溶液。

(3) 将 70℃的饱和溶液转移至洁净、干燥的烧杯中，让其自然降温，溶液达到过饱和状态后自发成核得到 KDP 晶体。

(4) 筛选出比较大的单晶作为籽晶（图 1-5）。用细线把籽晶悬挂于 70℃的 KH_2PO_4 饱和溶液中，自然降温，籽晶逐渐长大，最终获得尺寸更大的 KDP 单晶（图 1-6）。

图 1-5 KDP 籽晶

图 1-6 KDP 单晶

五、实验记录

实验记录见表 1-1。

表 1-1 溶解度测量实验记录表

项目	室温	30℃	40℃	50℃	60℃	70℃
KH_2PO_4/g						
溶解度/(g/100g 水)						

六、思考题

(1) KDP 单晶生长过程中如何抑制多晶的生长？

(2) KDP 单晶生长过程中如何避免第二相的生长？

实验 13 直流等离子体法制备类金刚石薄膜（DLC）

一、实验目的

(1) 了解真空设备的操作特点。

(2) 了解类金刚石薄膜的性质、应用及制备方法。

(3) 掌握直流等离子体镀膜的方法。

二、实验原理

类金刚石薄膜是近来兴起的一种以 sp^3 和 sp^2 键的形式结合生成的亚稳态材料，是金刚石与石墨结构的非晶质碳膜，其性质与金刚石膜的性质很相近，兼具了金刚石和石墨的优良特性。其具有优良的摩擦学特性及优良的力学、电学、光学、热学和声学等物理性质，如高硬度、耐磨损、表面粗糙度高、低电阻率、高透光率，又有良好的化学稳定性。与金刚石膜相比，类金刚石膜具有下列特点：可在室温条件下制备，设备简单，操作易控，制备成本低，对衬底材料也没有太多限制，如玻璃、塑料等都可作为衬底材料；比较容易获得较大面积的类金刚石膜；制备过程十分安全；同时，其具有沉积速率高等优点。

三、实验设备

直流等离子体法沉积类金刚石薄膜制备设备如图 1-7 所示。

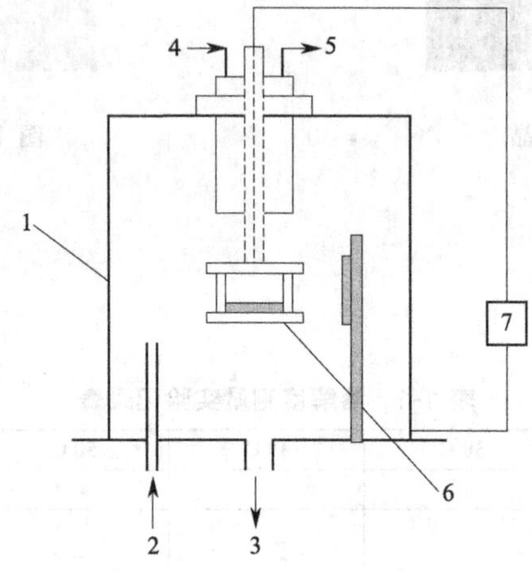

图 1-7　直流等离子体法沉积类金刚石薄膜制备设备

1—真空室；2—进气通孔；3—抽气口；4—冷却水进口；5—冷却水出口；
6—阴极（或阳极）样品台；7—电极电源

四、实验步骤

（1）打开氢气净化器，预热到 80℃。

（2）打开真空室（先打开放气阀），放好样品（玻璃或硅片）后关闭放气阀。

（3）打开电源，抽真空到 20～30Pa。

（4）打开 CH_4、H_2 储气瓶阀门，通入氢气，流量（标准状态）为 36sccm❶。

（5）接通放电电源，慢慢升高电压。阴极附近产生辉光放电，随着电压的升高，辉光放电越来越亮。待稳定后，再继续升高电压至 600～900V。

（6）通入 CH_4，流量为 14sccm（显示流量为 20sccm，甲烷质量流量计系数为 0.7）时，

❶ 1sccm＝1mL/min。

开始类金刚石沉积。此时，电压不变，电流可能有少许下降。

(7) 沉积时间为 0.5～1h。镀膜结束后，首先关闭 CH_4 气体，然后将放电电压降为“0”，关闭放电电源。30min 后先后关闭氢气质量流量计、氢气净化器及气体钢瓶、真空泵、冷却水。

(8) 打开放气阀，然后打开镀膜室，取出镀膜样品，进行观察与测试。关闭镀膜室，抽真空以保护真空状态。关闭真空泵，关闭总电源。镀膜结束。

五、思考题

(1) 类金刚石薄膜有哪些特点和应用?

(2) 类金刚石薄膜有哪些制备方法?

(3) 真空设备的操作应注意哪些问题?

(4) 直流等离子体镀膜的方法制备类金刚石薄膜的原理是什么?

实验 14 采用快速混合法和界面聚合法制备聚苯胺纳米纤维

一、实验目的

(1) 了解聚苯胺纳米纤维制备的基本原理。

(2) 掌握快速混合法和界面聚合法制备聚苯胺纳米纤维的过程。

(3) 了解实验过程中影响实验结果的因素并对实验结果表征分析。

二、实验原理

聚苯胺 (polyaniline，简称 PAn) 是一种主链上含有交替的苯环和氮原子的重要导电聚合物，它是一类特种功能材料，具有塑料的密度，又具有金属的导电性和塑料的可加工性，还具备金属和塑料所欠缺的化学和电化学性能及优良的环境稳定性，在国防工业上可用于隐身材料、防腐材料，民用上可用于金属防腐蚀材料、抗静电和电磁屏蔽材料、电子化学品、电极材料和太阳能材料等。

聚苯胺由于聚合方法、反应条件及介质的不同，得到的聚合产物在结构、形态和性能方面有很大差异。本征态 PAn 的结构为：

$$\left[\left(\text{C}_6\text{H}_4-\underset{|}{\overset{\text{H}}{\text{N}}}-\text{C}_6\text{H}_4-\underset{|}{\overset{\text{H}}{\text{N}}}\right)_y\left(\text{C}_6\text{H}_4-\text{N}=\text{C}_6\text{H}_4=\text{N}\right)_{1-y}\right]_n$$

其中，y 代表 PAn 的氧化还原程度。当 $y=1$ 时，为完全还原的全苯式结构；当 $y=0$ 时，为“苯-醌”交替的结构。当 $0<y<1$ 时，本征态的 PAn 经质子酸掺杂后，分子内的醌环消失，电子云重新分布，N 原子上的正电荷离域到大共轭 p 键中，而使 PAn 呈现出高的导电性。导电 PAn 的结构为：

$$\left[\left(\text{C}_6\text{H}_4-\overset{\text{H}}{\text{N}}-\text{C}_6\text{H}_4-\overset{\text{H}}{\text{N}}\right)_y\left(\text{C}_6\text{H}_4-\underset{\text{Cl}^-}{\overset{\text{H}}{\text{N}^+}}=\text{C}_6\text{H}_4=\underset{\text{Cl}^-}{\overset{\text{H}}{\text{N}^+}}\right)_{1-y}\right]_n$$

快速混合法是将溶解有苯胺单体的水溶液加入溶有氧化剂的酸溶液中并快速搅拌得到聚苯胺纳米纤维的方法。

界面聚合法是将氧化剂通过溶解在酸溶液中作为水相，而苯胺单体则溶解于有机溶剂中作为油相，因而化学氧化聚合的反应只能在不相溶两相的界面上发生。亲水性初生的聚苯胺纳米纤维能迅速地转入水相从而避免了二次生长，得到几乎百分之百聚苯胺的纳米纤维。

三、实验原料与用品

实验原料：过硫酸铵（APS）、去离子水、苯胺、盐酸、乙醇、氯仿、表面活性剂［十六烷基三甲基溴化铵（CTAB）、十二烷基硫酸钠（SDS）、聚乙二醇（PEG）］。

实验用品：恒温磁力搅拌器、磁力搅拌子、高速离心机、电子天平、鼓风干燥箱、分液漏斗、研钵、烧杯、量筒、离心管。

四、实验步骤

（1）快速混合法制备聚苯胺纳米纤维的实验步骤

① 在 50mL 去离子水中加入 1.49g 苯胺和 0.5g 表面活性剂，搅拌 3h，得到 A 液。

② 将 0.91g 过硫酸铵溶解到 50mL 浓度为 1mol/L 的盐酸中搅拌 3h，得到 B 液。

③ 将 B 迅速倒入 A 中并快速搅拌，反应 15min 左右，待溶液颜色变为墨绿色。

④ 用去离子水和乙醇洗涤数次后干燥得到墨绿色粉末。这些粉末可均匀分散到乙醇中得到均相溶液，利用扫描电子显微镜（SEM）观察产物的形貌，用 XRD 分析其晶体结构。苯胺和过硫酸铵的摩尔比为 4∶1。

（2）界面聚合法制备聚苯胺纳米纤维的实验步骤

① 在 50mL 氯仿中加入 1.49g 苯胺，搅拌 3h，得到 A 液。

② 将 0.91g 过硫酸铵溶解到 50mL 浓度为 1mol/L 的盐酸中搅拌 3h，得到 B 液。

③ 将 B 缓慢加入 A 中，注意不要破坏两相界面，界面聚合就在水相和油相之间进行并向水相中扩散，将体系静置反应 2h 以上，水相颜色变为墨绿色。

④ 将体系进行分液处理，保留水相溶液，用去离子水和乙醇洗涤数次后干燥得到墨绿色粉末。这些粉末可均匀分散到乙醇中得到均相溶液，利用扫描电子显微镜（SEM）观察产物的形貌，用 XRD 分析其晶体结构。苯胺和过硫酸铵的摩尔比为 4∶1。

五、思考题

（1）如何表征得到的样品的结构和形貌？

（2）还有哪些制备聚苯胺纳米纤维的方法？举例说明。

（3）聚合时间对产物的形貌有什么影响？

实验 15　微波水热法制备氧化铈纳米粉体

一、实验目的

（1）了解微波水热法的工作原理与使用方法。

（2）掌握微波水热法制备氧化铈纳米粉体。

二、实验原理

微波与无线电波、红外线、可见光一样都是电磁波。微波是指波长在1mm～1m之间的电磁波，即频率为300MHz～300GHz的电磁波。在微波水热法中，反应釜中反应介质材料由极性分子和非极性分子构成，在电磁场作用下，反应釜中的极性分子从原来的随机取向分布状态转向依照电场的极性排列取向。而在高频电磁场作用下，这些极性分子的取向按交变电磁场的频率不断变化，这一过程造成分子的运动和相互摩擦从而产生热量。与此同时，交变电场的场能转化为介质内的热能，使反应釜中的介质材料温度不断升高，这就是对微波水热法通俗的解释。微波水热法的优势和特点为：利用微波作为加热工具，可实现分子水平上的搅拌，加热速度快，加热均匀，无温度梯度，无滞后效应；克服了传统水热容器加热不均匀的缺点，缩短反应时间，提高工作效率。

在本实验中，首先利用六水硝酸铈的热分解来获得二氧化铈晶核，通过在反应体系中加入不同的表面活性剂对初期形貌的二氧化铈晶核进行表面修饰，起到形貌结构调控的目的。随着微波对反应体系的不断加热，体系中的二氧化铈小晶核通过不断吸收能量而长大，最终得到二氧化铈纳米材料。

三、实验原料与用品

实验原料：六水硝酸铈、聚乙烯吡咯烷酮（PVP）、十六烷基三甲基溴化铵（CTAB）、去离子水。

实验用品：微波水热平行合成仪（型号：XH-800S）、电子天平、烧杯、量筒、平板磁力加热搅拌器。

四、实验步骤

(1) 配制一定浓度硝酸铈水溶液。

(2) 在一定浓度的硝酸铈水溶液中加入适量的表面活性剂，进行磁力搅拌，形成混合溶液。

(3) 用量筒量取一定量上述混合溶液，转移到微波反应釜中，加入防爆垫，密封后放入转盘中，将传感器插入主罐并正对操作者。

(4) 安装测压组件。此组件两头可互换：一头接腔体上压力传感器接头；另一头接在主罐测压接头上。(必须拧紧，但应避免拧滑丝。)

(5) 实验参数的设置。

(6) 开始实验，观察实验过程及现象。

(7) 实验结束后，取出样品，洗涤、干燥。

实验注意事项如下。

① 保证反应釜各部分（除反应釜内罐内壁）为干燥及干净的状态，以防罐体局部吸收微波后温度过高，损坏罐体。

② 实验前检查防爆膜是否安装且安装正确。

③ 不熟悉的有机样品称样量应严格限制在0.5g以内。

④ 溶液总体积应控制在5～40mL内。

⑤ 对容易产生气体的物料，要事先在一个开口容器中进行预处理，等待15min反应后，

让易氧化物质在微波加热前挥发出去。

⑥ 微波加热碱性或者盐分过多的样品时，样品会结晶聚集于内壁上，吸收微波后造成罐子局部过热而损坏罐子。

⑦ 禁止在微波水热合成釜中加入的物质：炸药、推进剂、引火化学品、二元醇、航空燃料、高氯酸盐、乙炔化合物、醚、丙烯醛、酮、漆、烷烃、双组分混合物、动物脂肪等。

实验报告要求：明确实验目的与实验原理，以及制备氧化铈纳米粉体的过程。分析表面活性剂在合成氧化铈纳米粉体中的作用，反应参数设置对实验结果的影响。

五、思考题

（1）微波水热过程中反应功率的高低对纳米粉体有何影响？

（2）为什么金属容器盛放实验液体时不能放入微波场中加热？

实验 16 阳极氧化制备多孔氧化铝薄膜

一、实验目的

（1）掌握阳极氧化制备多孔氧化铝的技术要点。

（2）了解阳极氧化工艺的基本原理及控制条件。

（3）掌握工艺参数的设定方法。

二、实验原理

将铝及其合金置于适当的电解液中作为阳极进行通电处理的过程称为阳极氧化。经过阳极氧化处理后，铝表面形成厚度几微米至几百微米的氧化膜。阳极氧化膜表面为多孔蜂窝状，相比于铝合金表面的天然氧化膜，其耐蚀性、耐磨性和装饰性均有明显改善和提高。采用不同电解液和工艺条件，就能得到不同性质的阳极氧化膜。

在阳极氧化过程中，铝及铝合金作为阳极，阴极起导电作用和发生析氢反应。该过程常采用酸性电解液，阳极氧化时，阳极首先发生水的电解反应，产生初生态的［O］，初生氧有很强的氧化能力，能与阳极上的铝作用生成氧化铝并放出大量热；生成的氧化膜在酸性电解液中发生化学溶解形成多孔结构，该多孔结构保证了电解液的流通从而使氧化膜不断增厚。其电极反应如下：

阳极：

$$H_2O = [O] + 2H^+ + 2e^-$$

$$2Al + 3[O] = Al_2O_3$$

阴极：

$$2H^+ + 2e^- = H_2\uparrow$$

阳极氧化分类：按电流形式可分为直流电阳极氧化，交流电阳极氧化，脉冲电流阳极氧化；按电解液可分为硫酸、草酸、铬酸、混合酸和以磺基有机酸为主溶液的自然着色阳极氧化；按膜层性质可分为普通膜、硬质膜（厚膜）、瓷质膜、光亮修饰层、半导体作用的阻挡层。

阳极氧化膜由两层组成，多孔的厚外层是在具有介电性质的致密内层上成长起来的，后者称为阻挡层（也称活性层）。用电子显微镜观察发现，膜层的纵横面几乎全都呈现与金属表面垂直的管状孔，它们贯穿膜外层直至氧化膜与金属界面的阻挡层。以各孔隙为主轴，周围是致密的氧化铝构成的一个蜂窝六棱体，称为晶胞，整个膜层由无数个这样的晶胞组成。

阻挡层由无水的氧化铝所组成，薄而致密，具有高的硬度和阻止电流通过的作用。

三、实验设备与材料

实验设备：200V、1A直流电源。其主要技术参数：恒电流密度 $0.14A/cm^2$；试样面积 $2\sim3cm^2$；电解液 0.3mol/L 草酸溶液；阳极氧化时间 20min。

实验材料：高纯铝片、铂电极。

四、实验步骤

(1) 铝片用 SiC 砂纸（400～2000 目）依次打磨到表面无明显划痕。为消除表面自然氧化膜，在 1mol/L 氢氧化钠溶液中浸泡 2min，取出洗净，在氮气环境中晾干，保存待用。

(2) 以处理过的铝片为阳极，20mm×20mm 的 Pt 片为阴极，采用自制的阳极氧化装置(图 1-8) 进行阳极氧化。阳极氧化有效面积为 20mm×15mm（单面），上端留 5mm 接导线，除有效区域外，其他部分均用绝缘胶带封闭。实验过程中，为了保证热量散发和反应过程的均匀充分，需要进行强烈搅拌。

(3) 恒电流阳极氧化法采用 0.3mol/L 的草酸溶液作为电解液，温度为 20℃，采用 $0.14A/cm^2$ 恒电流阳极氧化，反应时间 20min，考察阳极氧化对铝层形貌的影响。

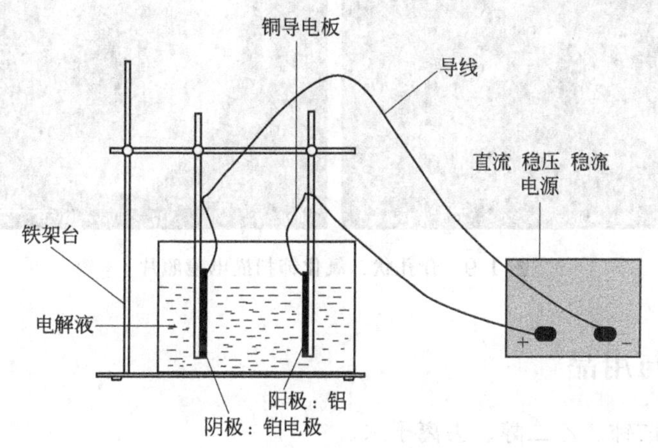

图 1-8 阳极氧化装置

五、思考题

阐明多孔氧化铝的形成原理及阳极氧化技术的特点。

实验 17 介孔状二氧化铈的溶剂热合成

一、实验目的

(1) 了解溶剂热法的工作原理与使用方法。

（2）掌握溶剂热法制备介孔状二氧化铈纳米粉体。

二、实验原理

溶剂热法又称热液法，属液相化学法的范畴，溶剂热法可简单地描述为使用高温、高压溶剂以使通常难溶或不溶的物质溶解和重结晶。溶剂热法依据反应类型的不同可分为：溶剂热氧化法、溶剂热还原法、溶剂热沉淀法、溶剂热合成法、溶剂热水解法、溶剂热结晶法等。其中，溶剂热结晶法和溶剂热合成法用得最多。溶剂热结晶法是指以非晶态氧化物、氢氧化物或溶剂溶胶为前驱物，在溶剂热条件下结晶成新的氧化物晶粒。溶剂热合成法是指允许在很宽的范围内改变参数，使两种或者两种以上的化合物起反应，合成新的化合物。溶剂热法制备的材料具有高纯、超细、溶解性好、粒径分布窄、颗粒团聚程度轻、晶体生长较完整、工艺相对简单、粉体烧结活性高等特点。

本实验采用溶剂热法，首先利用硝酸铈的热分解来获得二氧化铈晶核，然后利用体系中乙二醇溶剂对二氧化铈晶核的溶剂化作用，得到介孔状二氧化铈粉体。形貌如图 1-9 所示。

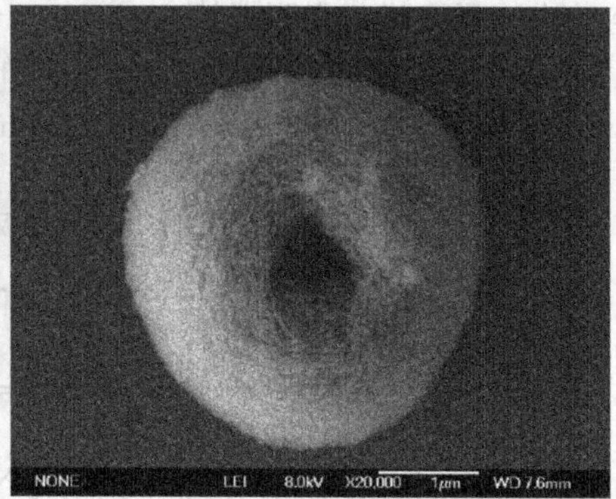

图 1-9　介孔状二氧化铈扫描电镜照片

三、实验原料与用品

实验原料：硝酸铈、乙二醇、去离子水。

实验用品：溶剂热反应釜（100mL）、磁力搅拌器、鼓风加热箱、电子天平、烧杯、量筒。

四、实验步骤

（1）称量一定量硝酸铈，并用量筒量取一定量乙二醇溶液。

（2）将称量的硝酸铈加入乙二醇溶液中，进行磁力搅拌，形成混合溶液。

（3）用量筒量取一定量上述混合溶液，转移到反应釜中，密封好反应釜。

（4）将密封好的反应釜放入事先设置好温度的加热箱中，保温 24h。

（5）实验结束后，取出样品，洗涤、干燥。

实验注意事项：①保证反应釜各部分为干燥及干净的状态，将反应釜放入加热箱中要保证每个反应釜密封完好，防止在加热过程中产生漏液现象；②不熟悉的有机样品称样量应严格限制在 0.5g 以内；③溶液总体积应控制在 60～70mL 内。

五、思考题

介孔状二氧化铈纳米粉体形成的原理是什么？

实验 18 固体氧化物燃料电池电解质片压制及其密度测定实验

一、实验目的

(1) 了解压片机的使用步骤。

(2) 掌握固体氧化物燃料电池电解质的制备工艺。

(3) 了解高温炉的使用方法及控温程序的设定流程。

(4) 了解电解质密度的测量原理。

(5) 熟练掌握用阿基米德法测烧结体密度和相对密度的方法。

二、实验原理

固体氧化物燃料电池（SOFC）是一种使燃料和氧化剂通过离子导电的氧化物电解质发生电化学反应而产生电能的全固态能量转化装置。SOFC 由阴极、阳极和介于电极之间的电解质组成，具体结构形式可分为电解质支撑和电极支撑两种。电解质支撑的 SOFC 中电解质是最厚的元件，一般厚度大于 150μm，阴极和阳极都是多孔膜。

SOFC 传统的构型有平板式和管式两种，制备方法有流延法、等静压法、注浆成型法等。本实验采用压片法制备片式钇稳定氧化锆（YSZ）电解质。压好的电解质片经干燥与烧结后，长度或体积会缩小，这一现象称为收缩。收缩分为干燥收缩和烧成收缩。烧成收缩的大小与原料组成、粒径大小、有机物含量、烧成温度及烧成气氛有关。本实验采用线收缩表征电解质的收缩情况，线收缩是指坯体在干燥与烧成过程中在长度方向上的尺寸变化。干燥收缩率等于试样中水分蒸发而引起的缩减与试样最初尺寸之比值，以百分数表示。烧成收缩率等于试样由于烧成而引起的缩减与试样在干燥状态下尺寸之比值，以百分数表示。总收缩率（或称全收缩率）等于试样由于干燥与烧成而引起的缩减与试样最初尺寸之比值，以百分数表示。

SOFC 电解质的性能除取决于材料本身组成，微观组织因素也对其有显著影响。其中，气孔率对其导电性有重要影响。这说明电解质的致密性是其重要性能指标之一，电解质的密度及气孔率是评价其性能好坏的重要参数。

本实验主要针对传统的固体氧化物燃料电池（SOFC）的制备技术——压片法制备片式电池进行，并通过阿基米德法测量电解质的密度和气孔率，了解压片工艺优劣对电解质性能的影响。

三、实验原料与用品

实验原料：YSZ 粉体、无水乙醇、阿拉伯树胶粉、脱脂棉。

实验用品：干燥箱、压片机、研钵、电子天平、高温炉、盛放试样的线框、悬索、大烧杯（250mL、500mL）、去离子水、毛刷、镊子。

四、实验步骤

(1) 按照质量含量0.5%和1%的比例称取YSZ粉体和阿拉伯树胶粉，加入少量的乙醇研磨至粉体干燥。

(2) 用带酒精的脱脂棉清洗压片模具，在电子天平上称取0.25g上述混合粉体倒入模具中，压出直径13mm，厚度约0.1mm的YSZ片。

(3) 将压好的YSZ片置于高温炉中，在1400℃和1500℃下烧结4h。

(4) 取出电解质片清除其表面的杂质，直至试样表面光滑。用水清洗后，放入烘箱中烘干至恒重。用分析天平称量，并记下其质量G_0。

(5) 将试样置于沸水中煮1h，直到长时间无气泡产生为止；然后在流动的水中冷却3min。用纸巾擦去试样表面多余的水分。用分析天平称量，并记下其质量G_1。

(6) 用分析天平称量试样在水中的质量G_2。

(7) 电解质试样的密度ρ可按下式计算，式中ρ_w为水的密度，取$1.00g/cm^3$。

$$\rho=\frac{\rho_w G_0}{G_1-G_2}$$

电解质试样的表面气孔率p_s为：

$$p_s=\frac{G_1-G_0}{G_1-G_2}\times 100\%$$

实验注意事项：①试样表面必须平整；②试样表面在各称重阶段不能有水。

五、思考题

(1) 阿拉伯树胶的作用是什么？

(2) 高温炉的升温程序为什么要采用阶梯式？

实验19 半导体光催化降解染料废水

一、实验目的

(1) 了解光催化反应的基本原理。

(2) 掌握紫外-可见光谱仪的构造、工作原理和使用方法。

(3) 认识染料在光催化剂作用下的降解过程。

二、实验原理

能源和环境是21世纪人类面临的重大问题。光催化拥有室温深度反应和直接利用太阳能驱动反应的独特性能，是一种理想的洁净能源生产与环境污染治理技术。以TiO_2为代表的半导体材料是最具有发展前景的一类光催化剂，已被广泛应用于净化处理空气和水资源中的各种污染物。

当入射光照射到光催化剂表面时，电子从价带跃迁至导带，从而在其表面形成电子空穴对。其光生空穴氧化性很强，几乎可以氧化所有有机基团，使其完全分解为无害物质。大多数光催化反应是直接或间接利用空穴的氧化能。空穴与吸附在光催化剂表面上的OH^-或

H_2O形成羟基自由基。其反应原理如下。

① 光生载流子的形成： $TiO_2 \xrightarrow{h\nu} h_{vb}^{+} + e_{cb}^{-}$ (fs) (1)

② 载流子被捕获：$h_{vb}^{+} + \{>Ti^{IV}OH\} \longrightarrow \{>Ti^{IV}OH^{\cdot}\}^{+}$ 快速反应(10ns) (2)

$e_{cb}^{-} + \{>Ti^{IV}OH\} \rightleftharpoons \{>Ti^{III}OH\}$ 浅捕获(动力学平衡)(100ps) (3a)

$e_{cb}^{-} + \{>Ti^{IV}\} \longrightarrow >\{Ti^{III}\}$ 深度捕获(不可逆)(10ns) (3b)

③ 载流子复合：$e_{cb}^{-} + \{>Ti^{IV}OH^{\cdot}\}^{+} \longrightarrow \{>Ti^{IV}OH\}$ 慢反应(100ns) (4)

$h_{vb}^{+} + \{>Ti^{III}OH\} \longrightarrow \{Ti^{IV}OH\}$ 快速反应(10ns) (5)

④ 界面间电荷转移：$\{>Ti^{IV}OH^{\cdot}\}^{+} + Red \longrightarrow \{>Ti^{IV}OH\} + (Red^{\cdot})^{+}$ 慢反应(100ns) (6)

$e_{tr}^{-} + Ox \longrightarrow \{>Ti^{IV}OH\} + (Ox^{\cdot})^{-}$ 极慢反应(ms) (7)

根据光催化反应机理，光催化化学反应步骤包括：①当入射光光子能量 $h\nu$ 大于半导体的带隙（band gap）能时，电子会被激发，从价带（valence band，VB）跃迁到导带（conduction band，CB)，这时在导带和价带位置上分别产生光生电子和空穴；②在光催化反应中，光生电子和光生空穴被激发后会经历多个变化途径，主要存在相互复合和被捕获两个相互竞争的过程；③光生电子和空穴从体相迁移到半导体表面并与半导体表面吸附的物质发生还原和氧化过程。

本实验使用半导体纳米 TiO_2 作为光催化剂，在氙灯光源照射下对有机染料废水进行催化降解，利用紫外-可见光谱仪测定染料浓度变化，评价光催化剂的催化活性。

三、实验原料与用品

实验原料：纳米 TiO_2 粉末、活性艳红染料 X-3B 水溶液、盐酸。

实验用品：氙灯光源、紫外-可见光谱仪（配石英比色皿)、电子天平、夹套反应器、磁力搅拌器、移液枪、玻璃注射器、有机滤膜、滤头、容量瓶。

四、实验步骤

(1) 配制 100mL pH=3（HCl)、浓度为 100mg/L 的 X-3B 水溶液。

(2) 称取 0.1g 纳米 TiO_2 粉末，与 X-3B 溶液混合置于夹套反应器中，超声 5min，然后避光磁力搅拌 40min。

(3) 打开氙灯光源，预热 30min。

(4) 将夹套反应器移到光源对面，开始光照反应，反应器通冷凝水，磁力搅拌。每隔一定时间取出 5mL 反应液，过滤后用紫外-可见光谱仪测试溶液在 530nm 处的吸光度，绘制浓度-时间曲线，观察染料降解情况，评价纳米 TiO_2 粉体的光催化活性。

五、思考题

(1) 为什么光照前要进行避光搅拌？

(2) 光照时夹套反应器通冷凝水的作用是什么？

(3) 怎样从吸光度计算溶液中剩余染料的浓度？

实验 20　无外加酸条件制备 Al-SBA-15 有序介孔材料

一、实验目的

（1）了解无外加酸反应体系在有序介孔材料制备领域的应用。
（2）掌握非离子表面活性剂的胶束化过程。
（3）熟悉有序介孔材料制备的基本流程。

二、实验原理

有序介孔材料可以认为是结晶的介孔材料，与无序（无定形）介孔材料的不同主要表现在它们的孔道是有序排列的，并且孔径大小分布很窄，既是长程有序，也是高层次上的有序，因此有序介孔材料也具有一般晶体的某些特征。有序介孔材料由于具有较大的比表面积、相对大的孔径以及化学组成灵活可调等优点，被广泛地应用在吸附剂、非均相催化剂、各类载体和离子交换剂等领域。

SBA（大豆凝聚素）-15 有序介孔材料于 1998 年被报道，其合成采用的是强酸性介质，反应过程会产生大量废液。近些年，采用无外加酸合成体系，利用 Si、Al 前驱物种间的弱电引力促进孔壁结构缩合，可一步制备出高质量的 Al-SBA-15 有序介孔材料。与强酸性体系合成的产物相比，无外加酸合成体系得到的 Al-SBA-15 水热稳定性更高。这是由于在骨架组装过程中 Si/Al 前驱体有效保护了非离子表面活性剂 P123 棒状胶束，即使反应温度为 140℃，也不会影响杂原子 Al 的掺杂量。

本实验采用无外加酸反应体系一步合成 Al-SBA-15 有序介孔材料，可了解有序介孔结构组装的基本特点和关键调控手段，还可以了解反应介质 pH 值在有序介孔材料制备中的作用以及对产物结构性质的影响。

三、实验原料与用品

实验原料：正硅酸四乙酯（TEOS）、去离子水、非离子表面活性剂 P123、九水合硝酸铝。
实验用品：烧杯、搅拌装置、加热套、电子天平、水热合成釜、烘箱。

四、实验步骤

反应物料配比见表 1-2。

表 1-2　反应物料配比

设定 Si/Al 比	P123/g	TEOS/mL	$Al(NO_3)_3 \cdot 9H_2O/g$	$P123/H_2O$
20				
50				
100				

（1）将一定质量 P123 加入去离子水中，室温搅拌溶解。
（2）加入九水合硝酸铝，搅拌溶解。
（3）滴加正硅酸四乙酯，室温搅拌均匀。
（4）40℃搅拌 1.5h。

（5）装釜，于90℃晶化2h。

（6）演示取釜过程和固相产物分离、洗涤、干燥过程。

五、思考题

（1）P123胶束组装需要注意哪些因素？

（2）在无外加酸合成条件下，Si/Al前驱体表面电荷性质与强酸性条件的主要区别是什么？

实验21　荧光量子点的制备

一、实验目的

（1）学会使用冷凝回流加热搅拌装置。

（2）掌握荧光量子点的常压水相制备方法。

（3）理解量子点尺寸效应与发光波长的关系。

二、实验原理

CdTe量子点具有较小的带隙（1.44eV），是ⅡB族-ⅥA族半导体量子点中最具代表性的材料，通过调节CdTe量子点的尺寸大小可以使其荧光发射波长覆盖可见光区到近红外光区，并使其具有较高的荧光量子产率。CdTe量子点制备方法有微波法、水热法、油相热注入法、水相冷凝回流法等。本实验采用水相冷凝回流法制备CdTe量子点，并了解通过控制反应时间以控制量子点尺寸对发光波长的影响。

三、实验原料与用品

实验原料：氯化镉（$CdCl_2 \cdot 2.5H_2O$）、硼氢化钾（KBH_4）、亚碲酸钠（Na_2TeO_3）、*N*-乙酰半胱氨酸（NAC）、去离子水、硅油等。

实验用品：磁力加热搅拌器、冷凝回流装置、电子天平、紫外灯、滴管、烧杯、量筒、温度计。

四、实验步骤

（1）将1.2mmol/L的NAC溶解于80mL水中，室温搅拌5min至混合均匀，然后加入1mmol/L的$CdCl_2 \cdot 2.5H_2O$，室温搅拌30min，得到含Cd^{2+}的前驱体溶液，其中$[Cd^{2+}]=$10mmol/L。

（2）剧烈搅拌条件下向上述溶液中加入0.356g KBH_4，然后立即逐滴加入20mL浓度为0.01mol/L的Na_2TeO_3水溶液，室温搅拌10min后形成透明均一溶液。其中，修饰剂NAC、氯化镉和Na_2TeO_3的浓度比固定为1.2∶1∶0.2，即$[NAC]:[Cd^{2+}]:[Te^{2-}]=1.2:1:0.2$。

（3）利用水相法冷凝回流，在100℃下加热不同时间，制备得到一系列不同粒径大小的NAC修饰的CdTe量子点，每隔半小时取一次样。

（4）用紫外灯照射观察不同反应时间制备的CdTe量子点液体荧光发射情况。

五、思考题

(1) Na_2TeO_3 水溶液为什么要缓慢滴加?

(2) 为什么可以通过控制反应时间来控制 CdTe 量子点的尺寸?

(3) 加热时间长短和发光波长是什么关系?

实验 22 草酸盐共沉淀法制备 $LiNi_{1/3}Co_{1/3}Mn_{1/3}O_2$ 正极材料

一、实验目的

(1) 掌握草酸盐共沉淀法合成 $LiNi_{1/3}Co_{1/3}Mn_{1/3}O_2$ 前驱体的原理和操作。

(2) 了解 $LiNi_{1/3}Co_{1/3}Mn_{1/3}O_2$ 正极材料的制备工艺。

(3) 了解管式烧结炉的使用方法及控温程序的设定流程。

二、实验原理

目前常用的锂离子电池层状正极材料中，$LiCoO_2$ 具有倍率和循环性能优异、生产工艺简单等优点，但其价格昂贵，严重污染环境，而且抗过充性能差，存在安全隐患。尽管 $LiNiO_2$ 的容量高、成本低、环境友好，但其合成条件苛刻，结构不稳定且容易转变为尖晶石结构，晶体中存在锂镍混排现象，导致循环性能较差。1999 年，Liu 等首次报道合成了具有层状结构的三元体系正极材料 $LiNi_xCo_yMn_{1-x-y}O_2$。该正极材料兼有 $LiCoO_2$、$LiNiO_2$、$LiMnO_2$ 三种层状材料的优点(高容量、良好的循环性能等)，且比 $LiCoO_2$ 成本低。$LiNi_xCo_yMn_{1-x-y}O_2$ 的性能优于任一单组分正极材料，是因为材料内存在明显的三元协同效应：Ni、Co 与 Mn 属于同周期邻近元素，具有相近的外层电子结构，可以以任意比例混合形成固溶体并保持层状结构不变。Ni、Co 与 Mn 三种元素在三元体系正极材料中的平均氧化态分别为+2，+3，+4，而且作用各不相同，Ni^{2+} 有助于提高材料的可逆容量，但过多的 Ni^{2+} 会产生锂镍混排，使材料循环性能变差；Mn^{4+} 在材料中没有电化学活性，只对材料的结构起支撑作用，能降低材料成本，改善材料的安全性能。但过多的 Mn^{4+} 使材料容易产生尖晶石相。Co^{3+} 的存在能稳定三元体系的层状结构，抑制锂镍阳离子混排，提高材料的导电性和倍率性能，但过多的 Co^{3+} 会造成材料容量降低。因此，这三种过渡金属元素的含量对材料性能影响很大。

在三元材料中，最具代表性的是 Ni、Mn、Co 比例为 1∶1∶1 的 $LiNi_{1/3}Co_{1/3}Mn_{1/3}O_2$。该材料具有高达 277.8mAh/g 的理论容量。在充放电过程中，其电化学活性电对为 Ni^{2+}/Ni^{4+} 和 Co^{3+}/Co^{4+}，Mn^{4+} 为电化学惰性，只起到稳定材料结构的作用。此外，Co^{3+} 的存在抑制了锂镍阳离子的混排。因此，$LiNi_{1/3}Co_{1/3}Mn_{1/3}O_2$ 兼具 $LiCoO_2$ 优异的循环性能、$LiNiO_2$ 的高比容量、$LiMn_2O_4$ 高安全性和低成本等优点。

共沉淀法是指在溶液中含有两种或多种阳离子，它们以均相存在于溶液中，加入沉淀剂后，经沉淀反应可得到各种成分均一的沉淀。共沉淀法是制备三元材料前驱体的一种常用方法。该方法工艺简单、条件易于控制，能够得到粒径小、混合均匀的前驱体，而且合成温度低，烧结后的产物组分均匀、重现性好。目前报道的合成 $LiNi_{1/3}Co_{1/3}Mn_{1/3}O_2$ 前驱体的方法有氢氧化物、碳酸盐、草酸盐及有机溶剂共沉淀法等。

本实验采用草酸盐共沉淀法合成 $LiNi_{1/3}Co_{1/3}Mn_{1/3}O_2$ 前驱体，再通过机械混合、高温烧结得到 $LiNi_{1/3}Co_{1/3}Mn_{1/3}O_2$ 正极材料。

三、实验原料与用品

实验原料：$Mn(CH_3COO)_2 \cdot 4H_2O$、$Ni(CH_3COO)_2 \cdot 4H_2O$、$Co(CH_3COO)_2 \cdot 4H_2O$、$H_2C_2O_4 \cdot 2H_2O$、$LiCH_3COO \cdot 2H_2O$、去离子水、无水乙醇。

实验用品：电子天平、磁力搅拌器、管式烧结炉、鼓风干燥箱、真空泵、布氏漏斗、抽滤瓶、玛瑙研钵、瓷舟。

四、实验步骤

(1) 按照化学计量比分别称取 $Mn(CH_3COO)_2 \cdot 4H_2O$、$Ni(CH_3COO)_2 \cdot 4H_2O$ 和 $Co(CH_3COO)_2 \cdot 4H_2O$，分别加入 1 份去离子水，磁力搅拌使其全部溶解，再分别加入 4 份无水乙醇。

(2) 称取一定质量的 $H_2C_2O_4 \cdot 2H_2O$，加入 1 份去离子水，磁力搅拌使之全部溶解，再加入 4 份无水乙醇。

(3) 将 $Mn(CH_3COO)_2$ 混合溶液迅速加入 $H_2C_2O_4$ 的混合溶液中，磁力搅拌 10min 后，再加入上述制备好的 $Ni(CH_3COO)_2$ 和 $Co(CH_3COO)_2$ 混合溶液，继续搅拌 1h，观察实验现象至 $MC_2O_4 \cdot xH_2O$（M＝Mn、Ni、Co、Li）生成完全，过滤，用去离子水洗涤 3 遍，80℃烘干。

(4) 称取化学计量比的 $LiCH_3COO \cdot 2H_2O$，与上述得到的粉末混合，用玛瑙研钵研磨 30min，混合均匀后转移至瓷舟中，在管式炉中烧结。在空气气氛下以 4℃/min 的升温速率升温至 450℃，保持 8h，继续升温至 850℃保持 20h 时，得到 $LiNi_{1/3}Co_{1/3}Mn_{1/3}O_2$ 正极材料。

实验注意事项：①为保证反应完全，$H_2C_2O_4 \cdot 2H_2O$ 需过量；②考虑到高温烧结过程锂盐的挥发，$LiCH_3COO \cdot 2H_2O$ 的加入量需适当过量。

五、思考题

(1) 实验中用到的大量无水乙醇起什么作用？还可以用什么试剂代替？

(2) 为什么先加 Mn $(CH_3COO)_2$ 溶液？先加 Ni $(CH_3COO)_2$ 或 Co $(CH_3COO)_2$ 溶液可以吗？请阐明原因。

实验 23　电催化分解水制氢实验

一、实验目的

(1) 了解电催化分解水制氢的实验原理。

(2) 掌握电催化分解水制氢的研究方法及其性能评价参数。

(3) 了解不同催化电极的制氢活性。

二、实验原理

氢能是一种理想的二次能源，具有能量密度大、燃烧热值高、清洁无污染等优点，有助于解决全球能源危机以及环境污染等问题，被认为是 21 世纪最重要的绿色能源。氢能的大规模利用离不开高效的制氢技术。当前开发的制氢技术主要包括电催化分解水制氢、光催化分解水制氢、矿物燃料制氢、生物质制氢等。其中，电催化分解水制氢是一种高效、简便的制氢技术，被认为是未来氢能生产和存储最有前途的方法之一。

电催化分解水制氢反应装置为电解池，一般是由电解液和参比电极、对电极及工作电极构成的三电极系统组成。工作电极的电势是相对于参比电极电势。当施加外电压时，电流由对电极流向工作电极，此时工作电极（阴极）发生析氢反应产生氢气，对电极（阳极）则发生析氧反应产生氧气。由于电解液的酸碱性不同，电极反应也不同。

碱性条件下的电极反应为：

阴极 $$2H_2O+2e^- \longrightarrow H_2\uparrow+2OH^-$$

阳极 $$2OH^- \longrightarrow H_2O+\frac{1}{2}O_2\uparrow+2e^-$$

酸性条件下的电极反应为：

阴极 $$2H^- +2e^- \longrightarrow H_2\uparrow$$

阳极 $$H_2O \longrightarrow 2H^+ +\frac{1}{2}O_2\uparrow+2e^-$$

总反应：

$$H_2O \longrightarrow H_2\uparrow+\frac{1}{2}O_2\uparrow$$

评价电极析氢性能的主要参数包括起始电位、过电位、塔费尔斜率和稳定性等。过电位是衡量电极材料析氢活性最重要的参数。标准状况下，析氢反应的标准电极电势为零，析氢反应起始电位与标准电极之间的差值就是过电位。为了比较电极的析氢活性，在极化曲线中电流密度达到 $1mA/cm^2$ 和 $10mA/cm^2$ 时的过电位是重要的参考标准。理想的电催化剂在较低过电位下，可以达到更高的电流密度。塔费尔斜率也是评价电极材料析氢活性的重要参数。将极化曲线（电流密度-过电势）图转换成过电位-对数电流密度图即为塔费尔曲线。塔费尔斜率在超低电位下，可根据塔费尔方程（$\eta=b\lg j+a$，式中 η 表示过电位，j 表示电流密度，b 代表塔费尔斜率）线性部分确定。塔费尔斜率值越小意味着增加相同电流密度需要的过电势越小，即动力学上电荷转移更快。长期稳定性也是评价析氢催化剂性能的重要参数。可以通过循环伏安曲线测试进行表征。循环伏安曲线测试一般不少于 1000 次，比较第一次循环和最后一次循环的极化曲线是否一致。如果循环前后的极化曲线几乎重合，或过电位增幅不超过 10%，即可说明该材料具有良好的稳定性。

本实验主要通过电催化分解水制氢实验，了解电催化分解水制氢的实验原理，掌握三电极体系电催化分解水制氢的实验方法及其性能评价参数，并通过对比了解不同催化电极的析氢活性。

三、实验原料与用品

实验原料：浓硫酸、高纯氮气、乙醇、丙酮、全氟磺酸树脂（Nafion）溶液、商业 Pt/

C催化剂（Pt片代替）、泡沫镍、碳纸、去离子水等。

实验用品：电化学工作站、碳棒对电极、Ag/AgCl参比电极、玻碳电极、电解池（50mL）、烧杯（100mL）、量筒（50mL）、超声波清洗机、电子天平、移液枪（50μL）、吸头（50μL）、导气管。

四、实验步骤

（1）将商业泡沫镍和碳纸剪裁为尺寸2cm×1cm的片状，并分别用丙酮和乙醇各超声清洗10min后，吹干备用。

（2）配制0.5mol/L稀硫酸溶液，取25mL 0.5mol/L硫酸电解液加入50mL电解池中，用导气管通入纯氮气鼓泡30min以除去溶解氧。

（3）连接三电极系统，利用电化学工作站进行测试。其中，负载催化剂的玻碳电极、泡沫镍和碳纸作为工作电极，石墨棒作为对电极，Ag/AgCl电极作为参比电极。以10 mV/s扫描速度进行极化曲线的测量，在−0.5～0V（相对于Ag/AgCl）范围内，以50 mV/s扫描速度进行循环伏安测试来表征催化剂的稳定性。

（4）实验完毕，清洗反应容器，烘干，归位，打扫卫生。

实验注意事项：①注意安全，正确配制0.5mol/L稀硫酸溶液；②测试过程中注意参比电极、对电极和工作电极要正确连接。

五、数据处理

（1）将测试数据导出，用Origin软件作图，测试电流归一化，在Pt催化剂、泡沫镍、碳纸的极化曲线中分别找出电流密度达到$1mA/cm^2$和$10mA/cm^2$时的过电位。

（2）将Pt催化剂、泡沫镍、碳纸的极化曲线转换为塔费尔曲线，并在电流密度1～$10mA/cm^2$范围内，根据塔费尔方程（$\eta = b\ \lg j + a$）线性部分确定塔费尔斜率。

（3）循环伏安测试后，比较Pt催化剂、泡沫镍、碳纸第一次循环和最后一次循环的极化曲线，并计算电流密度在$10mA/cm^2$时的过电位增幅。

（4）计算析氢反应参数，比较Pt催化剂、泡沫镍和碳纸的电催化析氢性能。

催化材料的析氢性能见表1-3。

表1-3 催化材料的析氢性能

材料	起始电位 η_0/mV	$10mA/cm^2$过电位 η_{10}/mV	塔费尔斜率/(mV/dec)①	$10mA/cm^2$过电位增幅/mV
Pt催化剂				
泡沫镍				
碳纸				

①dec是decade（十进位）数量级的缩写，即每个数量级变化的电压（mV）。

六、思考题

（1）电解水时，往纯水电解液中加入酸或碱的作用是什么？

（2）评价材料电催化水分解性能的参数有哪些？如何评价？

（3）影响催化剂析氢性能的因素有哪些？

实验 24 氧化锌纳米阵列形貌调控及表征

一、实验目的

（1）学习水浴法制备氧化物半导体材料。

（2）掌握水浴法制备材料的基本步骤。

（3）掌握旋涂仪的使用方法。

（4）了解调控半导体形貌的主要因素。

（5）学会表征半导体材料的成分和形貌。

二、实验原理

半导体指常温下导电性能介于导体与绝缘体之间的材料。半导体在集成电路、消费电子、通信、光伏发电、照明、大功率电源转换等领域均有应用，常见半导体材料有硅、锗砷化镓及相应的氧化物、硫化物等。随着电子工业的发展，器件的集成度越来越高，半导体材料的制备方法得到了极大拓展，特别是制备纳米结构半导体材料。

氧化锌纳米结构由于其优异的电学性能得到科学家们的持续关注，其制备方法有固相法、化学气相沉积、物理气相沉积、溶胶凝胶法、水浴法和水热法等。水浴法因低成本、能耗低、环境友好而被广泛应用。水浴法的实验原理为在一定配比条件下，使反应物在特定基底上进行生长，生长环境由所处水温控制，水温高低可控制反应速率并调控所得结构的尺寸。此外，种子膜在纳米结构的制备过程中至关重要，无种子膜的基底将无法得到具有取向性的阵列。种子膜的旋涂次数和煅烧温度决定种子膜的覆盖度和结晶程度，也进一步影响最终纳米结构的形貌。再者，反应液的配比和环境的温度对生长阵列的形貌也有影响，水浴条件下六亚甲基四胺会释放出氨气，而氨气溶解于水中会产生氢氧根从而改变反应溶液的酸碱度，具体的反应机理如下：

$$(CH_2)_6N_4+6H_2O \longrightarrow 6HCHO+4NH_3\uparrow \tag{1}$$

$$NH_3+H_2O \longrightarrow NH_4^{+}+OH^{-} \tag{2}$$

$$Zn^{2+}+4OH^{-} \longrightarrow [Zn(OH)_4]^{2-} \tag{3}$$

$$[Zn(OH)_4]^{2-} \longrightarrow Zn(OH)_2\downarrow+2OH^{-} \tag{4}$$

在弱碱性条件下，氢氧化锌的生成为氧化锌阵列的生长提供了基础。此外，由于种子膜的存在，所得结构为取向性良好的阵列，三维阵列的制备为半导体材料中的电子传输提供了通道，阵列的取向性及组成阵列的单元的特征尺寸是实验调控的重点。

三、实验原料与用品

实验原料：六水合硝酸锌、六亚甲基四胺、二水乙酸锌、乙醇胺、无水乙醇、去离子水。

实验用品：台式匀胶机、数显恒温水浴锅、磁力加热搅拌器、干燥箱、马弗炉、扫描电子显微镜、载玻片、X射线粉末衍射仪。

四、实验步骤

（1）氧化锌溶胶的制备。将 0.002mol 二水乙酸锌溶解于 50mL 乙醇中，60℃条件下磁力搅拌 10min。将与锌等物质的量的乙醇胺（约 0.15mL）加入上述溶液继续加热搅拌 2 h，得稳定透明溶胶。

（2）种子膜基底的制备。将玻璃片分别用乙醇和去离子水超声清洗 5min，然后用 N_2 吹干。把所制备的氧化锌溶胶旋涂在玻璃片上（旋涂条件：200r/min 旋涂 9s；3000r/min 旋涂 30s）。把旋涂的基底放入鼓风干燥箱中 120℃预处理 10min，重复旋涂 3～5 次。最后，将旋涂的基底放入 500℃马弗炉中煅烧 2h，得种子膜基底。匀胶机使用方法：

① 打开匀胶机和真空泵的电源；

② 设置胶转数和运行时间；

③ 放置旋涂样品，表面滴加种子溶液；

④ 按下“吸片”按钮，按下“启动”按钮；

⑤ 等待旋涂完成，“吸片”按钮弹起后，取下样品；

⑥ 清理旋涂盘内剩余液体和杂质。

（3）水浴法制备氧化锌纳米阵列

① 配制生长溶液

生长溶液 1：将 0.06g 的六水合硝酸锌及 0.028g 的六亚甲基四胺溶于 100mL 蒸馏水中，磁力搅拌 20min。

生长溶液 2：将 0.09g 的六水合硝酸锌及 0.042g 的六亚甲基四胺溶于 100mL 蒸馏水中，磁力搅拌 20min。

② 将覆盖有种子膜的基底放入配制好的生长溶液 1 中，80℃条件下水浴生长 2h，取出，用去离子水反复冲洗，晾干；将所得阵列放入生长溶液 2 中，80℃条件下水浴生长 2h 制备二次阵列，反应结束后用去离子水反复冲洗，晾干待测。

实验注意事项：①从边缘处取放覆盖种子膜的玻片防止破坏已有结构；②检查热电偶是否悬空于空气中，反应时必须放置于水浴环境；否则，会导致设备过热而损坏元器件。

五、思考题

（1）种子膜的配制方案是什么？

（2）水浴反应液的主要反应物有哪些？

（3）旋涂仪使用的主要步骤有哪些？

实验 25　惰性气体蒸发法制备纳米粉体

一、实验目的

（1）了解惰性气体蒸发法制备纳米粉体的实验原理。

（2）掌握惰性气体蒸发法制备纳米铜粒子的制备过程。

（3）了解实验中影响实验结果的各种因素，并会对实验结果进行表征分析。

二、实验原理

惰性气体蒸发法又称为气体冷凝法，是在低压的氩、氮等惰性气体中对金属进行加热，使其蒸发后形成超微粒（1～1000nm）或纳米微粒。整个制备过程在超高真空室内进行。通过分子涡轮处理使真空室内达到0.1Pa以上的真空度，然后充入低压（约2kPa）的纯净惰性气体（He或Ar，纯度约为99.9996%）。将金属片置于坩埚内，通过电阻加热方式对坩埚内金属逐渐加热蒸发，产生金属的原物质烟雾。由于室内惰性气体的对流，烟雾向上移动。在蒸发过程中，原物质发出的原子与惰性气体原子相互碰撞，快速损失能量而冷却，在原物质蒸气中造成很高的局域过饱和，导致均匀的成核过程。在接近冷却棒的过程中，金属原物质蒸气首先形成原子簇，然后形成单个纳米微粒。在接近冷却棒表面的区域内，单个纳米微粒聚合长大，在器壁表面冷却积累，最后收集后获得纳米粉。

三、实验原料与设备

实验原料：纯铜片。

惰性气体蒸发法纳米粉体制备设备主要由以下部分组成：不锈钢真空反应室（内层通有冷却水）、交流电源、真空泵机、连接在电极两端的高熔点钼（Mo）舟、可转动的加料槽。

四、实验步骤

（1）检查设备的气密性，检查循环冷却系统各部位是否畅通。

（2）打开机械泵，对真空室抽气使其达到较高的真空度，关闭真空计；关闭机械泵，并对机械泵放气。

（3）打开氢气和氩气管道阀，控制适当比例，往真空室中充入低压、纯净的氢气和氩气；然后关闭氢气和氩气管道阀，关闭气瓶减压阀及总阀。

（4）开通循环冷却系统。

（5）打开总电源及蒸发开关，调节接触调压器，使工作电压由0V缓慢升至100V，并通过观察窗观察真空室内的现象：钼舟逐渐变红，呈赤红色并发亮；钼舟中的铜片开始熔化，接着有烟雾生成并上升。在实验过程中，根据烟雾的大小，不断调节电流，保证电流不会过大；否则，蒸发温度过高，造成产物的粒径过大或超出钼舟的承受能力甚至造成钼舟的熔断。还要控制电流不能过小，否则影响蒸发速率。

（6）制备过程中密切观察真空室压力表的变化。若发现压力有明显增加，要查明原因，及时解决。

（7）当钼舟中的物料将要蒸发完毕时，通过接触调压器降低工作电压到50V，然后启动加料装置，往钼舟中加入少量物料；再将工作电压调高到适当电压，继续制备。

（8）重复步骤（7）直至加料装置中的铜片制备完毕。

（9）制备结束后，关闭蒸发电源及总电源。待设备完全冷却后，关闭循环冷却系统。打开真空室，收集纳米粉。

五、思考题

（1）惰性气体蒸发法的优点和缺点各是什么？

（2）纳米颗粒有哪些基本制备途径？

实验 26　氢电弧等离子体法制备纳米粉体

一、实验目的

（1）了解氢电弧等离子体法制备纳米粉体的实验原理。

（2）掌握氢电弧等离子体法制备纳米铁粒子的制备过程。

（3）了解实验中影响实验结果的各因素，并会对实验结果进行表征分析。

二、实验原理

之所以被称为氢电弧等离子体法，主要是由于其在制备工艺中使用氢气作为工作气体，可大幅度提高产量。其原因归结为氢原子化合为氢分子放出大量的热，产生强制性蒸发使产量大大提高，而且氢的存在可以降低熔化金属的表面张力而加速蒸发。合成机理为：含有氢气的等离子体与金属间产生电弧，使金属熔融，电离的 Ar 和 H_2 溶入熔融金属，然后释放出来，在气体中形成了金属的超微粒子，用离心收集器、过滤式收集器使微粒与气体分离而获得纳米微粒。

三、实验设备与用品

实验设备主要由以下部分组成，即真空室、真空泵、电焊机、冷却系统、铜电极、钨电极等。此外，其他辅助用品有：铁块、氩气、氢气。

四、实验步骤

（1）检查实验设备的气密性，检查循环冷却系统是否畅通正常。

（2）打开机械泵，对真空室进行抽真空，达到较高的真空度，关闭真空计；关闭机械泵，并对机械泵放气。

（3）打开氢气和氩气管道阀，控制适当比例，往真空室中充入低压、纯净的氢气和氩气，然后关闭氢气和氩气管道阀，关闭气瓶减压阀及总阀。

（4）开通循环冷却系统。

（5）打开电源开关，引弧，调节电极的位置，调节工作电流，寻找最佳的生粉条件。

（6）制备过程中密切观察真空室压力表指针变化。若发现真空室内压力明显增加，要迅速查明原因，及时解决；同时，要注意观察电极与铁块间的距离，防止短路和断弧。

（7）制备结束后，关闭电源。待设备完全冷却后，关闭循环冷却系统。

（8）打开真空室，收集纳米粉。

五、思考题

（1）纳米粉体的粒度、粒径与气体的压力、各种气体的分压有何关系？

（2）纳米粉体的产量、粒子大小与电流、电压有何关系？

实验 27　苯乙烯自由基悬浮聚合

一、实验目的

（1）了解苯乙烯自由基悬浮聚合实验。

（2）了解悬浮聚合体系中各个组分的作用和聚合反应特点。

二、实验原理

悬浮聚合是依靠剧烈的机械搅拌将含有引发剂的单体分散在与单体互不相溶的介质中实现的。悬浮聚合通常以水为介质，在进行水溶性单体如丙烯酰胺的悬浮聚合时，则应以憎水性的有机溶剂如烷烃等作为分散介质，这种悬浮聚合过程被称为反相悬浮聚合。在悬浮聚合中，单体以小油珠的形式分散在介质中，每个小油珠都是一个微型聚合场所，油珠周围的介质连续相则是这些微型反应器的热传导体。因此，尽管每个油珠中单体的聚合与本体聚合无异，但整个聚合体系的温度控制比较容易。

悬浮聚合的体系组成主要包括水难溶性的单体、油溶性引发剂、水和分散剂四种基本成分。聚合反应在单体液滴中进行，从单个单体液滴来看，其组成及聚合机理与本体聚合相同，因此又称小珠本体聚合。若所生成的聚合物溶于单体，则得到的产物通常为透明、圆滑的小圆珠；若所生成的聚合物不溶于单体，则通常得到的是不透明、不规整的小粒子。

悬浮聚合反应的优点是用水作分散介质，导热容易，聚合反应易控制，单体小液滴在聚合反应后转变为固体小珠，产物容易分离处理，不需要额外的造粒工艺；缺点是聚合物包含的少量分散剂难以除去，可能影响到聚合物的透明性能、老化性能等。此外，聚合反应用水的后处理也是必须要考虑的问题。

尽管加入悬浮稳定剂可以帮助单体颗粒在介质中分散，但悬浮聚合体系是不稳定的。悬浮剂的作用是调节聚合体系的表面张力、黏度，避免单体液滴在水相中粘接。工业上常用的悬浮聚合稳定剂有明胶、羟乙基纤维素、聚丙烯酰胺和聚乙烯醇等，这类亲水性聚合物又被称为保护胶体。另一大类常用的悬浮稳定剂是不溶于水的无机粉末，如硫酸钡、磷酸钙、氢氧化铝、钛白粉、氧化锌等。其中，工业生产聚苯乙烯时采用的重要的无机稳定剂是二羟基六磷酸十钙。

稳定的高速搅拌与悬浮聚合的成功关系极大，搅拌速度还决定着产品聚合物颗粒的大小。一般来说，搅拌速度越高则产品颗粒越小，产品的最终用途决定搅拌速率的大小。悬浮聚合体系中的单体颗粒存在相互结合形成较大颗粒的倾向，特别是随着单体向聚合物的转化，颗粒的黏度增大，颗粒间的粘接更加容易；而分散颗粒的粘接结块可以导致散热困难及爆聚。只有当分散颗粒中的单体转化率足够高，颗粒硬度足够大时，粘接结块的危险才消失。因此，悬浮聚合条件的选择和控制是十分重要的。

本实验进行苯乙烯的悬浮聚合。若在体系中加入部分二乙烯基苯，则产物具有交联结构并具有较高的强度和耐溶剂性等，可用于制备离子交换树脂的原料。

三、实验原料与用品

实验原料：苯乙烯、过氧化苯甲酰（BPO）、4%聚乙烯醇水溶液、去离子水。

实验用品：电热套、三颈瓶（装备搅拌器、冷凝管、温度计）、烧杯（50mL）、吸管、表面皿。

四、实验步骤

（1）将100mL去离子水、6mL 4%的聚乙烯醇水溶液加入装有搅拌器、温度计及冷凝管的三口烧瓶中，搅拌均匀。

（2）室温下将0.1g BPO溶于10mL苯乙烯。

（3）将步骤（2）倒入步骤（1）中，搅拌，待油滴在水中分散成小油珠，开始加热升温，0.5h内升温至约85℃，保持恒温聚合。当反应约0.5～1h后，小颗粒开始发黏，这时要特别控制速度，适当加快，否则易粘接。反应2h后升温至95℃，使反应进一步完成，用吸管吸取少量反应液于含冷水的表面皿中观察，若聚合物变硬可结束反应。聚合过程中，不宜随意改变搅拌速率。搅拌太剧烈时，易生成砂粒状聚合体；搅拌太慢时，易生成结块，附着在反应器内壁或搅拌棒上。

（4）冷却，倒出聚苯乙烯珠，反复水洗，干燥。

五、思考题

（1）在悬浮聚合反应中期易出现珠粒粘接，是什么原因引起的？应如何避免？

（2）如何控制悬浮聚合产物颗粒的大小？

实验28 光催化分解水制氢实验

一、实验目的

（1）了解光催化的作用机理。

（2）了解光催化分解水的机理。

（3）通过光催化装置制备氢气。

二、实验原理

太阳能光催化分解水制氢可将太阳能转化并储存为化学能，是科学家们长期以来的梦想。在基础科学层面，光催化过程涉及半导体捕光产生电荷、光生电荷分离与传输以及光生电荷参与表面催化反应等多个步骤的串行，是一个跨越多个时间尺度的复杂反应过程，涉及化学、物理、生物等一系列多学科前沿科学问题。如果能利用太阳能实现高效水分解制氢，不仅能缓解人类的能源问题，还有望替代化石能源，改变世界能源格局，从根本上实现能源的可持续发展和人类社会的生态文明。

太阳能分解水制氢主要包括基于粉末纳米颗粒体系的光催化分解水制氢、基于光电极的光电催化分解水制氢、光伏电池和光电体系或电解水体系耦合途径等。纳米颗粒光催化分解水体系集中体现了光催化的核心科学问题，是研究光电转化、继而光电化学转化科学问题的平台。从太阳能制氢规模化应用的角度考虑，基于粉末纳米颗粒的光催化分解水制氢具有工艺相对简单、易操作、投资成本相对较低的优势。

光催化分解水反应实验原理如图1-10所示。当入射光子能量大于半导体光催化剂能带间隙时（$h\nu>Eg$），半导体价带（VB）上电子受光激发跃迁至导带（CB）上，空穴则留在价带上，电子和空穴分别具有还原和氧化能力。当半导体导带底（CBM）电位比 H^+/H_2 还原电位（0V，相对一般氢电极，pH＝0）更负，则导带电子可以将 H^+ 还原为 H_2；同理，当半导体价带顶（VBM）电位比 H_2O/O_2 氧化电位（1.23V，相对一般氢电极，pH＝0）更正，则价带空穴可将 H_2O 氧化为 O_2。

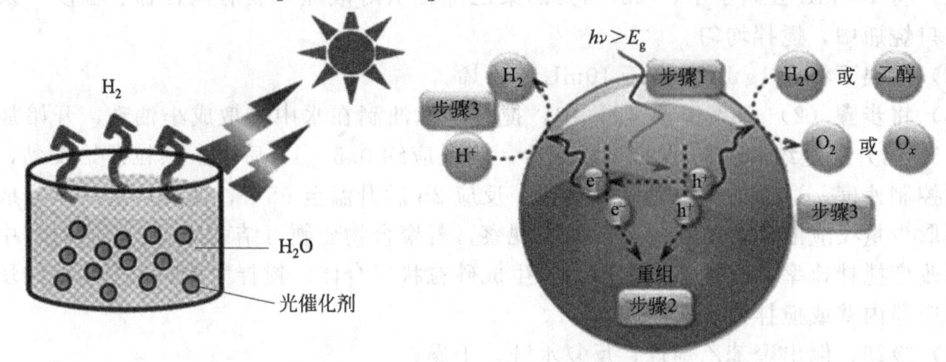

图 1-10 光催化分解水反应实验原理

光催化分解水反应过程可以用下列公式描述。

① 光激发过程：$$\text{半导体}\xrightarrow{h\nu}h^++e^-$$

② 阳极反应：$$H_2O+2h^+\longrightarrow\frac{1}{2}O_2\uparrow+2H^+$$

③ 阴极反应：$$2H^++2e^-\longrightarrow H_2\uparrow$$

④ 总的光解水反应：$$H_2O\xrightarrow{h\nu}\frac{1}{2}O_2\uparrow+H_2\uparrow$$

三、实验用品

中教金源 CEL-SPH2N-S9 光催化活性评价系统、TiO_2(P25) 粉末、六水合氯铂酸、三乙醇胺、甲醇、甘油、去离子水。

四、实验步骤

（1）开启 LX-300 冷却循环水机的电源开关 POWER 键，并打开 COOL 键，允许制冷，设定温度为 6℃，温度开始下降。待温度降低至设定值后，打开 PUMP 键，使冷却水在系统中循环。

（2）打开电脑，开启 Netchome 软件，选择“青科”“TCD1”，开始升温、控温。“桥流”设置数值为 60，待显示器上曲线稳定后可进行实验。

（3）将 100mg 催化剂和适量的牺牲剂甲醇或甘油加入盛有 100mL 水的反应器中，并使用磁力搅拌器分散均匀。反应器连接口涂抹真空脂，摇晃磨合并与系统连接，调节磁力搅拌器到合适高度，最后固定反应器接口。

（4）打开反应系统中小风扇电源，开始抽真空。待压力表显示至极限时，打开反应系统-色谱阀门，对色谱内进行抽气。

色谱抽气完毕后，缓慢打开反应器阀门，对反应器进行抽气，注意开始不能完全打开。

待反应器中气泡产生不明显时，进一步开大阀门，对反应器抽气，直至无气泡产生（该过程反复进行，大约需要 30min）。抽真空完毕后，将真空泵的开关切换至自动状态。

（5）在软件中点击“开始”，色谱自动进行数据记录。

（6）反应完毕后，依次关闭光源、色谱控制系统、真空泵、冷却水的电源开关，然后缓慢打开放气阀门，观察压力表。待系统内压力恢复为大气压时，将反应器小心取下，对其进行催化剂的回收和仪器清洗。

实验注意事项如下。

① 反应器所加溶液体积一定不超过 100mL。（加 100mL 水，100mg 催化剂为佳。）

② 反应器每次安装时，球头必须涂抹均匀真空脂且不能沾任何液体。

③ 在抽取系统真空时，连通反应器的相关阀门一定要缓慢开启，使系统在常压下缓慢变为真空状态，防止催化剂流失和暴沸污染反应器接口。

④ 开启色谱前，确定载气充足，并用肥皂水确认有载气通过。实验过程中，注意色谱压力是否正常。

⑤ 实验过程中，必须确保固定真空泵的位置，滑动会导致体系共振，影响仪器气密性。

⑥ 实验结束后，必须用石油醚或乙酸乙酯棉球擦干真空脂。

⑦ 真空泵应最后关闭，以避免因损伤色谱和对光解水体系的冲击影响其气密性。

⑧ 系统各节门定期涂抹真空脂（时间长短可视情况而定），定期更换已老化掉的橡皮筋。

五、思考题

（1）为什么在光催化制氢气实验中需要使用牺牲剂？列举 3 种牺牲剂。

（2）影响光催化制氢效率的因素有哪些？列举 3 个方面即可。

实验 29　高真空蒸发镀金属薄膜

一、实验目的

（1）掌握高真空蒸发镀膜设备的结构和工作原理。

（2）学会热蒸发镀金属薄膜的操作步骤。

（3）学习晶振膜厚仪测量蒸镀薄膜的工作原理。

二、实验原理

真空蒸发镀膜是在高真空腔室中加热蒸发容器中的原材料，使其蒸发形成具有一定能量的气态粒子（原子、分子或原子团），蒸发的气态粒子通过基本上无碰撞的直线运动方式传输到基片，然后在基片上凝结形成固态薄膜，蒸镀薄膜的厚度通过膜厚仪实时监控测量。蒸发源的加热方式可以采用电阻法、高频感应法、电子束轰击、激光蒸发或放电法等。

本实验采用石英晶振膜厚仪实时监控蒸镀薄膜厚度，其工作原理为石英晶振片的谐振频率随表面沉积膜层厚度的增加而下降，如图 1-11 所示。可根据这个频率变化和预先设定的材料参数，推算出膜层厚度。

一般真空蒸镀设备的工作室为石英玻璃钟罩或不锈钢腔室。底盘下面是由机械泵和扩散泵组成的抽气系统，通过真空阀门对工作室抽真空。气体通过主阀进入真空室，底盘上有真

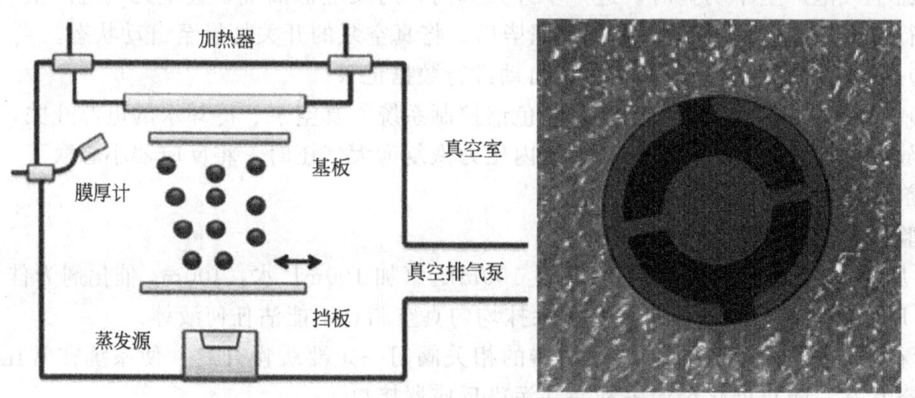

图 1-11　真空蒸发镀膜原理和石英晶振膜厚仪

空测试的真空规管。利用上述抽气系统可以使工作室的真空度达 $10^{-4}\sim10^{-3}$ Pa 以下，采用加热器烘烤基片以便去除基片上吸附的气体。

膜材料是通过电阻加热的蒸发源来蒸发，它们可以呈丝状或加工成舟状。利用电阻加热器加热蒸发的镀膜机构造简单、造价便宜、使用可靠，可用于熔点不太高的材料（低于1300℃）的蒸发镀膜，尤其适用于对膜层质量要求不太高的大批量生产。采用电阻加热蒸发蒸镀技术时，常用的电阻加热器材料是钨（W）、钽（Ta）和钼（Mo）等高熔点金属。

本实验采用 VZB-400 高真空电阻热蒸发镀膜设备（图 1-12）。该镀膜机包含蒸发源、蒸发舟、源挡板、蒸发电源、基片架、基片挡板、基片旋转电机、真空腔室、机械真空泵、分子真空泵、预抽阀、前级阀、主阀、放气阀、石英晶振探头、石英晶振膜厚仪、电离规真空计、电阻真空计、光源、循环水、氩气等部件。

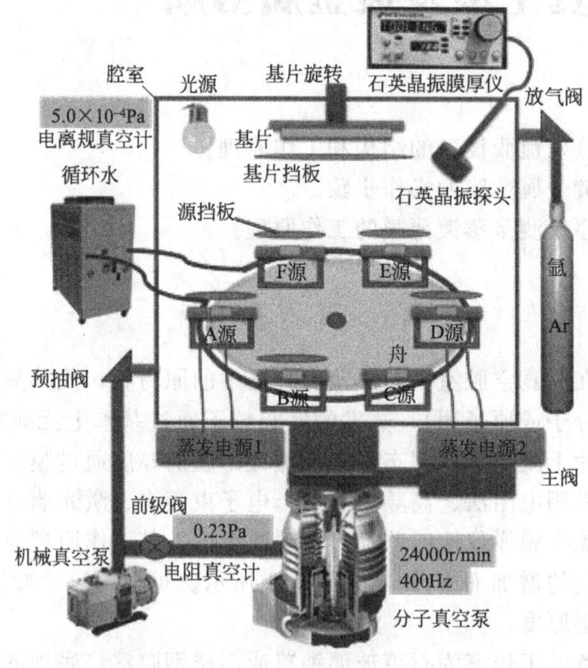

图 1-12　高真空蒸发镀膜设备结构示意

真空蒸发镀膜从物料蒸发、输运到沉积成膜，经历的物理过程如下。

① 加热原料使之蒸发或升华，成为具有一定能量的气态粒子（原子、分子或原子团）。

② 具有相当运动速度的气态粒子以基本上无碰撞的直线飞行输运到基片表面。

③ 到达基片表面的气态粒子凝聚形核后生长成固相薄膜。

④ 组成薄膜的原子重组排列或产生化学键合。

为使蒸发镀膜顺利进行，应具备两个条件：蒸发过程中的真空条件；镀膜过程中的蒸发条件。蒸发过程必须要在非常高的真空环境中进行，否则大量蒸发物原子或分子将与空气分子碰撞，使薄膜层受到严重污染甚至形成氧化物；或者由于空气分子碰撞，难以形成均匀连续的薄膜；或者蒸发源被氧化烧掉。

三、实验原料与设备

实验原料：氩气、铝颗粒、基板、钼舟。

实验设备：VZB-400 高真空电阻热蒸发镀膜设备。

四、实验步骤

（1）开机操作步骤

① 确认设备各操作开关及旋钮都在“关”和“零”位。打开墙上总电源。

② 打开冷水机，默认 20℃并确认制冷压缩机处于工作状态。

③ 打开镀膜机总电源。（将总电源旋钮顺时针旋转至“ON”位置。）

④ 打开电阻真空计电源。（建议真空计电源保持常开状态。）

⑤ 打开真空系统控制电源。

⑥ 打开蒸发电源。

（2）打开真空腔室。（真空镀膜机一直处于高真空状态。）

① 打开放气阀。

② 打开氩气阀通入氩气。

③ 当真空计显示大气压或听到腔室有漏气声时关闭氩气阀。

④ 打开腔室门阀，往外拉并往右侧推开腔室门。

（3）安装蒸镀原料和基片

① 带上一次性橡胶手套将 3 粒铝放入 A 号蒸发源的钼舟中。

② 开基片挡板，拧松两个固定螺丝取下基片托盘，通过螺丝将清洗干净的基片固定到基片托盘上。基片托盘正面朝下插入支架插槽并用螺丝固定，关基片挡板。

（4）关闭腔室。将腔室门往左推到底，用力将腔室门往前顶与腔室贴合，拧紧腔室门固定螺栓。

（5）预抽真空

① 打开机械泵，打开预抽阀，当真空室低真空压力$<$5Pa（真空计复合单元示数）时，关闭预抽阀。

② 打开前级阀，当前级低真空压力$<$5Pa（真空计电阻单元 1 示数）时，打开分子泵。

③ 打开主阀。当镀膜室真空压力$\leqslant 2.0\times10^{-1}$Pa 时，轻按置数键（功能键）开高真空测量（此处是指真空测量处于手动状态下的操作；若真空测量处于自动状态，则真空计示数会自动跳转，可省略此步骤），真空计示数低于 5.0×10^{-4}Pa（真空计复合单元示数）。

(6) 充氩气

① 切换复合真空计到电阻真空计模式。

② 关闭主阀，关闭分子泵，观察分子泵控制器显示的转速、频率等。待分子泵完全停止（转速降为0）时，关闭前级阀，再关闭机械泵。

③ 打开放气阀，打开氩气阀通入氩气。当真空计显示 2.0×10^2 Pa 时，关放气阀；关闭氩气阀，停止通氩气。

(7) 抽高真空

① 打开机械泵，开预抽阀。当真空室低真空压力<5Pa（真空计复合单元示数）时，关预抽阀。

② 打开前级阀。当前级低真空压力<5Pa（真空计电阻单元1示数）时，开分子泵。

③ 打开主阀。当镀膜室真空压力 $\leqslant 2.0\times10^{-1}$ Pa 时轻按置数键，开高真空测量。当真空计示数低于 5.0×10^{-4} Pa（真空计复合单元示数）后，即可进行镀膜操作。

(8) 膜厚仪设置。按“PROGRAM”进入编程模式：按“NEXT”进入“Density”设置材料密度；按“NEXT”进入“Tooling”设置共蒸因子（不同位置的膜厚修正，默认100%）；按“NEXT”设定 Z 因子（查表）；按“NEXT”进入“Film”设置膜厚［Å（$1\text{Å}=10^{-10}$ m）］；按“NEXT”进入“THKSET”设置断电膜厚（Å）；按“NEXT”进入设置探头默认1。按“PROGRAM”跳出设定，完成。

(9) 镀膜操作

① 将蒸发电源连接到需要被蒸镀的蒸发电极上。

② 开蒸发电源1（图1-12），旋转蒸发电源电流调节旋钮（0～250A，最大功率2000W）缓慢增加电流，先将电阻蒸发源预热（60A时铝颗粒发红，80A时铝熔化，130～150A时铝开始蒸发，膜厚仪示数稳定2～3 Å速率）。待蒸发速率稳定后，开基片旋转，打开基片台挡板。

③ 膜厚仪 Zero 归零。

④ 镀膜过程中通过观察膜厚监控仪显示的速率、终厚，来确认何时结束镀膜。达到预设厚度时膜厚仪控制电源会自动断电。

(10) 停止镀膜。

(11) 关机，打开腔室

① 关闭真空计高真空测量，关闭主阀，关闭分子泵。观察分子泵控制器显示的转速、频率等，待分子泵完全停止（转速降为0）时关闭前级阀，关闭机械泵。

② 打开放气阀，打开氩气阀通氩气，待真空计示数显示真空室已经恢复至大气状态时关放气阀，关氩气阀。

③ 打开腔室取样品，取出镀膜后的基片，再次执行“抽真空操作”，使真空室处于负压状态。（建议将真空室抽至低于1Pa保压。）

(12) 执行关机操作

① 关闭真空计高真空测量，关闭主阀，关闭分子泵。

② 观察分子泵控制器显示的转速、频率等，待分子泵完全停止（转速降为0）时关闭前级阀，关闭机械泵。

③ 关闭真空系统控制电源，关总电源（将总电源旋钮逆时针旋转至“OFF”位置），关停冷却循环水机。

(13) 实验完毕，擦拭实验设备，打扫卫生。

实验注意事项如下。

① 蒸镀腔室内操作必须带一次性橡胶手套。

② 蒸发源电源必须缓慢增加电流预热源材料。

③ 机械泵和前级阀必须都处于工作状态，且真空计前级真空显示读数 5Pa 以下时才能开启分子泵。

④ 在分子泵停稳（转速降至“0”）之前不能往真空室通工作气体或者开启放气阀门，不能关闭前级阀，不能关闭机械泵。

⑤ 关分子泵前，充工作气体前请及时关闭真空计高真空测量，确保高真空测量（电离规）只在高真空状态（10^{-1}Pa）下工作。

⑥ 待样品取出来后，需要再次执行“抽真空操作”，以保证设备在不工作时一直处于真空状态。

⑦ 多次镀膜后，应对真空室进行清洁处理，以免污染真空系统，损耗真空系统抽气能力。

⑧ 每次对真空室放气后应及时关闭放气阀，避免机械泵长时间抽大气。机械泵工作在 100Pa 以上工作时间不能超过 5min，时间过长会损坏机械泵。

五、思考题

（1）蒸镀过程中基片为什么要旋转？

（2）蒸发源为什么要缓慢增加电流？

第二章

材料成型与加工实验

实验 30　金相显微试样的制备

一、实验目的

掌握金相显微试样制备的基本方法。

二、实验原理

金相制样也称磨金相，就是将金属的粗样品经过粗磨、细磨、抛光、腐蚀等数道工序制成合格的样品，从而可以在显微镜下观察到金属相图的过程。磨金相是材料研究中的一种重要操作工艺。经过磨金相处理后的材料，可将其表面的不平整、氧化现象或是其他杂质予以去除。当试样表面达光滑、平整的合格标准后，再用特殊腐蚀液进行表面腐蚀；根据材料各组织对腐蚀液的受腐蚀程度不同，会表现出来不同特征的组织特性，来了解材料内部缺陷及微结构。

常用化学腐蚀方法包括浸蚀法、滴蚀法、擦蚀法，如图 2-1 所示。

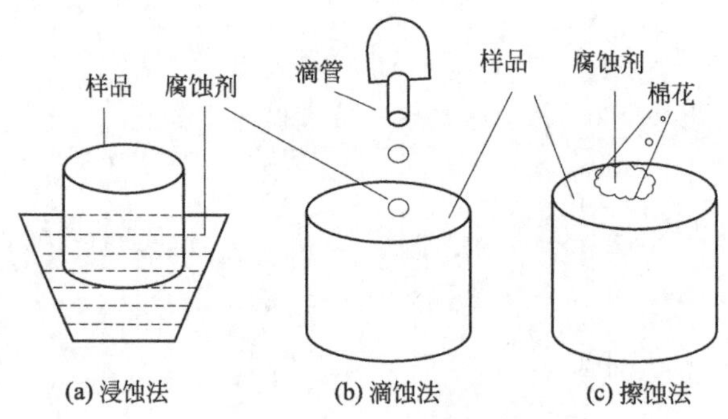

图 2-1　常用化学腐蚀方法

三、实验原料与用品

实验原料：乙醇、腐蚀液。

实验用品：抛光机、金相砂纸、碳钢试样、金相显微镜、吹风机、药棉、滴管等。

抛光液：一般材料采用 Cr_2O_3 绿粉，帆布粗抛光即可。

四、实验步骤

（1）取样。碳钢，金相试样的尺寸。

（2）镶嵌。当试样的尺寸太小时，需要使用试样夹或用样品镶嵌机，把试样镶嵌在低熔点合金或塑料中。金相试样的镶嵌方法包括机械镶嵌、低熔点合金镶嵌和塑料镶嵌。

（3）磨制。试样的磨制一般分为粗磨和细磨两道工序。

① 粗磨。粗磨的目的是为了获得一个平整的表面。

② 细磨是利用一套粗细程度不同的金相砂纸，按由粗到细依顺序进行。将砂纸放在玻璃板上，手指紧握试样并使磨面朝下，均匀用力向前推行磨制。在回程时，应提起试样不与砂纸接触，以保证磨面平整而不产生弧度。在一套不同粒度的砂纸上磨制，当由粗到细更换砂纸时，磨痕方向与上道垂直且砂粒勿带入下道，直到将上一道所产生的磨痕全部消除为止。

（4）抛光。抛光的目的是去除细磨时遗留下来的细磨痕，获得光亮的镜面。操作时将试样磨面均匀、平整地压在旋转的抛光盘上，并沿着盘的半径方向从中心到边缘往复移动。抛光时在抛光盘上不断滴注抛光液，压力不宜过大，抛光时间也不宜过长，一般约 3～5min。当磨痕全部消除而呈现镜面时，停止抛光。

（5）腐蚀。如果把抛光后的试样直接放在显微镜下观察，只能看到一片亮光，无法有效地辨别出各种组成物的形态特征。因此，必须使用浸蚀剂对试样表面进行“浸蚀”，才能清楚、有效地显示出显微组织的真实情况。钢铁材料最常用的浸蚀剂为 3%～4%的硝酸与乙醇溶液。操作时动作要迅速，浸蚀完毕后要立即用清水冲洗，然后用乙醇冲洗，最后用吹风机吹干即可。只有手与样品充分干燥，方可在显微镜下观察分析。

五、思考题

画出观察到的金相试样显微组织示意图。

实验 31　金属材料的热处理实验

一、实验目的

（1）通过本实验加深对钢热处理原理、工艺、组织与性能关系的理解。

（2）熟悉常用热处理设备及仪器的使用方法。

（3）提高热处理实践能力。

二、实验原理

热处理的主要目的是改变钢的微观组织结构，从而改变其性能，其中包括使用性能及工艺性能。钢的热处理工艺是指将钢加热到一定温度后，经一定时间保温，然后在某种介质中以一定速度冷却下来，通过这样的热处理工艺过程能使钢的使用性能发生改变。热处理之所以能使钢的使用性能发生显著变化，主要原因是钢的内部组织结构在热处理过程中会发生一系列变化。采用不同的热处理工艺过程，将会得到不同的组织结构，从而获得所需要的使用性能。

钢的热处理基本工艺包括退火、正火、淬火和回火等。

三、实验用品与热处理介质

实验用品：热处理加热炉、洛氏硬度计、零件（45 号钢）。

热处理介质：空气、水、10% NaCl 溶液、机油、亚硝酸盐等。

四、实验步骤

（1）钢的退火

① 将 45 号钢试样加热至 AC_3＋(30～50)℃，保温 20min，炉冷至 300℃，空冷。

② 测量试样的硬度。

（2）钢的正火

① 将 45 号钢试样加热至 AC_3＋(30～50)℃，保温 20min，空冷。

② 测量试样的硬度。

（3）钢的淬火

① 将 3 个 45 号钢试样加热至 AC_3＋(30～50)℃，保温 20min，盐水冷、水冷、油冷。

② 测量试样的硬度。

（4）淬火后的回火

① 将 3 个 45 号钢试样加热至 AC_3＋(30～50)℃，保温 20min，水冷；然后分别在 200℃、350℃、600℃回火。

② 测量试样的硬度。

（5）钢的等温淬火

① 将 45 号钢试样加热至 AC_3＋(30～50)℃，保温 20min，迅速移至 350℃亚硝酸盐浴中保温。

② 测量试样的硬度。

（6）钢的亚温淬火

① 将 45 号钢试样加热至 AC_3 以下 30～50℃，保温 20min，水冷。

② 测量试样的硬度。

（7）钢的过温淬火

① 将 45 号钢试样加热至 AC_3＋200℃，保温 20min，水冷。

② 测量试样的硬度。

（8）实验报告

实验报告要求包括：实验目的、钢的热处理原理、实验过程、实验结果、实验结果分析。实验数据记录如表 2-1 所示。

表 2-1　实验数据记录

钢号	炉温/℃	试样编号	冷却方式	处理后硬度	处理前硬度
45	830	45-01(退火)	炉冷至 650℃空冷		
		45-02(正火)	空冷		
		45-03(淬火)	水冷		
		45-04(淬火)	油冷		
		45-05(淬火)	盐水冷		

五、思考题

（1）钢的退火组织与正火组织有何不同？

（2）淬火条件的改变对钢的性能有什么影响？

（3）回火温度对钢组织有何影响？

实验 32 金属材料的电阻点焊实验

一、实验目的

（1）掌握电阻点焊的原理与主要特点。

（2）了解电阻点焊机的类型与结构。

（3）学会使用电阻点焊机，焊接一种典型接头。

二、实验原理

（1）原理

电阻点焊是指将焊件装配成搭接接头并压紧在两电极之间，利用电阻热熔化母材金属形成焊点的电阻焊方法，即利用低电压、高强度的电流通过夹紧在一起的两块金属板时产生的大量电阻热，用焊枪电极的挤压力把金属工件融合在一起。电阻点焊的原理图及典型接头如图 2-2 所示。

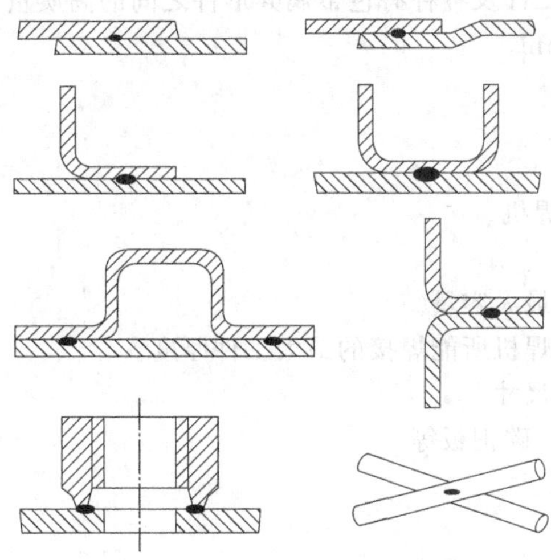

图 2-2 电阻点焊的原理图及典型接头

点焊通常分为双面点焊和单面点焊两大类。

电阻点焊的三个主要参数如下。

① 电极压力。两个金属件之间的焊接机械强度与焊枪电极施加在金属板上的力有直接关系。

② 焊接电流。给金属板加压后，一股很强的电流流过焊枪电极，然后流入金属板件，在金属板的接合处电阻值最大，电阻热温度迅速上升。

③ 加压时间。在保证接头熔合的前提下，为避免晶粒长大，时间不宜过长。

(2) 电阻点焊的特点

① 焊接成本比气体保护焊等低。

② 没有焊丝、焊条、火、气体等的消耗。

③ 焊接过程中不产生烟火、蒸气。

④ 焊接时不需要去除板件上的镀层。

⑤ 焊接接头外观平整、美观。

(3) 焊接过程及注意事项

① 焊接过程。焊件置于两电极之间，踩下脚踏板并使上电极与焊件接触并加压，在继续压下脚踏板时，电源触头开关接通，于是变压器开始工作，次级回路通电使焊件加热。当焊接一定时间后松开脚踏板时电极上升，借弹簧的拉力先切断电源随后恢复原状，单点焊接过程即告结束。

② 注意事项

a. 点焊分流现象。焊接新焊点时，有一部分电流会流经已焊好的焊点，使焊接电流发生变化，影响点焊质量。

b. 点距为两相邻焊点间的中心距。焊件厚度越大，导电性越强，点距越大。

c. 安全。要防止触电和烫伤。

电阻电焊广泛用于金属箱柜制造、建筑机械、汽车零部件、自行车零部件、异形标准件、工艺品、电子元器件、仪器仪表、电气开关、电缆制造、过滤器、消声器、金属包装、化工容器、丝网、网筐等金属制品行业或领域；还可用于中低碳钢板、不同厚度的金属板材、小直径线材、钢板与工件及各种有色金属异形件之间的高质量、高效率焊接。点焊工件常用厚度范围为0.05～6mm。

三、实验设备与材料

实验设备：DN-16点焊机。

主要技术参数如下。

① 功率。决定焊机的最大容量。

② 额定焊接厚度决定焊机所能焊接的最大工件厚度。

③ 电极的端面形状和尺寸。

实验材料：不锈钢板、碳钢板等。

四、实验步骤

(1) 工件表面清理，以保证接头质量稳定；本实验中将焊件表面擦拭干净，去除焊件表面的锈迹、油污、尘土和水汽等即可。

(2) 将焊件装配成搭接接头，确定焊接位置和点距。

(3) 根据工件的材料和厚度，电极的端面形状和尺寸，通过实验，确定电极压力和焊接时间并做相应电流设定。

(4) 踏下踏板将焊件压紧在两电极之间并保持一定时间。

(5) 更换焊接位置或更换焊件。

五、思考题

阐明电阻点焊的原理与焊接操作要领。

实验 33　金属粉末冷等静压成型实验

一、实验目的

（1）掌握冷等静压工艺的基本过程与技术要点。

（2）了解冷等静压机的结构及相应作用。

（3）掌握工艺参数的设定方法。

二、实验原理

（1）冷等静压是对加入密封、弹性模具中的粉末施加一定压力加压压缩的过程。首先将模具置于盛装液体或气体的容器中，利用液体或气体对模具施加一定的压力，使高压均匀作用于模具的各个表面并保持一定时间，将物料压制成坯体；然后释放压力，将模具从容器内取出，脱模并根据需要将坯体作进一步的整型处理。冷等静压的应用包括耐火材料工业的喷嘴、模块和坩埚、硬质合金、石墨件、陶瓷绝缘子以及化工工业用的管道、铁氧体、金属过滤器、部件预成型和塑料管、塑料棒等。

（2）冷等静压机的分类。冷等静压机按成型方法可分为以下两种：湿袋法冷等静压机；干袋法冷等静压机。

① 湿袋法冷等静压机。其由弹性模具、高压容器、顶盖、框架和液压系统等组成。此法将模具悬浮在液体内，又称浮动模法。在高压容器内可以同时放入几个模具。

② 干袋法冷等静压机。其由压力冲头、高压容器、弹性模具、限位器、顶砖器和液压系统等组成。此法将弹性模具固定在高压容器内，用限位器定位，故又称为固定模法。

（3）冷等静压机的组成。实验采用湿袋法冷等静压机，主要部件的作用分别介绍如下。

① 弹性模具。使用橡胶或树脂材料制成。在实验过程中，物料颗粒大小和形状对弹性模具寿命有较大影响。因此，模具设计是等静压成型的关键，这是由于坯体尺寸的精度和致密均匀性与模具密切相关。在将物料装入模具中的时候，由于模具棱角处不易被物料所填充，可以采用振动装料，或者边振动，边抽真空，效果会更好。

② 缸体。其是能承受高压的容器。一般有两种结构形式：一种由两层筒体热装构成，内筒呈受压状态，外筒呈受拉状态，这种结构只适用于中小型等静压成型设备；另一种是利用钢丝预应力缠绕结构，用力学性能良好的高强度合金钢制作芯筒体，然后用高强度钢丝按预应力要求，缠绕在芯筒外面，形成一定厚度的钢丝层，导致芯筒承受很大的压应力。即使在工作条件下，其也不承受拉应力或很小的拉应力。此种容器抗疲劳寿命很高，可以制成直径较大的容器。容器的上塞和下塞都是可以活动的，在加压时，上、下塞将力传递到机架上。

③ 顶盖。模具的进出口，主要起密封作用。

④ 框架。其有两种结构形式：一种为叠板式结构，采用中强度钢板叠合构成；另一种为缠绕式框架结构，由两个半圆形梁及两根立柱拼合后，用高强度钢丝预应力缠绕构成。这

种结构受力合理，具有较高的抗疲劳强度，工作时安全可靠。

⑤ 液压系统。其由低压泵、高压泵和增压器以及各式阀等组成。刚开始工作时，由流量较大的低压泵供油，达到一定压力后，再由高压泵供油。如果压力再高，则由增压器提高油的压力。工作介质可以是水或油。湿袋式冷等静压成型装置示意如图 2-3 所示。

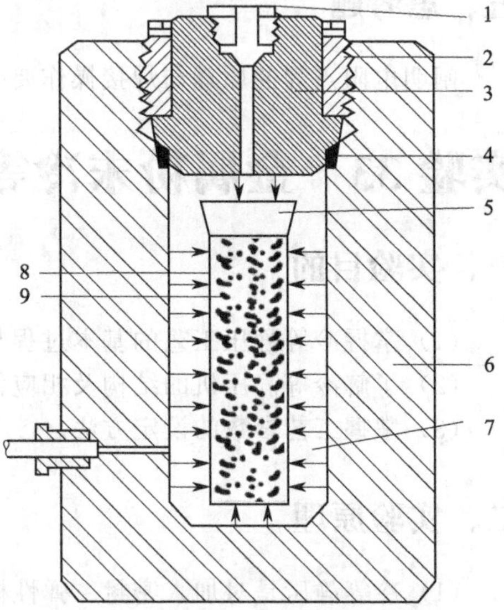

图 2-3 湿袋式冷等静压成型装置示意

1—排气塞；2—压紧螺帽；3—密封塞；4—金属密封圈；5—橡皮塞；6—压力容器；7—高压液体压力方向；8—弹性模；9—粉末

三、实验原料与设备

实验原料：铜粉、铝粉等。

实验设备：LDJ100/320-400 型冷等静压机。

主要技术参数：额定工作压力 400MPa；容器内径 100mm；额定承载力 3.2MN；容器有效高度 320mm。

四、实验步骤

(1) 将一定量的金属粉末装入模具中，振实后将模具密封。

(2) 设定冷等静压工艺参数：压力×保压时间，如 100MPa×5min。

(3) 将模具装入压力容器，进行冷等静压成型。

(4) 取出压制好的金属坯，并进行观察。

五、思考题

阐明冷等静压成型的原理与技术特点。

实验 34 铝合金的熔炼

一、实验目的

(1) 掌握铝合金熔化的基本原理并应用于熔化实践中。

(2) 了解金属材料的制备工艺。

二、实验原理

熔炼是使金属合金化的一种常用工艺，它是采用加热的方式改变金属的物态，使基体金属和合金化组元按要求的配比熔制成成分均匀的熔体，并使其满足内部纯洁度、铸造温度和其他特定条件的一种工艺过程。

三、实验原料与设备

实验原料：纯铝、铝铜合金、铝锰合金、纯硅和纯镁。

实验设备：ZG10L/A 中频感应炉；SG2-5-12 电阻炉。

四、实验步骤

铝合金熔炼工艺流程见图 2-4。

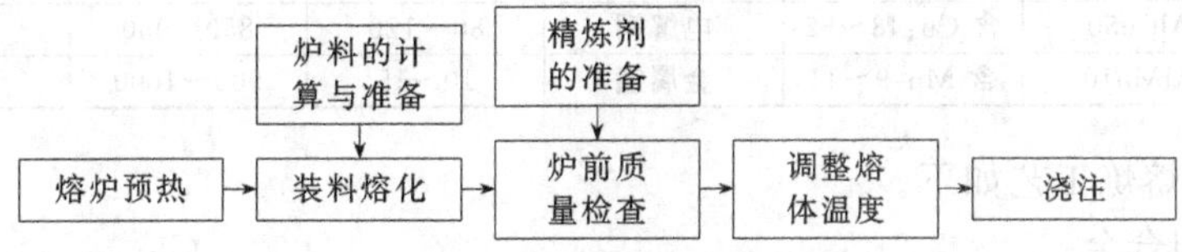

图 2-4 铝合金熔炼工艺流程

（1）炉料计算（以元素含量计算法举例说明）。炉料的计算程序如表 2-2。

表 2-2 炉料的计算程序

计算程序	举例
确定熔炼要求 A. 合金牌号 B. 所需合金液重量 C. 所用炉料的成分	以熔炼 ZL104 合金 80kg 为例(配料计算取技术要求的平均值) Si 9%,Mg 0.27%,Mn 0.4%,Al 90.33%,杂质 Fe≤0.6% Al-Mn 合金:Mn 10%,Fe≤0.3%;镁锭:Mg 99.8%;铝锭:Al 99.5%,Fe≤0.3% 回炉料:24kg,占总量的 30%。成分为:Si 9.2%,Mg 0.27%,Mn 0.4%
确定元素烧损量(E)	各元素烧损量查询相关数据,必要时根据生产实际加以调整 举例:E_{Si} 为 1%,E_{Mg} 为 20%,E_{Mn} 为 0.8%,E_{Al} 为 1.5%
计算 100kg 炉料各元素的需要量 $Q=a/(1-E)$	100kg 炉料中,各元素的需要量 Q 如下: $Q_{Si}=9\%\times100kg/(1-1\%)=9.09kg$;$Q_{Mn}=0.4\%\times100kg/(1-0.8\%)=0.4kg$ $Q_{Mg}=0.27\%\times100kg/(1-20\%)=0.34kg$;$Q_{Al}=90.33\%\times100kg/(1-1.5\%)=91.7kg$
根据熔制合金的实际量 W,计算各元素的需要量 $A=W/100kg\times Q$	熔制 80kg 合金实际所需元素量 A: $A_{Si}=80kg/100kg\times Q_{Si}=80kg/100kg\times9.09kg=7.27kg$ $A_{Mg}=80kg/100kg\times Q_{Mg}=80kg/100kg\times0.34kg=0.27kg$ $A_{Mn}=80kg/100kg\times Q_{Mn}=80kg/100kg\times0.4kg=0.32kg$ $A_{Al}=80kg/100kg\times Q_{Al}=80kg/100kg\times91.7kg=73.36kg$
计算回炉料中各种元素的含有量 B	$B_{Si}=24kg\times9.2\%=2.21kg$;$B_{Mg}=24kg\times0.27\%=0.06kg$ $B_{Mn}=24kg\times0.4\%=0.1kg$;$B_{Al}=24kg\times90.13\%=21.63kg$
计算应加的新元素含量 C:$C=A-B$	$C_{Si}=A_{Si}-B_{Si}=7.27kg-2.21kg=5.06kg$ $C_{Mg}=A_{Mg}-B_{Mg}=0.27kg-0.06kg=0.21kg$ $C_{Mn}=A_{Mn}-B_{Mn}=0.32kg-0.1kg=0.22kg$ $C_{Al}=A_{Al}-B_{Al}=73.36kg-21.63kg=51.73kg$
中间合金量 $D=C/F$(F:元素含量);带入的铝量:$M_{Al}=D-C$	相应于新加入的元素量所应补加的中间合金量: $D_{(Al\text{-}Mn)}=C_{Mn}/10\%=0.22\times100/10=2.2kg$ 带入的铝:$M_{(Al\text{-}Mn)}=D-C=2.2kg-0.22kg=1.98kg$
应补加的纯铝 G_{Al}	$G_{Al}=A_{Al}-[M_{(Al\text{-}Mn)}+B_{Al}]=73.36-(1.98+21.63)kg=49.75kg$
计算炉料总重 W	$W=G_{Al}+D_{(Al\text{-}Mn)}+C_{Si}+C_{Mg}+P=49.75kg+2.2kg+5.06kg+0.21kg+24kg=81.22kg$
核算杂质含量 U(以铁为例)	$U=G_{Al}\times0.3\%+D_{(Al\text{-}Mn)}\times0.3\%+P\times0.4\%=49.75kg\times0.3\%+2.2kg\times0.3\%+24kg\times0.4\%=0.25kg$;$U_{Fe}=0.25/80\times100\%=0.3125\%$

(2) 准备坩埚、锭模和熔炼工具。根据熔化量多少选用容量适当的坩埚。新坩埚使用前应由室温缓慢升温至900℃进行焙烧，以去除坩埚的水分并防止炸裂；旧坩埚（注意同一坩埚不能用于熔化不同牌号的合金）使用前应检查是否损坏，清除表面熔渣和其他脏物，装料前预热到250～300℃。

(3) 铝合金的配制。配制铝合金采用金属锭、中间合金及回炉料。中间合金的配制工艺参数见表2-3。

表2-3 中间合金的配制工艺参数

名称	代号	成分/%	原材料	块度/mm	加入温度/℃	浇注温度/℃
铝铜	AlCu50	含Cu:48～52	电解铜	80～120	850～950	700～750
铝锰	AlMn10	含Mn:9～11	金属锰	10～15	900～1000	850～900

中间合金的熔炼工艺如下。

① 铝铜中间合金

a. 将配制好的炉料充分预热。

b. 将10%～15%的铝及全部铜装炉，随着铜的熔化，分批将剩余铝锭加入熔炉，并充分搅拌至全部熔化。

c. 在700℃左右加入精炼剂进行除气精炼处理，扒渣后浇锭（锭厚≤25mm）。

② 铝锰中间合金熔炼工艺

a. 将配制好的炉料充分预热。

b. 在石墨坩埚内将75%左右的铝锭熔化，并加热到900～1000℃。

c. 分批加入锰，每加入一批，以石墨棒充分搅拌，待熔化后加入下一批，最后加入余下的铝。

d. 熔化完成后，在850℃左右加入精炼剂（用量按要求进行配加，如AWJ-3精炼剂加入量为0.5%～0.8%），除气精炼处理后静置5～10min，浇锭。为防止锰的偏析，浇锭前要充分搅拌并应尽快完成浇注（锭厚≤25mm）。

(4) 熔炼

炉料加入先后原则如下。

① 当用铝锭和中间合金熔化时，先装入铝锭，然后加入中间合金。

② 当用预制合金锭进行熔炼时，先装入预制合金锭，然后补加所需的铝和中间合金。

③ 当炉料由回炉料和铝锭组成时，先加入炉料中最多的那一部分。

④ 当熔炉容量足以同时装入几种炉料时，则应先装入熔点相近的成分。

⑤ 容易烧损和低熔点的炉料，如镁和锌，应在最后加入。

⑥ 在连续熔化时，坩埚内应剩余一部分铝液以加速下一炉的熔化。

⑦ 采用覆盖剂时，应在炉料开始熔化时就加入熔剂。

⑧ 炉料全部熔化后，进行搅拌使成分均匀，然后调温到除气工艺所需的温度。

⑨ 合金的除气或精炼处理。

铝合金的炉料配制系数与熔炼工艺举例分别见表2-4和表2-5。

表2-4 常用铝合金的炉料配制系数

合金代号	各种炉料的配制系数							
	铝锭	工业硅	镁锭	AlCu50	AlMn10	AlTi5A	同牌号回炉料≤	备注
ZL104	100	9.74	0.774	—	4.584	—	168	

表 2-5 铝合金 ZL104 熔炼工艺举例

合金代号	熔炼工艺要点	备注
ZL104	装料顺序：回炉料、铝锭、铝锰合金、硅，熔化后搅拌均匀，680～700℃时将镁压入合金液	浇注温度：700～740℃

（5）铝合金的浇注

做好浇注前的准备工作：浇注温度高低，要根据具体情况来决定，总原则是在保证铸件成型的前提下，浇注温度越低越好。

浇注时，开始的瞬间应略慢，防止金属液溢出浇口杯和严重冲击型腔；紧接着加快浇注速度，使浇口杯充满，做到平稳而不中断液流。

五、实验要求

（1）熟练掌握熔炼、铸锭定义及作用。

（2）了解熔炼、铸锭所需实验设备及其操作规范。

（3）严格控制熔化工艺参数和规程。

（4）了解铝合金铸锭方法及其特点。

（5）熟练掌握铝合金的熔炼、铸锭工艺流程。

六、思考题

（1）为什么要配制中间合金？

（2）实验过程中精炼剂的作用是什么？

实验 35 铝的真空烧结实验

一、实验目的

（1）掌握真空烧结工艺的基本过程与技术特点。

（2）了解真空烧结炉的结构以及相应的作用。

（3）掌握镁铝合金粉的作用。

二、实验原理

真空烧结是指在低于大气压力的条件下进行的粉末烧结。烧结炉的结构形式多为立式、下出料方式。其主要组成为：电炉本体、真空系统（真空泵及控制阀）、水冷系统、进出料机构、底座、工作台、加热装置（钨加热体及高级保温材料）、进电装置、电源及电气控制系统等。

三、实验原料与设备

实验原料：镁铝合金粉、铝合金粉。

实验设备：QM-3SP2 行星式球磨机、SB 手扳式液压制样机、xh30 模具、ZT-18-22 高温气氛炉。

四、实验步骤

实验步骤如图 2-5。

图 2-5　铝合金真空烧结流程示意

(1) 混料。称取一定量的镁铝合金粉和铝合金粉，在机械球磨的条件下混料一段时间。

(2) 成型。将磨好的粉末装入模具中，振实后将其压制成型，在 20MPa 保压 5min，卸载取下模具，得到试样块体。

(3) 烧结。将试样块体置于真空炉中进行烧结，确定烧结工艺参数：烧结温度、保温时间等；在低真空条件下进行烧结。

(4) 取样。炉温降低到 100℃（同时起到退火作用）以下，将烧结并热处理的试样取出，进行观察。

(5) 性能测试。将烧结后的试样进行磨制，使其表面光滑、平整，测试其导电性能；比较镁粉添加对合金性能的影响并分析机理。

实验注意事项：①通电前，检查各开关位于关的位置，升温方式为手动，功率调节旋钮逆时针旋到头（低端）并确保冷却水正常；②顺序打开放气阀、炉底，将试样放到烧结炉中，升起炉底，关闭放气阀，之后再进行其他操作。

五、思考题

(1) 活性原子在粉末冶金中的作用及获得途径是什么？

(2) 用行星式球磨机混料时，球料比和转速如何确定？

(3) 真空烧结的优缺点是什么？

实验 36　橡胶配合与开炼机混炼工艺

一、实验目的

(1) 熟悉并掌握橡胶的配合方法，熟练掌握开炼机混炼的操作方法及加料顺序。

(2) 了解开炼机混炼的工艺条件及影响因素，培养独立进行混炼操作的能力。

二、实验原理

橡胶配合与混炼工艺实验主要是根据实验配方准确称量生胶及各种配合剂的用量，将配合剂与生胶混合均匀并达到一定的分散度，制备出符合性能要求的混炼胶。实验采用的双辊筒开炼机主要由机座、温控系统、前后辊筒、紧急刹车装置、挡胶板及调节辊距大小的手轮、电机等部件组成。

开炼机混炼的工作原理是：开炼机上的两个平行排列的中空辊筒，以不同线速度进行相对回转，当在辊筒之间加入橡胶胶料包裹辊筒后，在辊筒间隙的上方会留有一定量的堆积橡胶，堆积胶拥挤并由此产生很多缝隙。当加入配合剂后，配合剂的颗粒会进入胶料的缝隙中并被橡胶紧紧包住，从而形成配合剂的团块。随着辊筒的转动，当橡胶胶料一起通过辊距的时候，由于两个辊筒线速度的差异而产生了速度梯度，并由此形成强大的剪切力，橡胶的大分子链在剪切力作用下会被拉伸发生伸展并由此产生弹性变形。与此同时，配合剂的团块也会在强大剪切力的作用下被破碎成较小团块，当胶料通过辊距后，由于流道突然变宽，处于拉伸状态的橡胶分子链重新恢复到卷曲状态并将破碎的配合剂团块包住，使得配合剂团块稳定在破碎的状态，但是配合剂团块已经变小。当胶料再次通过辊距时，在剪切力的作用下，配合剂的物料团块会进一步减小。当胶料多次通过辊距后，配合剂逐渐在胶料中得以分散开。在混炼操作中，会采取左右割刀、薄通、打三角包等翻胶的操作工艺，配合剂会在胶料中进一步实现均匀分布，从而可以制备出配合剂分散均匀并且达到一定分散度的混炼胶。

三、实验用品

双辊筒开炼机。

四、实验步骤

（1）根据实验配方，准确称量生胶和除液体软化剂以外的各种配合剂的量，观察生胶和各种配合剂的颜色与形态。

（2）检查开炼机辊筒及接料盘上有无杂物，如有杂物，需清除。

（3）开动机器，检查设备运转是否正常，通热水预热辊筒至规定温度（由胶种确定）。

（4）将辊距调至规定大小（根据炼胶量确定），调整并固定好挡胶板的位置。

（5）将已经塑炼好的生胶，沿着辊筒的一侧放入开炼机的辊筒缝隙中，采用捣胶、打卷、打三角包等方法，使得胶料均匀连续地包裹于前辊的辊筒表面，并在辊距的上方留有适量的堆积胶；之后，经过 2～3min 的辊压和翻炼，形成表面光滑且无隙的包辊胶。

（6）按照下列加料顺序，依次沿着辊筒的轴线方向，均匀地加入各种橡胶配合剂。每次加料并待其全部被吃进去后，左右 3/4 割刀各两次，两次割刀间隔控制在 20s。

加料的顺序：小料（固体软化剂、活化剂、促进剂、防老剂、防焦剂等）→大料（炭黑、填充剂等）→液体软化剂→硫黄和超速级促进剂。

（7）割断并从开炼机上取下已经混炼好的胶料，然后将辊筒的间距调整到 0.5mm，加入混炼胶的胶料进行薄通，打三角包，薄通次数为 5 次。

（8）根据试样的具体要求，将混炼胶的胶料压成所需要的厚度，下片称量质量并放置于平整、干燥的存胶板上（记录压延方向、配方编号），等待使用。

（9）关机，清洗机台。影响开炼机混炼效果的因素很多，主要包括胶料的包辊性、装胶的容量、辊筒的温度、辊筒的间距、辊筒的转速比、加料的顺序、加料的方式及混炼的时间等，具体如下。

① 胶料的包辊性。胶料的包辊性能好坏会直接影响混炼时候的吃粉快慢以及配合剂分散情况。如果胶料的包辊性太差，甚至会导致无法进行混炼操作。胶料的包辊性能与生胶的性质（如格林强度、断裂拉伸比、最大松弛时间等）、辊筒的温度和剪切速率等因素密切相关。

通常来说，对于格林强度高、断裂拉伸比大、最大松弛时间长的生胶，其包辊性能是比较好的。例如，天然橡胶（NR）；反之，对于格林强度低、断裂拉伸比小、最大松弛时间短的生胶，其包辊性能是比较差的，如丁基橡胶（BR）。另一方面，影响生胶格林强度、断裂拉伸比及松弛时间的因素，也同样会影响到生胶的包辊性。例如，在 BR 中加入补强剂，可明显提高胶料的格林强度，增大其松弛时间，因而会明显改善 BR 的包辊性；当在胶料中加入过多的液体软化剂时，会明显降低橡胶的格林强度并缩短其松弛时间，此时胶料包辊性会变差，甚至会发生脱辊现象。

当辊筒的温度在胶料的玻璃化转变温度（T_g）以下时，胶料处于玻璃态，是无法包辊的；当辊筒的温度在黏流温度（T_f）以上时，胶料处于黏流态，会发生粘辊的现象，此时也不能进行混炼的工艺操作。只有当辊筒温度在 $T_g \sim T_f$ 之间时，胶料才具有良好的包辊性，适于进行混炼的操作。另外，采取减小辊筒间距、增大辊筒转速比或提高辊筒的转速等方法，均可以有效地提高混炼过程的剪切速率，从而提高胶料的断裂拉伸比、延长最大松弛时间，因而可以适当改善胶料的包辊性能。

② 装胶容量。在混炼过程中，当装胶容量过大的时候，会增加辊筒间隙上方堆积的胶量，使得堆积胶在辊缝上方自行打转，并失去了折纹夹粉应有的作用，严重影响配合剂的吃入及其在胶料中的分散效果；如果延长混炼时间，胶料的物理性能会发生下降，而且显然会增大能耗，增加炼胶机的负荷，容易导致设备的损坏。反之，如果装胶量过少，此时辊筒间隙上面的堆积胶没有或太少。这时，混炼过程吃粉困难，生产效率过低。可见，当开炼机混炼时，装胶量一定要合适。可以根据经验，采用下列公式计算装胶容量：

$$Q=KDL\rho$$

式中 Q——装胶量，kg；

K——装料系数，K 取 0.0065～0.0085L/cm^2；

D——辊筒直径，cm；

L——辊筒工作部分的长度，cm；

ρ——胶料的密度，g/cm^3。

需要注意的是：当炼胶量较少的时候，为了确保在辊距上方仍留有适量的堆积胶，这时候可通过调整挡胶板之间距离的方式来实现。

③ 辊距。胶料通过辊距的时候，所受到的剪切速率与辊距、辊筒转速和速比三个影响因素之间的关系为：

$$\dot{\gamma}=\frac{V_2}{e}(f-1)$$

式中 $\dot{\gamma}$——剪切速率，s^{-1}；

f——辊筒的速比，$f=V_1/V_2$；

V_2——前辊筒表面旋转线速度，mm/s；

V_1——后辊筒表面旋转线速度，mm/s；

e——辊距，mm。

减小开炼机辊筒之间的间距，会导致剪切速率的增大，此时橡胶大分子链和配合剂的团块所受到的剪切力会相应增大，并由此导致配合剂团块容易被剪切破碎，这对于配合剂的分散是很有利的。但是，另一方面，如果剪切速率过大，会使得橡胶大分子链所受的剪切力过大，并由此导致大分子链的断裂机会相应增大，容易使大分子链过度断裂，造成过炼的不良现象，并使得最终胶料的力学性能发生不应有的降低。反过来看，如果辊筒的间距过大，此时胶料所受的剪切作用太小，配合剂不容易分散于胶料中，这就给混炼的工艺操作带来困难。因此，在开炼机混炼的时候，辊筒间距一定要慎重选择。合适的辊距大小与装胶量有关，具体可参考表 2-6。需要指出的是：当天然橡胶与合成橡胶并用的时候，如果并用比例相等，此时总胶量可以按天然胶来确定辊距。但是，如果合成胶大于天然胶比例时，此时的总胶量则需按合成橡胶来确定辊距。

表 2-6 辊距大小与装胶量之间的关系

项目	胶量/g				
	300	500	700	1000	1200
天然胶/mm	1.4±0.2	2.2±0.2	3.8±0.2	3.8±0.2	4.3±0.2
合成胶/mm	1.1±0.2	1.8±0.2	2.0±0.2		

④ 速比与辊速。增大辊筒的转速比和辊筒的转速，对混炼效果的影响与减小辊距的规律是一致的，均会加快配合剂在胶料中的分散，但同时也会加剧对橡胶大分子链的剪切作用，容易导致过炼，使胶料物理性能降低；同时，摩擦生热还会加快胶料的升温。但是，如果转速比过小，配合剂不易分散，生产效率较低。通常来说，开炼机混炼的辊筒速比一般要控制在 1.15～1.27 的范围内。

⑤ 辊温。随开炼机辊筒温度的升高，胶料大分子链的运动加剧，胶料体系的黏度会发生显著降低。此时虽然有利于胶料在固体配合剂表面的湿润，使得吃粉加快，但是此时配合剂团块在柔软的胶料中所受到的剪切作用会减弱，使得配合剂的团块不容易被剪切破碎，反而不利于配合剂在胶料中的分散；同时，结合橡胶的生成量也会相应减少。由此可见，开炼机混炼时，其辊筒的温度设定一定要合适。由于辊筒温度对不同胶料包辊性的影响是不同的，因此对于不同胶料，其混炼时的辊筒温度也应有所不同。通常来说，NR 包热辊，前辊的温度就要高于后辊；但是，大多数合成橡胶却需要包冷辊，前辊的温度就要低于后辊的温度。常用的橡胶开炼机混炼时的辊温见表 2-7。

表 2-7 不同橡胶开炼机混炼时的辊温

胶种	辊温/℃		胶种	辊温/℃	
	前辊	后辊		前辊	后辊
天然胶	55～60	50～55	顺丁胶	40～60	40～60
丁苯胶	45～50	50～55	三元乙丙胶	60～75	85 左右
氯丁胶	35～45	40～50	氯磺化聚乙烯	40～70	40～70
丁基胶	40～45	55～60	氟橡胶	77～87	77～87
丁腈胶	≤40	≤45	丙烯酸酯橡胶	40～55	30～50

⑥ 加料的顺序。在混炼的时候，如果加料的顺序不当，轻则会导致配合剂在胶料中分散不均，重则会导致胶料发生焦烧、脱辊或过炼的问题。因此，混炼操作中的加料顺序是决定混炼胶质量的重要因素之一，混炼中的加料必须要有一个合理的顺序。通常来说，混炼中加料的顺序要遵循用量小、作用大、难分散的配合剂先加；而用量多、易分散的配合剂后加，对温度敏感的配合剂要后加，硫化剂与促进剂要分开加的基本原则。用开炼机混炼时，首先要加入生胶、再生胶、母炼胶等进行包辊，如果配方中有固体软化剂，例如石蜡等，可以在胶料包辊以后再加入，之后再加小料。例如，活化剂（氧化锌、硬脂酸）、促进剂、防老剂、防焦剂等，再次才能加炭黑和填充剂，等到炭黑和填充剂加完后，再加液体软化剂；另外，在炭黑和液体软化剂的用量均较大的时候，这两者可以交替进行加入，最后再加入硫化剂。此外，如果配方中还有超速促进剂，应在混炼后期和硫化剂一起加入。

需要特别指出的是：配方中如有白炭黑，由于白炭黑的表面吸附性很强，白炭黑的粒子之间容易形成氢键且难以分散。因此，对于白炭黑，应在小料之前加入，而且要分批进行加入。另外，对于丁腈橡胶（NBR），由于硫黄与其相容性差，难以分散，因此要在小料之前加，并且将小料中的促进剂放到最后加入。

⑦ 加料方式。在橡胶的混炼过程中，配合剂的加料方式不同，也会影响混炼过程中的吃粉速度和配合剂的分散效果。如果在加料过程中，将配合剂连续添加在某一固定位置，但是其他部位的胶料不吃粉，这就相当于减少吃粉的面积，使得吃粉时间延长，吃粉速度则相对较慢，配合剂由吃入的位置分散到其他地方所需要的时间就要相对延长。因此，这样做就不利于配合剂在胶料中的分散。在加料的时候，要尽量使配合剂粉体沿着辊筒的轴线方向，均匀地撒在堆积胶上，并使得堆积胶的上面都覆盖有一层配合剂，这样才能够缩短吃粉时间，同时有利于配合剂在胶料中的分散；还可以通过适当缩短混炼时间的方式，对橡胶大分子链的剪切和破坏作用较小。

五、思考题

(1) 影响混炼效果的因素有哪些？

(2) 混炼过程中的加料次序是什么？

(3) 采用双辊开炼机混炼，包含哪些主要的工艺操作？

实验 37 橡胶的硫化工艺

一、实验目的

(1) 掌握橡胶硫化的本质和影响硫化工艺的因素。

(2) 掌握橡胶硫化条件的确定和具体实施方法。

(3) 了解平板硫化机的结构及具体操作方法。

二、实验原理

橡胶硫化是在一定温度、时间和压力下，将混炼胶中的线型大分子通过化学反应转化为交联结构，并最终形成三维网状结构的过程。通过硫化，橡胶的塑性大幅度降低，但是其弹性获得增加，抵抗外力变形的能力也大大增加，而且还提高其他物理和化学性能，并最终使橡胶成为具有实用价值的工程材料。

硫化工艺是橡胶制品加工的最后一个工序。硫化过程的好坏，将直接影响最终的硫化胶性能。因此，应该严格掌握好橡胶的硫化条件。

(1) 平板硫化机的两热板的加压面应相互平行。

(2) 平板硫化机的热板采用蒸汽加热或电加热。

(3) 在整个硫化过程中，在模具型腔面积上施加的压力应不低于 3.5MPa。

(4) 整个模具面积上的温度分布应该是均匀的；同一个热板内各点间及各点与中心点之间的温差，最大不应超过 1℃；相邻的两板间其对应位置点的温差不应超过 1℃。在热板中心处，其最大温差不应超过±0.5℃。

技术规格：最大关闭压力 200t；柱塞的最大行程 250mm；平板面积 503mm×508mm；工作的层数为两层；总加热功率 27kW。

三、实验用品

平板硫化机。

四、实验步骤

（1）胶料的准备。混炼后的胶片，应该按照 GB/T 2941—2006 中的规定，停放 2～24h 之后，才可以进行裁片、硫化；具体裁片方法如下。

① 片状（拉力等试验用）或条状试样。用剪刀在胶料上进行裁片，注意试片的宽度方向应与胶料的压延方向一致。胶料体积应该稍大于模具容积，胶料的质量可以用电子秤进行称量。胶坯的质量可按照以下方法进行计算。

胶坯质量(g)＝模腔容积(cm^3)×胶料密度(g/cm^3)×(1.05～1.10)

为了确保模压硫化的时候有充足胶量，胶料实际用量要在计算量的基础上，再增加 5%～10%。对于裁好后的胶坯，应在其边上贴好编号，并注明硫化条件纸标签。

② 圆柱试样。对于圆柱状的试样，应取 2mm 左右的胶片，以试样高度（通常要略大于）为宽度，按压延的垂直方向裁成胶条，之后将其卷成圆柱体，并且柱体要卷得紧密，中间不能有间隙，并保证柱体的体积要稍小于模腔的体积。但是，其高度要高于模腔的高度。在柱体底面，要贴上编号及硫化条件纸标签。

③ 圆形试样。对于圆形样品应按照要求，将胶料裁成圆形胶片试样。如果胶片的厚度不够时，可以将胶片进行叠放，但是要使其体积稍大于模腔体积。在圆形试样底面要贴上编号及硫化条件纸标签。

（2）按照硫化的具体要求，对硫化温度进行调节并且控制好平板温度，使之处于恒定状态。

（3）将成型模具放在闭合平板上进行预热，至规定硫化温度±1℃范围之内，此时在该温度下保持 20min。对于连续硫化，可以不再进行预热。硫化的时候，对于每层热板，仅允许放置一个成型模具。

（4）硫化压力的控制和调节。在硫化机工作的时候，由泵提供硫化压力，硫化过程的压力可以由压力表进行指示，压力值的高低可用压力调节阀进行必要调节。

（5）将胶坯以尽可能快的速度放入预热好的模具内，然后立即合模，并将模具放置于平板中央，上下各层的硫化模型对正于同一方位后，施加压力，使平板不断上升。当压力表指示到所需工作压力时，适当泄压排气约 3～4 次，然后使压力达到最大值，此时开始计算硫化时间。当硫化到达预定时间后，立即泄压启模，并取出硫化后试样。

对于目前的新型平板硫化机，其合模、排气、硫化时间和启模均实现自动化控制。

（6）硫化后的试样，要剪去胶边，在室温下停放 10h 后，才能进行性能测试。

对于已经确定配方的胶料而言，影响硫化胶质量的因素主要是硫化压力、硫化温度和硫化时间，这又称为硫化三要素。

① 硫化压力。在橡胶的硫化过程中，对胶料施加压力的目的在于使得胶料可以在模腔内进行流动，并充满模腔内的沟槽（或花纹），防止出现气泡或缺胶等现象；施加压力还可以提高胶料的致密性，增强胶料与布层或金属之间的附着强度；还有助于提高胶料的力学性能（如拉伸性能、耐磨、抗屈挠、耐老化等）。对于硫化压力，通常要根据混炼胶的可塑性、试样的结构等具体情况来进行确定；如塑性大的，硫化压力宜小些；但是对于厚度大、层数多、结构复杂的样品，其硫化压力就应大些。

② 硫化温度。硫化温度直接影响了硫化的反应速度以及硫化质量。根据范德霍夫方程式可知：

$$t_1/t_2=K^{\frac{T_2-T_1}{10}}$$

式中 T_1——温度 t_1 时的硫化时间；

T_2——温度 t_2 时的硫化时间；

K——硫化温度系数。

从上面的公式可以看出：当 $K=2$ 时，温度每升高 10℃，硫化时间就可以减少一半，这说明硫化温度对硫化速率的影响还是十分明显的。也就是说，提高硫化温度，可以加快硫化速度。但是，如果硫化温度过高，则容易引起橡胶的大分子链发生裂解，从而产生硫化还原，并导致硫化橡胶力学性能下降，因此硫化的温度不宜过高。

适宜的硫化温度要根据胶料的具体配方来决定，其中主要取决于橡胶的种类和具体所采用的硫化体系。

③ 硫化时间。硫化时间是由胶料配方和硫化温度来共同决定的。对于给定的胶料而言，在一定的硫化温度和压力条件下，存在最适宜的硫化时间。硫化时间过长过短，都会影响产物硫化胶的性能。

适宜硫化时间可以采用橡胶硫化仪进行测定。

五、思考题

（1）硫化过程的三要素是什么？

（2）采用平板硫化机进行硫化，主要操作包括哪些？

（3）模压成型时，对模具内混炼胶的装胶量有何要求？

实验 38 热塑性塑料挤出工艺

一、实验目的

（1）了解和掌握双螺杆挤出机的基本结构和操作方法。

（2）掌握拉条、造粒的成型工艺和影响挤出产品质量的因素，并由此得到其他挤出产品。

二、实验原理

挤出成型在塑料制品成型加工中占据很大的比例，凡是截面形状一致的制品，均可采用挤出方法进行成型，如管材、棒材、薄膜、板材、造粒等均可采用挤出成型的方式进行加工。根据制品和原料的要求不同，采用单螺杆挤出机或双螺杆挤出机，并配置各种产品所需的机头和辅机即可。

双螺杆挤出机是挤出成型的一种常用设备，与所有的挤出成型机有相似之处。

同向旋转双螺杆挤出机组由混炼部分（即双螺杆挤出机）、冷却部分以及切粒部分组成，同向旋转双螺杆挤出机和其他挤出设备一样，包括传动部分、挤压部分、加热冷却系统、电气与控制系统及机架等。由于双螺杆挤出机物料输送原理和单螺杆挤出机不同，其通常还有定量加料装置。鉴于同向双螺杆挤出机主要用于塑料的填充、增强和共混改性，为适应所加物料的特点及操作需要，通常在料筒上都设有排气口及一个以上的加料口，同时把螺杆上承担输送、塑化、混合和混炼功能的螺纹制成可根据需要任意组合的块状元件，并像糖葫芦一样套装在芯轴上，也称为积木组合式螺杆。其整机也被称为同向旋转积木组合式双螺杆挤出机。

三、实验用品

同向旋转双螺杆挤出机。

四、实验步骤

（1）根据材料确定挤出机各段的加工温度。当设定温度与实际温度一致时，需要保温10～20min或用手去转动螺杆，如能转动则表明设定温度和料筒内温度已一致，料筒内残余物料也已熔融。

（2）检查各部分的运转情况，如正常则准备开机。

（3）开机步骤

① 首先设定主机和喂料电机的转速，其转速应偏低一些，主机电源频率可设为5～10Hz，喂料电机电源频率可设为10～15Hz。

② 启动油泵，供给齿轮箱的润滑。

③ 启动主机。

④ 启动喂料电机。

⑤ 当机头有物料挤出时，适当增加主机、喂料电机和切粒电机的转速，即可稳定生产。

（4）关机步骤

① 停车前的准备。如果加工的是热敏性树脂如PVC，先用清机料或高压聚乙烯进行洗车，将料筒内的热敏性树脂清洗干净后方可停机。

② 关闭喂料电机。

③ 关闭主电机。

④ 关闭油泵。

⑤ 关闭加热电源和总电源。

双螺杆挤出成型实验记录内容包括：所用材料的名称、牌号、产地或配方编号；各段的设定温度；主机、喂料和切粒电机的转速；粒料的外观尺寸和产量以及其他相关规定；设备名称、规格、厂家。

五、思考题

（1）简述拉条造粒的工艺流程。

（2）简述双螺杆挤出机的开机和关机步骤。

（3）简述挤出机主机速度、喂料电机速度及切粒机速度对造粒的影响。

实验39　热塑性塑料注射成型工艺

一、实验目的

（1）了解塑料注射机的基本结构，掌握注塑成型的基本工艺过程。

（2）对影响注塑制品质量的工艺因素有感性认识。

二、实验原理

注塑成型（或称为注射成型）是热塑性塑料的主要成型方法，已配好的粒料或粉料加入料斗后，进入机筒，在外部加热和内部摩擦热的作用下，树脂熔化成为塑化均匀、温度均匀、组分均匀的混合物并堆积在机筒内螺杆或柱塞的前部。通过柱塞或螺杆向前推进，使一定量熔体在压力下通过喷嘴进入模具内腔，经过一定时间保压和冷却，便可开模取出制品。

温度、压力和时间是注塑工艺的三大要素，除了考虑它们对制品质量的影响之外，还需考虑生产周期的长短。

三、实验用品

聚丙烯（注塑级）、高抗冲聚苯乙烯（注塑级）、注射机、秒表、半导体点温计、表面温度计。

四、实验步骤

（1）开机准备

① 预热升温准备。合上控制柜总电源开关，根据物料设定合理的工艺温度、压力、时间。打开冷却水阀门。

② 注射。当各段温度加热到设定值后，保温 5～10min，依次进行如下操作。

a. 启动油泵。

b. 将物料倒入料斗。

c. 选择手动模式。

③ 预塑化。关上拉门，合模，注射机座进，注射，预塑化；注射机座退，开模，拉开拉门，取出样件。

④ 合模。注射机座进，注射，预塑化；注射机座退，开模，拉开拉门，取出样件。

⑤ 选择半自动模式。手动模式调节好以后，选择半自动模式，关上拉门，合模。设备会自动完成以下过程：注射机座进，注射，预塑化；注射机座退，开模，拉开拉门，取出样件。

（2）注射机各段加热温度的调整。根据物料熔体黏度调整机筒温度。

（3）锁模压力、预塑化压力、注射压力的调整。根据塑料充模情况，调整锁模压力、注射压力、注射时间。

（4）保压时间，冷却时间的调整。根据试样的冷却情况调整保压时间，冷却时间。

（5）清理螺杆。

五、思考题

（1）根据自己的理解叙述一下注射工艺过程。

（2）如何根据原料的性质拟定注塑实验的工艺参数？

（3）工艺条件怎样影响试样的外观和内在质量？

（4）注射制品进行后处理有何作用？为什么？

实验 40　高速捏合工艺

一、实验目的

（1）了解高速捏合机的结构和工作原理。

（2）掌握高速捏合机的操作步骤和使用方法。

二、实验原理

将各种配合剂与主料充分混合均匀，在设备不同转速条件下，使主料充分吸收增塑剂等液体小分子，便于下一道工序的操作。

捏合工艺操作的好坏直接影响挤出造粒工艺的质量。各种配合剂、填料是否能分布均匀，最终将影响产品的质量。捏合工艺是高分子材料成型加工中重要的一环。高速捏合机的结构及混合原理如下。

（1）高速捏合机的结构。目前应用最广泛、混合效果最好的间歇式混合设备是高速捏合机。高速捏合机由混合锅、搅拌桨、折流板、排料装置、驱动装置、传感器及控制系统等组成。根据加热方式和介质，可分为电加热、油加热和蒸汽加热三种。排料口可用气动控制开、闭料门，也可采用手动方式操作。

（2）高速捏合机的工作原理。高速捏合机属于粉料的混合设备。其工作原理是：设备开启后，高速旋转的搅拌桨借助呈一定倾斜角度的表面，与捏合机中的物料之间产生摩擦力，并使得物料粒子沿桨面的切向方向进行运动。由于离心力的作用，物料粒子先被抛向混合室的内壁，并继续沿混合器内壁的表面上升。当物料上升到一定高度之后，由于重力作用，物料粒子发生自由落体，又落回搅拌桨叶的表面，但是接着又会被抛起。这种上升运动与切向运动的结合，使得处于捏合机中的物料粒子实际上一直处于连续的螺旋式的激烈运动状态。由于搅拌桨叶的转速是很高的，因此物料粒子的运动速度也很快，快速运动的物料之间发生激烈的相互碰撞、摩擦，使得物料粒子或凝聚在一起的团块被迅速破碎并混合均匀；同时，激烈的摩擦生热使得物料的温度也相应升高，这有利于树脂对各种助剂的吸附。混合室内的折流板面呈流线型，其高度和角度可调，可以使螺旋运动的物料流动状态被搅乱，使物料呈无规运动，并在折流板附近形成强烈的旋涡，增强混合效果，并使得各组分形成均匀分散的粉、粒状聚合物混合体。另外，折流板内的热电偶可实现对料温的控制。

三、主要实验用品

聚氯乙烯（PVC）、苯乙烯-丁二烯-苯乙烯嵌段共聚物（SBS）、聚苯乙烯（PS）、高速捏合机。

四、实验步骤

（1）拟定配方。制品的硬度在 65～85 左右。

① 质量份数：PVC 100；三碱式硫酸铅 2.0；二碱式亚磷酸铅 1.0；硬脂酸铅（PbSt）0.8；邻苯二甲酸二辛酯（DOP）20；$CaCO_3$ 30；硬脂酸 0.5；石蜡 0.5。

② 质量份数：SBS 100；低密度聚乙烯（LDPE）5；PS 20；环烷油 25；硬脂酸 0.5；抗氧剂 1010 0.5；$CaCO_3$ 30。

（2）捏合。按配方称取树脂及助剂。将干粉料（除稳定剂和着色剂以外）加入高速混合机内，先慢速挡捏合 2min，再将稳定剂和着色剂与部分增塑剂配成浆料。最好经过研磨后加入混合机内，盖好盖子后，在 1500r/min 转速下，把预热到 90℃的增塑剂通过加料孔加入混合机内，共混合 10min。通过观察窗观察材料分散是否均匀，然后慢速排料。

清理设备，打扫现场。

（3）安全注意事项。设备先从低速到高速再到低速！设备运转过程中切不可打开顶盖观察！加入料后，顶盖应上紧。

增塑剂必须被充分吸收，温度适当，填料分布均匀并包覆在主料表面。

五、思考题

（1）设备为什么必须先低速再高速？

（2）温度太低和太高对捏合工艺有何影响？

（3）为什么要充分吸收增塑剂后再添加填料？

实验 41　氧化铝（Al_2O_3）陶瓷膜坯的水基流延成型

一、实验目的

（1）掌握氧化铝水基流延成型的制备方法。

（2）了解制取水基流延浆料所用的制备工艺及各种原料的性能、用途。

二、实验原理

流延成型又称带式浇注法、刮刀法，是一种比较成熟的能够获得高质量、超薄型瓷片的成型方法，已被广泛应用于独石电容器瓷片、厚膜和薄膜电路基片等先进陶瓷的生产。

流延成型用浆料的制备方法为：将通过细磨、煅烧的熟瓷粉加入溶剂，必要时添加抗聚凝剂、除泡剂、烧结促进剂等进行湿式混磨；再加入黏结剂、增塑剂、润滑剂等进行混磨，以形成稳定的、流动性良好的浆料。

流延成型时，料浆从料斗下部流至向前移动着的薄膜载体（如醋酸纤维素、聚酯、聚乙烯、聚丙烯、聚四氟乙烯等薄膜）之上，坯片的厚度由刮刀控制。坯膜连同载体进入巡回热风烘干室，烘干温度必须在浆料溶剂的沸点以下，否则会使膜坯出现气泡，或由于湿度梯度太大而产生裂纹。从烘干室出来的膜坯中还保留一定的溶剂，连同载体一起卷轴待用，并在储存过程中使膜坯中的溶剂分布均匀，消除湿度梯度。最后用流延的薄坯片按所需形状进行切割、冲片或打孔。

传统流延成型工艺不足之处在于，所使用的有机溶剂（如甲苯、二甲苯等）具有一定的毒性，使生产条件恶化并造成环境污染，且生产成本较高。此外，由于浆料中有机物含量较高，素坯密度低，脱脂过程中坯体易变形开裂，影响产品质量。针对上述缺点，研究人员开始尝试用水基溶剂体系替代有机溶剂体系。

水基流延成型工艺使用水基溶剂替代有机溶剂，由于水分子是极性分子，而黏结剂、增塑剂和分散剂等是有机添加剂，与水分子之间存在相容性问题。因此，在添加剂选择上，需选择水溶性或者能够在水中形成稳定乳浊液的有机物以确保得到均一稳定的浆料；同时，还应在保证浆料稳定悬浮的前提下，使分散剂用量尽量少，从而在保证素坯强度和柔韧性的前提下使黏结剂、增塑剂等有机物的用量尽可能少。

水基凝胶流延成型工艺是利用有机单体的聚合原理进行流延成型。该法是将陶瓷粉料分散于含有有机单体和交联剂的水溶液中，制备出低黏度且高固相体积分数（<50%）的浓悬浮体，然后加引发剂和催化剂，在一定的温度条件下引发有机单体聚合，使悬浮体黏度增大，从而导致原位凝固成型，得到具有一定强度、可进行机加工的坯体。

水基凝胶流延成型所使用的浆料由陶瓷粉末、有机单体、交联剂、水、分散剂、塑性剂等组分配制而成。有机单体的选择原则是：黏度低、溶液稳定性好、流动性好；经聚合反应能够形成长链状聚合物；形成的聚合物具有一定的强度，保证成型后的素坯能够进行切片、冲孔等加工作业。常用于凝胶流延成型的有机单体有：2-羟乙基甲基丙烯酸酯（HEMA）、丙烯酸甲酯（MA）、丙烯酰胺（AM）、甲基丙烯酰胺（MAM）等。

凝胶流延成型工艺的优点在于，可以极大地降低浆料中有机物的使用量，提高浆料的固相含量，从而提高素坯的密度和强度；同时，大大减轻环境污染，并显著降低生产成本。

目前凝胶流延成型工艺已经应用于研制氧化铝陶瓷薄片及燃料电池等领域。

三、实验原料与用品

实验原料：α-Al_2O_3 粉（粉料）、丙烯酰胺（AM，单体）、N,N-亚甲基双丙烯酰胺（MBAA，交联剂）、30%聚丙烯酸铵（分散剂）、过硫酸铵（引发剂）、N,N,N',N'-四甲基乙二胺（TMEDA，催化剂）、氨水（酸碱调节剂）、去离子水、聚乙烯醇（1788）、聚乙二醇、丙三醇。

实验用品：电子天平、磁力搅拌器、电动搅拌器、一次性塑料滴管、医用注射器（1mL）、培养皿、药匙、pH 试纸、恒温搅拌器、酸度计、球磨机、流延机（用玻璃板、刮刀替代）、烧杯等玻璃仪器。

四、实验步骤

（1）标准溶液的配制。配制 10%的引发剂溶液。

（2）预混液的制备。按照单体、交联剂、分散剂的顺序依次溶解各种原料，然后用氨水调节溶液至 pH＝9～10，制得预混液。

（3）流延浆料的制备。强力搅拌条件下，按设计比例将陶瓷粉料缓慢、均匀地加入到预混液中，搅拌均匀，得到流动性好、体积分数大的陶瓷悬浮体。

（4）流延成型。在流延浆料中加入引发剂和催化剂，真空脱气后，在氮气保护下，进行流延成型，制备一定厚度的陶瓷薄膜。实验注意事项如下。

① 严格控制预混液试剂的加入顺序和搅拌时间，每一种试剂加入前，溶液均要呈澄清状态。

② 陶瓷粉料的加入必须强力搅拌，且均匀加入，避免大颗粒的产生。

③ 引发剂加入后可长时间搅拌（5～20min），但是催化剂加入后，搅匀 5min 立即流延成型。

五、实验记录

实验记录如表 2-8 所示。

表 2-8 实验记录表

原材料	作用	参考用量	实际用量	开始固化时间	成型收缩率/%
α-Al_2O_3 粉料		70～100g			
水		35mL			
AM	单体	6g			
MBAA	交联剂	0.6g			
聚丙烯酸铵	分散剂	1mL			
氨水	酸碱调节剂	控制 pH=9～10			
10%过硫酸铵溶液	引发剂	0.3～0.6mL			
N,N,N',N'-四甲基乙二胺	催化剂	引发剂的一半			

六、思考题

（1）试述下列物质（AM、MBAA、聚丙烯酸铵、氨水、10%过硫酸铵溶液、N,N,N',N'-四甲基乙二胺）在水基流延法成型中的作用。

（2）流延成型浆料有哪些体系？

实验 42 电子陶瓷素坯干压成型与烧结

一、实验目的

（1）掌握陶瓷料方的计算方法；熟悉并掌握陶瓷干压成型的工艺过程。

（2）熟悉并掌握小型手动压片机的使用方法。

（3）熟悉并掌握干燥箱和程序控制电炉的使用方法。

二、实验原理

干压成型因工艺简单、操作方便、周期短、效率高等优点而被广泛应用。干压成型是在外力作用下，颗粒在模具内相互靠近，借助内摩擦力的作用在颗粒外围结合剂薄层上，把颗粒牢固地联系在一起，并保持一定的形状。陶瓷坯体在干燥与烧结后长度或体积缩小的现象称为收缩，可分为干燥收缩和烧成收缩。烧成收缩的大小与原料组成、粒径大小、有机物含量、烧成温度及烧成气氛有关。本实验中采用线收缩表征陶瓷的收缩情况。线收缩是指坯体在干燥与烧成过程中，在长度方向上的尺寸变化。干燥收缩率是试样中水分蒸发而引起的缩减与试样最初尺寸的比值，以百分数表示。烧成收缩率是试样由于烧成而引起的缩减与试样在干燥状态下尺寸的比值，以百分数表示。总收缩率（或称全收缩率）是试样由于干燥与烧成而引起的缩减与试样最初尺寸的比值，以百分数表示。

实验条件下，干压成型法烧结制备陶瓷素坯的过程如下：料方计算→称量→混合→干燥→造粒→压片→干燥→烧结。

三、实验原料与用品

实验原料：高岭土、滑石粉、氧化锌、氧化铝、碳酸钙、黏结剂、去离子水、无水乙醇。

实验用品：天平、分样筛、药匙、量筒、烧杯、玻璃棒、镊子、托盘、研钵、球磨罐、球磨机、模具、压片机、千斤顶、烘箱、高温电炉。

四、实验步骤

(1) 根据表 2-9 和表 2-10 所给陶瓷配方计算原料用量。

表 2-9 滑石瓷配方

化学组成	MgO	Al_2O_3	SiO_2	ZnO	CaO
含量/%	29	4	62	4	1

表 2-10 滑石瓷粉体的配料单

项目	高岭土	滑石粉	氧化铝	氧化锌	碳酸钙
化学式	$Al_2O_3 \cdot SiO_2 \cdot 2H_2O$	$3MgO \cdot 4SiO_2 \cdot H_2O$	Al_2O_3	ZnO	$CaCO_3$
纯度/%	85	100	92	99	99
用量/g					

(2) 用天平正确称量已计算好的各种原料（精确到小数点后两位）

① 混合。将已称量好的原料放入球磨罐中，按料：球：乙醇＝1：2.5：0.5 的比例，球磨 30min。其中，球磨罐中玛瑙球的球级配为：大：中：小＝2：5：3。

② 干燥。将球磨后的浆料倒入托盘中，放至烘箱中使其干燥。干燥后的样品放入研钵中研磨均匀，收集在样品袋中备用。

③ 造粒。粉体放入研钵中，用润洗过的滴管吸取适量黏结剂，然后逐滴、均匀地加入粉体中。用药匙将粉体调匀，然后轻轻研磨。随着研磨时间的延长，研磨力度要逐渐加大。待粉体研磨均匀后，预压成片，再将其放至研钵中破碎并过筛，取 20～80 目粉体压片。

④ 压片。用天平称量 5g 左右 20～80 目的粉体放入模具内，加压至 30MPa，保压 5min。然后缓慢开启泄油阀，使压力均匀缓慢降至零。

⑤ 使用千斤顶将片顶出，用镊子放入托盘中，并立即做收缩记号。标记方法为：在刚成型试样的正面上小心划出两条直径，然后用千分卡尺准确测量其长度，编号、记下线长度 L_0。

⑥ 试样干燥。将标有收缩记号的试样放进烘箱中干燥，分别在 50℃、80℃和 105～110℃下各烘 2h，将试样干燥至恒重。冷却后，用卡尺量出线长度 L_1。

⑦ 试样烧结。将测过干燥收缩的试样装入高温电炉中烧结。装炉时应垫垫片并使试样平整，并撒上氧化铝埋粉。将烘干后的样品放于箱式电炉中，然后以 5℃/min 升温速率升至 1000℃，保温 1h。再以 5℃/min 速率升至 1200℃，保温 3h。冷却后检查试样，选取无缺陷制品，用卡尺量出记号间的线长度 L_2。

五、思考题

影响陶瓷烧结致密度的因素有哪些？

实验 43　有色玻璃的熔制

一、实验目的

（1）学会根据玻璃设计成分和原料化学组成进行配合料计算及配合料制备，并用小型坩埚进行玻璃的熔制和成型等操作。

（2）了解玻璃熔制设备，掌握玻璃熔制方法。

（3）观察熔制温度、保温时间和助熔剂含量对熔化过程的影响。

（4）根据实验结果分析玻璃成分及熔制工艺是否合理。

二、实验原理

玻璃熔制过程包括一系列的物理化学现象及反应。通常将玻璃熔制过程分为五个阶段。

① 硅酸盐形成。主要固相反应结束，配合料变成由硅酸盐和二氧化硅组成的不透明烧结物，反应温度 800～900℃。

② 玻璃形成。硅酸盐烧结物和二氧化硅熔融、溶解、扩散，使不透明的半熔融烧结物变为透明的玻璃液，不再含未反应的配合料颗粒。反应温度为 1200～1400℃。

③ 澄清。排除可见气泡，温度为 1200～1400℃。玻璃液黏度为 10Pa・s。

④ 玻璃液均化。消除条纹和其他不均体，使玻璃各部分在化学组成上达到预期的均匀一致。

⑤ 玻璃液冷却。让玻璃液的黏度升高至成型所需的范围。通常温度降低 200～300℃。

上述反应和现象在熔制过程中并不是严格按照某顺序进行的，一般一个阶段尚未结束，另一个阶段就已经开始。因此，也可把熔制过程划分为配合料的熔化和玻璃液的精炼两个阶段。

在实验室条件下，玻璃熔制实验过程如下：料方计算→称量（原料）→混料→熔制→成型。

三、实验原料与用品

实验原料：石英砂、纯碱、碳酸钙、碳酸镁、氢氧化铝等。

实验用品：高温电炉、莫来石坩埚、混料机、料勺、天平、坩埚钳、石棉手套、箱式马弗炉。

四、实验步骤

（1）玻璃成分设计

玻璃的设计成分和配料单分别如表 2-11 及表 2-12 所示。

表 2-11　玻璃的设计成分

氧化物	SiO_2	CaO	MgO	Al_2O_3	Na_2O
含量/%	71.5	5.5	1.0	3.0	19.0

表 2-12 100g 玻璃液的配料单

项目	石英砂	碳酸钙	碳酸镁	氢氧化铝	纯碱
分子式	SiO_2	$CaCO_3$	$MgCO_3$	$Al(OH)_3$	Na_2CO_3
含量/%	99.8	99.0	42.0	65.0	99.8
用量/g					

(2) 根据玻璃的设计成分和原料化学组成、水分等进行配料计算，计算熔制 100g 玻璃液所需的各种原料用量，并准确称量。着色剂用量计算（蓝色玻璃为例）：氧化铜以配合料的 1%～2%比例加入。

(3) 把坩埚放入高温炉中，通电加热至加料温度后，在 900℃下保温 0.5h；再在 1200℃下保温 1h 后，取出一只坩埚观察。

(4) 熔化与澄清。电炉在 1200℃保温后，以 5～10℃/min 的升温速率升至澄清温度（1400℃），保温 2h。

(5) 搅拌与观察。在高温炉保温期间，可用不锈钢棒或包有白金的棒搅拌 1～2 次；同时，取样观察。若无密集小气泡仅有少量的大气泡，玻璃熔制结束，否则需适当延长澄清时间或提高澄清温度。

五、思考题

实验拟在 900℃、1200℃确定的熔制温度下取出坩埚，这有什么意义？试用实验结果说明。

实验 44 无机膜的固态粒子烧结法合成工艺

一、实验目的

(1) 掌握固态粒子烧结法制备多孔无机膜材料的原理和工艺流程。

(2) 通过原料组成和制备工艺制度的设计实现对多孔无机膜材料孔结构和力学性能的调控。

二、实验原理

将无机粉料或微小颗粒或超细颗粒与适当介质混合分散形成稳定的悬浮液，采用注浆成型工艺制成生坯，再经干燥，然后在高温（1000～1600℃）下进行烧结处理，制成微孔陶瓷膜载体。对于多孔无机膜材料而言，其孔结构特性（最大孔径、体积密度和气孔率等）以及力学性能（抗弯和抗压强度）是膜分离工程中的重要工艺设计参数。而无机膜材料的孔结构特性和力学性能又可以通过原材料组成（如主体原料、造孔剂、烧结温度调节剂等）、烧结温度和时间制度的设计等进行调节。因此，可以通过上述原料配方和烧结工艺设计、制备出具有不同孔结构和力学性能特性的多孔无机膜材料。

三、实验原料与用品

实验原料：氧化铝、十二烷基磺酸钠、十二烷基硫酸钠、膨润土、聚乙烯吡咯烷酮、聚乙烯醇、淀粉、碳酸钠、碳酸钙、硫酸钙、高岭土、磷酸铝、三氧化二铁、二氧化钛、去离子水。

实验用品：电子天平、球磨机（带球磨罐和球磨珠）、烘箱、高温电炉（马弗炉）。

四、实验步骤

(1) 原料配方设计和工艺参数设计见表 2-13。

表 2-13 原料组成及工艺条件设计 单位：g（固体粉料）或 mL（液体）

实验编组	原料组成设计															工艺条件设计		
	氧化铝	十二烷基磺酸钠	十二烷基硫酸钠	膨润土	聚乙烯吡咯烷酮	聚乙烯醇	淀粉	碳酸钠	碳酸钙	硫酸钙	高岭土	磷酸铝	三氧化二铁	二氧化钛	去离子水	球磨条件	干燥条件	热处理条件（升温阶段升温速率、保温时间）

(2) 原料称量。按所设计的原料配方称量。

(3) 浆料制备。将装有原料的球磨罐固定在球磨机上，按所设计的球磨时间在球磨罐内球磨加入的原料并制得浆料。(球磨时间一般控制在 20～60min。)

(4) 浆料过滤。将浆料从球磨罐中倒出，并选用孔径适当的筛子（如 125μm）过滤，收集过滤的浆料。

(5) 浆料浇注。将制备好的浆料注入石膏模具内，不断填充直至浇注口的浆料长时间不再下陷为止。

(6) 脱模和干燥。待浇注口的浆料明显硬化后，在桌面上轻轻拍动石膏模具，然后拆开模具，小心取出成型的坯体并平摊放置，用刀修整坯体浇注端部分。生坯先在室温下阴干然后在烘箱内进行热烘处理。阴干和热烘时间按先前设计的工艺参数进行。

(7) 生坯的高温热处理。生坯的高温热处理在马弗炉内进行，按先前所设计的高温热处理工艺参数进行运作。（升温速率一般应先慢后快，如室温～400℃阶段升温速率可采用 2℃/min；400～1600℃阶段升温速率可采用 6℃/min；保温时间 0.5～2h。）

五、思考题

实验中各种试剂在多孔无机膜的固态粒子烧结法制备工艺中各发挥什么作用？

实验 45 注浆成型法制备管状 SOFC（固体氧化物燃料电池）电解质工艺

一、实验目的

(1) 掌握制备石膏模的原理和工艺流程。

(2) 掌握注浆成型法制备管状 SOFC 电解质的工艺流程。

二、实验原理

注浆成型法是一种传统的制备陶瓷器件的方法。其基本工艺原理为：在一定粒径范围内的粉料中，加入适量的水或有机液体以及少量电解质形成相对稳定的悬浮液，将悬浮液注入石膏模中，让石膏模吸收悬浮液中的水分，达到成型的目的。其工艺流程如图 2-6 所示。

影响注浆成型的关键因素有两个方面：一个方面是需要硬度、孔隙率、吸水性适中的石膏模；另一个方面是要有悬浮性好而且稳定的浆料。本实验将 SOFC 电解质材料与适当表面活性剂混合分散形成稳定的悬浮液。采用注浆成型工艺制成生坯，再经干燥，然后在高温（1000～1600℃）下进行烧结处理，制成 SOFC 电解质。根据电解质的形状来制备相应的石膏模具。对于 SOFC 的电解质而言，其孔结构特性（最大孔径、体积密度和气孔率等）以及力学性能（抗弯和抗压强度）是影响电池性能的重要参数。而电解质的孔结构特性和力学性能又可以通过原材料组成（如主体原料、造孔剂、烧结温度调节剂等）、烧结温度和时间制度的设计等进行调节。因此，可以通过上述原料配方和烧结工艺设计、制备出具有不同孔结构的 SOFC 电解质。

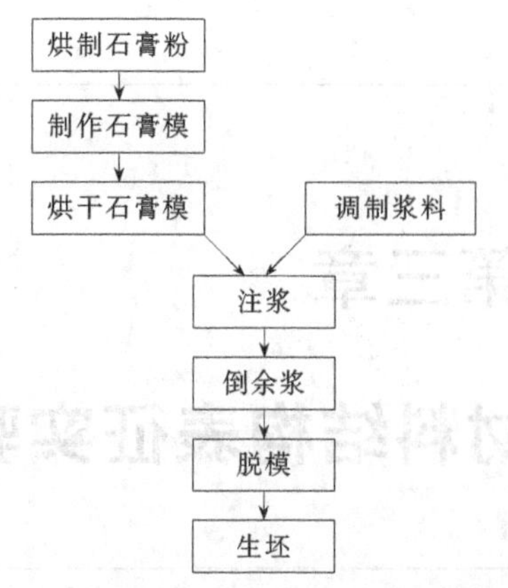

图 2-6　注浆成型法工艺流程

三、实验原料与用品

实验原料：氧化铝、聚乙烯醇（PVA-124）、阿拉伯胶粉、YSZ 粉体、石膏粉、去离子水。

实验用品：电子天平、高倍率超声仪、烘箱、高温电炉（马弗炉）、裁纸刀、称量纸、皮筋、烧杯、玻璃棒、量筒、一次性纸杯、胶头滴管、圆头小试管、橡胶手套。

四、实验步骤

(1) 原料称量。称取一定质量 YSZ 粉体，加入 4%（质量分数）的 Al_2O_3 粉体，按照固液质量比 1∶10 比例加入适量去离子水，搅拌后添加微量表面活性剂和不同比例的阿拉伯胶粉。

(2) 浆料制备。将装有原料的烧杯在高倍率超声仪中超声分散 30min，得到均匀稳定、分散性良好的浆料。

(3) 制备石膏模。准备直径约为 1cm 的小试管，将准备好的熟石膏粉与水按质量比 1∶1 调成浆料，注入一次性纸杯中，放入小试管。待石膏模完全凝固后，将石膏模脱模陈放一定时间后在 50℃下烘干，制得带有一定形状的空芯石膏模。

(4) 浆料过滤。将浆料从烧杯中倒出，并选用孔径适当的筛子（如 125μm）过滤，收集过滤的浆料。

(5) 浆料浇注。将制备好的浆料注入石膏模具内，不断填充直至浇注口的浆料长时间不再下陷为止。

(6) 脱模和干燥。当石膏模壁上的浆料厚度达到要求时，将剩余的浆料倒出，然后脱模，即得到锥管状电解质生坯。

(7) 生坯的高温热处理。生坯的高温热处理在马弗炉内进行，按先前所设计的高温热处理工艺参数进行运作。（升温速率一般应先慢后快，如室温至 400℃阶段升温速率可采用 2℃/min；400～1600℃阶段升温速率可采用 6℃/min；保温时间 4h。）

五、思考题

实验中的表面活性剂和黏结剂在电解质的制备工艺中各发挥什么作用?

第三章

材料结构表征实验

实验 46　X 射线衍射物相分析

一、实验目的

（1）了解 X 射线衍射仪的结构及工作原理。

（2）熟悉 X 射线衍射仪的操作。

（3）掌握运用 X 射线衍射分析软件进行物相分析的方法。

二、实验原理

传统衍射仪由 X 射线发生器、测角仪、记录仪等几部分组成。

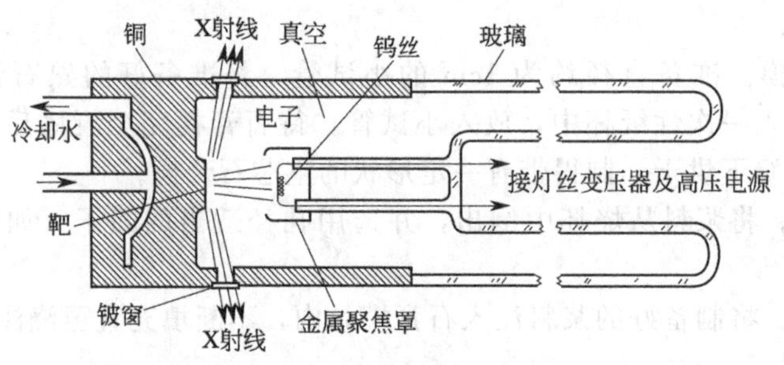

图 3-1　X 射线管示意

图 3-1 是 X 射线管示意图，其中阴极由钨丝绕成螺线形，工作时通电至白热状态。由于阴阳极间有几十千伏的电压，故热电子以高速撞击阳极靶面。为防止灯丝氧化并保证电子流稳定，管内抽成高真空。为使电子束集中，在灯丝外设有聚焦罩。阳极靶由熔点高、导热性好的铜制成，靶面上镀一层纯金属，常用金属材料有 Cr、Fe、Co、Ni、Cu、M_O、W 等。当高速电子撞击阳极靶面时，便有部分动能转化为 X 射线，但其中约有 99%将转变为热。为了保护阳极靶面，X 射线管工作时需强制冷却。为了使用流水冷却，也为了操作者安全，应使 X 射线管的阳极接地，而阴极则由高压电缆加上负高压。X 射线管有相当厚的金属管

套，使X射线只能从窗口射出。窗口由吸收系数较低的Be片制成。靶面上被电子袭击的范围称为焦点，是发射X射线的源泉。用螺线形灯丝时，焦点形状为长方形（面积常为1mm×10mm），称为实际焦点。窗口位置的设计使得射出的X射线与靶面成6°，从长方形短边上的窗口所看到的焦点为$1mm^2$正方形，称为点焦点，在长边方向看则得到线焦点。一般照相多采用点焦点，而线焦点则多用在衍射仪上。

图3-2为日本理学公司生产的D/MAX-2500/PC型X射线衍射仪工作原理。入射X射线经狭缝照射到多晶试样上，衍射线的单色化可借助于滤玻片或单色器。衍射线被探测器所接收，电脉冲经放大后进入脉冲高度分析器。脉冲信号可送至计数率仪，并在记录仪上画出衍射图。脉冲信号也可送至计数器（以往称为定标器），经过微处理机进行寻峰、计算峰积分强度或宽度、扣除背底等处理，然后在屏幕上显示或通过打印机将所需的图形或数据输出。控制衍射仪的专用微机可通过带编码器的步进电机控制试样及探测器进行连续扫描、阶梯扫描，连动或分别动作等。目前，衍射仪都配备计算机数据处理系统，使衍射仪功能进一步扩展，自动化水平更得到提高。衍射仪目前已具有采集衍射资料，处理图形数据，查找管理文件以及自动进行物相定性分析等功能。

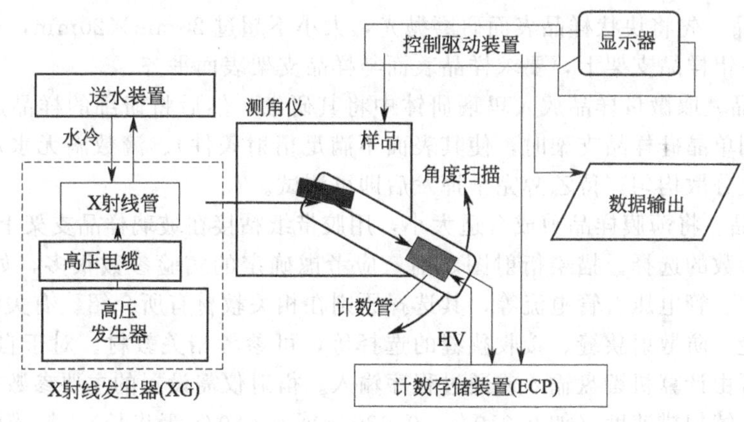

图3-2 D/MAX-2500/PC型X射线衍射仪工作原理

物相定性分析是X射线衍射分析中常用的一项测试，衍射仪可自动完成这一过程。首先，仪器按所给定的条件进行衍射数据自动采集，接着进行寻峰处理并自动启动程序。当检索开始时，操作者要选择输出级别（扼要输出、标准输出或详细输出），选择所检索的数据库（在计算机硬盘上存储着物相数据库，约有物相176000种，并设有无机、有机、合金、矿物等多个分库），指出测试时所使用的靶、扫描范围、实验误差范围估计，并输入试样的元素信息等。此后，系统将进行自动检索匹配，并将检索结果打印输出。

三、实验用品

X射线衍射仪。

四、实验步骤

物相分析的原理及方法在教材中已有较详细介绍，此处仅就实验及分析过程中的某些具体问题进行简介。

(1) 试样。X射线衍射分析的样品包括粉末样品、块状样品、薄膜样品、纤维样品等。样品不同，分析目的不同（定性分析或定量分析），则样品制备方法也不同。

① 粉末样品。粉末样品应有一定的粒度要求，通常将试样研细后使用，可用玛瑙研钵研细。定性分析时粒度应小于44μm（350目），定量分析时应将试样研细到10μm左右。最简单确定10μm粒度的方法是用拇指和中指捏住少量粉末并碾动，两手指间没有颗粒感觉，表明其粒度大致为10μm。根据粉末的数量，可压在玻璃制通框或浅框中。压制时一般不加胶黏剂，所加压力致使粉末样品粘牢为限，压力过大可能导致颗粒的择优取向。当粉末数量很少的时候，可在玻璃片上抹上少量的凡士林，再将粉末均匀撒上。

常用的粉末样品架为玻璃试样架，在玻璃板上蚀刻出试样填充区，大小为20mm×20mm。玻璃样品架主要用于粉末试样较少时，体积约小于500mm^3时使用。充填时，试样粉末要一点一点地放进试样填充区，重复上述操作，使粉末试样在试样架里均匀分布并用玻璃板压平实，要求试样面与玻璃表面齐平。如果试样量太少，以至于不能充分填满试样填充区，可在玻璃试样架凹槽里先滴一薄层用乙酸戊酯稀释的火棉胶溶液，然后再将粉末试样撒在上面，待干燥后进行测试。

② 块状样品。先将块状样品表面研磨抛光，大小不超过20mm×20mm，然后将样品通过橡皮泥粘接在铝样品支架上，要求样品表面与样品支架表面平齐。

③ 微量样品。取微量样品放入玛瑙研钵中将其研细，然后将研细的样品放在单晶硅样品支架上（切割单晶硅样品支架时，使其表面不满足衍射条件）。滴数滴无水乙醇使微量样品在单晶硅片上分散均匀，待乙醇完全挥发后即可测试。

④ 薄膜样品。将薄膜样品剪成合适大小，用胶带纸粘接在玻璃样品支架上即可。

(2) 测试参数的选择。描绘衍射图之前，应考虑确定的实验参数很多，如X射线管阳极的种类、滤片、管电压、管电流等，其选择原则在相关教材有所介绍。有关测角仪上的参数，如发散狭缝、防散射狭缝、接收狭缝的选择等，可参考相关教材。对于自动化衍射仪，很多工作参数可由计算机键盘输入或通过程序输入。衍射仪需设置的主要参数有：狭缝宽度选择、测角仪连续扫描速度（如0.010/s、0.030/s或0.050/s等步长）、扫描的起始角和终止角探测器选择、扫描方式等。此外，还可以设置寻峰扫描、阶梯扫描等其他方式。

(3) 衍射图的分析

① 三强线法

a. 从前反射区（$2\theta<90°$）中选取强度最大的三根线，并按照d值由强到弱的次序排列。

b. 在数字索引中找到对应的d_1（最强线的面间距）组。

c. 按次强线的面间距d_2找到接近的几列。

d. 检查这几列数据中的第三个d值与待测样的数据是否相对应，再将第4～第8强线数据进行对照，最后从中找出最可能的物相所对应的卡片号。

e. 找出可能的标准卡片，并将实验数据所得d值及I/I_1与卡片上的数据详细对照，如果完全符合，物相鉴定即告完成。

如果待测样的数据与标准卡片数据不符，则需要重新排列组合并重复上述第ⓑ～ⓔ步的检索过程。如为多相物质，当找出第一种物相之后，可将其线条剔出，并将留下线条的强度重新归一化，再按上述步骤ⓐ～步骤ⓔ进行检索，直到得出正确答案。

② 特征峰法。对于经常使用的样品，应充分了解、掌握其衍射谱图，可根据谱图特征进行初步判断。例如，在26.5°左右有一强峰，在68°左右有五指峰出现，则可初步判定样

品含 SiO_2。

③ 使用 Jade 5.0 软件及 PCPDFWIN 软件。

五、思考题

(1) X 射线产生的原理是什么?

(2) 为什么待测试样表面必须为平面?

(3) 在连续扫描测量中,为什么要采用 θ-2θ 联动的方式?

实验 47　透射电子显微镜分析

一、实验目的

(1) 结合透射电镜实物介绍其基本结构及工作原理。

(2) 结合实际样品,了解并掌握透射电镜样品的制备方法及技术要求。

(3) 选用合适的样品,了解透射电镜的衬度成像原理。

二、实验原理

透射电子显微镜(简称透射电镜)是一种具有高分辨率、高放大倍数的电子光学仪器,被广泛应用于材料科学等研究领域。透射电镜以波长极短的电子束作为光源,电子束经由聚光镜系统的电磁透镜将其聚焦成一束近似平行的光线穿透样品,再经成像系统的电磁透镜成像和放大,然后电子束投射到主镜筒最下方的荧光屏上,形成所观察的图像。在材料科学研究领域,透射电镜主要可用于材料微区的组织形貌观察、晶体缺陷分析和晶体结构测定。

透射电子显微镜按加速电压分类,通常可分为常规电镜(100kV)、高压电镜(300kV)和超高压电镜(500kV 以上)。提高加速电压可缩短入射电子的波长:一方面有利于提高电镜的分辨率;另一方面又可以提高对试样的穿透能力,不仅可以放宽对试样减薄的要求,而且厚试样与近二维状态的薄试样相比,更接近三维的实际情况。就当前各研究领域使用的透射电镜来看,其主要的三个性能指标大致如下:

① 加速电压为 80～3000kV;

② 分辨率为点分辨率 0.2～0.35nm,线分辨率 0.1～0.2nm;

③ 最高放大倍数为 30 万～100 万倍。

近年来商品电镜型号繁多,高性能、多用途的透射电镜不断出现。但一般来说,透射电镜由电子光学系统、真空系统、电源及控制系统三大部分构成。此外,还包括一些附加仪器和部件、软件等。有关透射电镜的工作原理可参照相关教材,以下仅对透射电镜的基本结构作简单介绍。

(1) 电子光学系统。电子光学系统通常又称为镜筒,是电镜的最基本组成部分,是用于提供照明、成像、显像和记录的装置。整个镜筒自上而下顺序排列着电子枪、双聚光镜、样品室、物镜、中间镜、投影镜、观察室、荧光屏及照相室等。通常又把电子光学系统分为照明、成像和观察记录部分。

(2) 真空系统。为保证电镜正常工作,要求电子光学系统处于真空状态下。电镜的真空度一般应保持在 10^{-5}Torr (1Torr≈133.322Pa),这需要机械泵和油扩散泵两级串联才能得到保证。目前透射电镜可增加一台离子泵来提高真空度，其真空度可达 1.0×10^{-6}Pa 或更高。如果电镜的真空度达不到要求时会出现以下问题。

① 电子与空气分子碰撞改变运动轨迹，影响成像质量。

② 栅极与阳极间空气分子电离，导致极间放电。

③ 阴极炽热的灯丝迅速氧化烧损，缩短使用寿命甚至无法正常工作。

④ 试样易于氧化污染，产生假象。

(3) 供电控制系统

供电系统主要提供两部分电源：一是用于电子枪加速电子的小电流高压电源；二是用于各透镜激磁的大电流低压电源。目前先进的透射电镜多已采用自动控制系统，其中包括真空系统操作的自动控制、从低真空到高真空的自动转换、真空与高压启闭的联锁控制，以及用微机控制参数选择和镜筒合轴对中等。

三、实验用品

透射电子显微镜。

四、实验步骤

(1) 明暗场成像原理。对于晶体薄膜样品明暗场像的衬度，即不同区域的亮暗差别，是由于样品相应的不同部位结构或取向的差别而导致其衍射强度的不同而形成的，称其为衍射衬度。以衍射衬度机制为主所形成的图像称为衍衬像。如果只允许透射束通过物镜光阑而成像，称其为明场像。如果只允许某支衍射束通过物镜光阑成像，则称为暗场像。就衍射衬度而言，对于样品中不同部位结构或取向的差别，实际上是表现在满足或偏离布拉格条件程度上而展现出来的。满足布拉格条件的区域，其衍射束强度较高，透射束强度相对较弱，用透射束成明场像，该区域呈暗衬度；反之，对于偏离布拉格条件的区域，衍射束强度较弱，而透射束强度相对较高，该区域在明场像中显示亮衬度。而暗场像中的衬度则与选择哪支衍射束成像有关。如果在一个晶粒内，在双光束衍射条件下，明场像与暗场像的衬度恰好相反。

(2) 明场像和暗场像。明、暗场成像是透射电镜基本也是常用的技术方法，其操作比较容易，这里仅对暗场像操作及其要点简单介绍如下。

① 在明场像下寻找感兴趣的视场。

② 插入选区光阑，围住所选择的视场。

③ 按“衍射”按钮转入电子衍射操作方式，取出物镜光阑，此时荧光屏上将显示样品选区内晶体产生的衍射花样。为获得较强的衍射束，可适当地倾转样品，调整其取向。

④ 倾斜入射电子束方向，使用于成像的衍射束与电镜主光轴平行，此时该衍射斑点应位于荧光屏中心。

⑤ 插入物镜光阑并套住荧光屏中心的衍射斑点，转入成像操作方式，并取出选区光阑。此时，荧光屏上显示的图像，即为该衍射束形成的中心暗场像。

通过倾斜入射电子束方向，把成像的衍射束调整至主光轴方向，可以减小像差（主要是球差），而获得高质量的透射电镜暗场图像。这种方式形成的暗场像称为中心暗场像。在倾斜入射电子束时，应将透射斑移至原强衍射斑（hkl）位置，而（hkl）衍射斑相应地移至荧光屏中心，而变成主光轴上的衍射斑点。这一点应该在电镜操作时引起注意。

透射电镜主要应用在材料学研究，包括纳米材料、金属材料、无机非金属材料、高分子材料以及生物材料等。对于不同材料，有不同的样品处理方法，以满足透射电镜的要求。透射电镜样品制备方法如下。

a. 纳米材料。采用悬浮液分散的方法。对于不同材料，选用合适的分散剂以及合适的分散介质、分散条件是非常重要的。

b. 金属材料。通常采用电化学腐蚀或离子减薄的方法。对于不同材料，选择合适的腐蚀介质以及合适的腐蚀条件是非常关键的。

c. 无机非金属材料。通常采用离子减薄的方法。

d. 高分子材料和生物材料。通常采用超薄切片的方法进行制备。对于生物材料，要有一套特殊的脱水工艺，保证脱水的过程中细胞的显微结构不发生变化。

五、思考题

（1）简述透射电镜的基本结构。

（2）简述透射电镜电子光学系统的组成及各部分的作用。

（3）举例说明明、暗场成像的原理、操作方法与步骤。

实验 48　扫描电子显微镜分析

一、实验目的

（1）掌握扫描电镜（SEM，又称扫描电子显微镜）基本结构、二次电子形貌衬度原理、背散射电子像衬度原理。

（2）观察样品形貌，并分析其结构。

二、实验原理

（1）扫描电子显微镜的基本结构和工作原理

SEM 的基本结构：包括电子光学系统（镜筒）、真空系统、信号收集系统、图像显示系统以及控制系统等几大部分。SEM 的电子光学系统与 TEM（透射电镜）有所不同，其作用主要是为了提供扫描电子束。扫描电子束应具有较高的亮度和尽可能小的束斑直径，作为使样品产生各种物理信号的激发源，相当于光学显微镜的照明光源。SEM 最常使用的是二次电子和背散射电子作为成像信号，前者用于显示表面形貌衬度，后者用于显示样品的原子序数衬度。

SEM 的电子光学系统由电子枪、电磁透镜、偏转线圈等部件组成。其中，电子枪有普通热阴极电子枪（钨丝阴极、LaB_6 阴极，均属于典型的三极式电子枪）、场发射电子枪两大类。在 SEM 中，使用高亮度场发射电子枪可进一步缩小电子束直径或电子束束流，对提高分辨能力和改善信噪比都有利。由于场发射电子枪的交叉斑直径小，更容易受环境振动和杂散磁场的干扰影响，所以对环境的要求更为严格。场发射电子枪具有亮度高、束斑直径小、束流大和寿命长等优点，已经用于高性能 SEM，其最高分辨率可达到 0.6nm。

在很多应用中，都要求在低加速电压下工作，以得到样品的表面信息。场发射扫描电镜恰好能弥补其他电镜在低电压下亮度低、色差大的弱点，在较低电压下分辨率仍很高。场发射电子枪性能好，价格贵。场发射电子枪要求在 $10^{-8} \sim 10^{-7}$ Pa 的超高真空下工作。图 3-3

为 JSM-6700F 型冷场发射扫描电子显微镜。

(2) 电子束与固体表面作用所产生的物理信号。电子束与固体表面作用后，可产生二次电子、背散射电子、特征 X 射线、透射电子、俄歇电子和阴极发光等物理信号，其中二次电子、背散射电子和特征 X 射线可用于扫描电镜的成像信号和元素分析信号（图 3-4）。

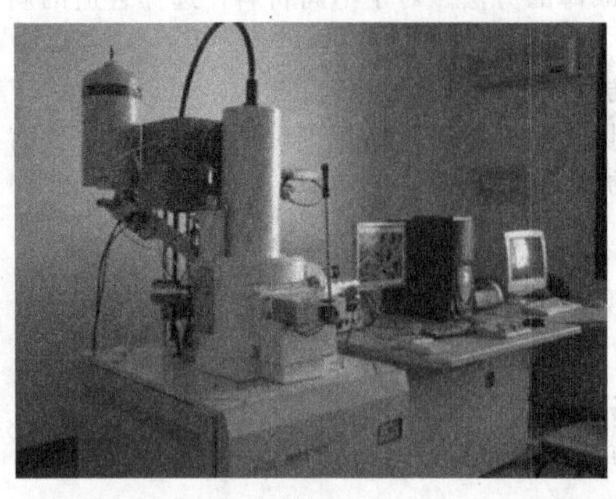

图 3-3 JSM-6700F 型冷场发射扫描电子显微镜

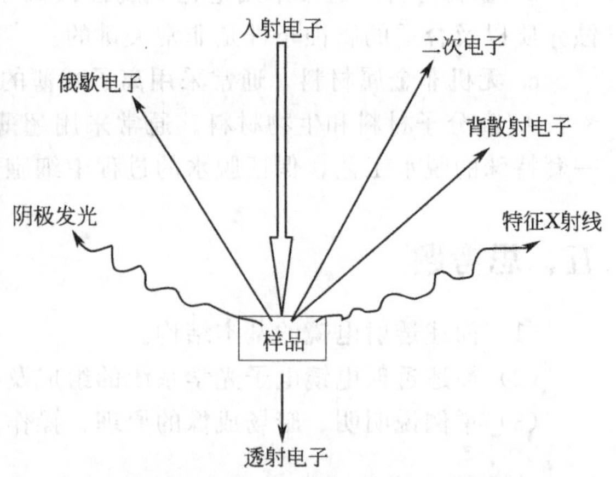

图 3-4 电子束与固体表面的作用

(3) 扫描电镜图像衬度原理

① 表面形貌衬度。二次电子信号来源于样品表面层 5～10nm 的深度范围，二次电子的数量与入射电子束及样品微区表面法线的夹角有关。因此，二次电子的数量对样品的表面形貌非常敏感，随着样品表面相对于入射束的倾角增大，二次电子的产额增多。因此，二次电子像适合于显示表面形貌衬度。

二次电子像的分辨率较高，JSM-6700F 型冷场发射扫描电子显微镜可达到 1.0nm。其分辨率的高低主要取决于束斑直径，而实际上真正达到的分辨率与样品本身的性质、制备方法，以及扫描电镜的操作条件等因素相关。在最理想的条件下，当前可达到的最佳分辨率为 1.0nm。

利用 SEM 的图像表面形貌衬度几乎可以显示任何样品表面的超微信息，其应用已扩展到许多科学研究领域。在材料科学研究领域，特别是表面形貌衬度在纳米材料的表面形貌、金属断口分析等方面，显示出突出的优越性（图 3-5）。

② 原子序数衬度观察。原子序数衬度是通过电子对样品表层微区原子序数或化学成分变化敏感的物理信号，如背散射电子、吸收电子等作为调制信号，而形成的一种能反映微区化学成分差别的衬度像。实验证明，在相同的实验条件下，背散射电子信号的强度是随原子序数增大而增大的。在样品表层平均原子序数较大的区域，产生的背散射信号强度较高，背散射电子像中相应的区域会显示较亮的衬度；而样品表层平均原子序数较小的区域，则显示较暗的衬度。由此可见，背散射电子像中不同区域衬度的差别，实际上反映了样品的相应不同区域平均原子序数的差异，据此结合其他分析方法，可分析样品微区的化学成分分布（图 3-6）。

三、实验用品

实验样品（如陶瓷样品，金属样品等）、JSM-6700F 扫描电镜、喷金设备。

图 3-5 二次电子像

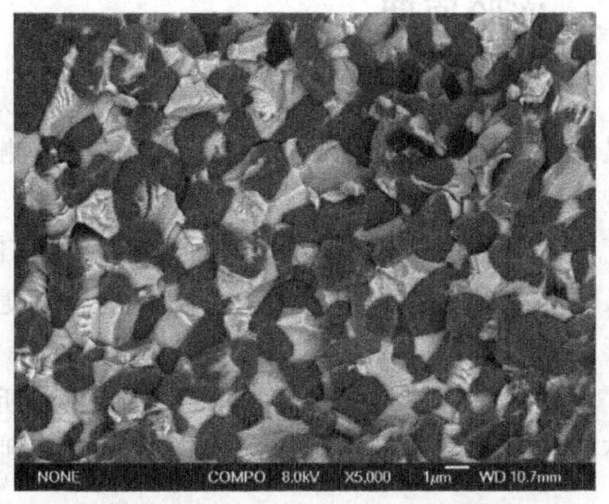

图 3-6 Al_2O_3-CeO_2 复合陶瓷的背散射电子像

四、实验步骤

(1) 样品制备。样品制备简单是扫描电镜的优点之一，对于新鲜的金属断口样品，不需要做任何处理，可以直接进行观察。但在有些情况下，需对样品进行必要处理后才能进行观察。

① 样品表面如果附着有灰尘和油污，可用有机溶剂（如乙醇、丙酮等）在超声波清洗器中进行清洗。

② 对于不导电的样品，观察前需要在样品表面喷镀一层导电金属（如 Au）或碳。

(2) SEM 的实验步骤

① 开机。

② 装入样品。

③ 图像观察。

④ 关机。

(3) 实验记录。实验记录内容包括样品的制备方法及注意事项，二次电子像与背散射电子像的特点等。

五、思考题

(1) 说明二次电子像与背散射电子像的特点及用途。

(2) 扫描电镜在材料研究领域里有哪些主要用途?

实验 49 综合热分析仪实验

一、实验目的

(1) 理解热重法（TG）和差示扫描量热法（DSC）的原理及应用。

(2) 掌握 TG 曲线和 DSC 曲线的分析方法。

(3) 掌握利用综合热分析仪研究材料热稳定性的方法。

二、实验原理

(1) 热重法基本原理。热重法(TG)是对试样的质量随以恒定速度变化的温度或在等温条件下随时间变化而发生的改变量进行测量的一种动态技术，在热分析技术中热重法使用最为广泛。

(2) 差示扫描量热法基本原理。差示扫描量热法(DSC)是在程序控制温度下，测量输入试样和参比物的热流量差或功率差与温度关系的一种技术。按其测定方法，可分为功率补偿型DSC和热流型DSC。

(3) 综合热分析基本原理。综合热分析，又称同步热分析，是将TG与DSC结合为一体，在同一次测量中利用同一样品同步得到热重与差热信息的分析方法。

三、实验用品

美国PE公司STA 8000型综合热分析仪、坩埚、高纯空气、高纯氮气。

四、实验步骤

(1) 打开高纯空气和高纯氮气的总阀和减压阀。

(2) 打开循环水机，设置温度比室温高3～5℃。

(3) 打开电脑，打开STA 8000型综合热分析仪仪器电源。打开“Pyris Manager”软件，并点击“STA 8000”联机按钮，等待大约10s，Pyris主控程序自动打开。

(4) 点击“Method Editor”按钮()，编辑测试方法

① 样品信息页面(Sample Info)：设置文件保存路径及文件名，设置样品编号及信息；

② 初始状态页面(Initial State)：选择载气，设置初始温度为30℃，选择基线文件；

③ 程序控温页面(Program)：利用“添加步骤”(Add a Step)、“插入步骤”(Insert a Step)、“删除条目”(Delete Item)、“增加动作”(Add Action)等设置升温程序；

④ 程序预览页面(View Program)：对所有的温度程序、步骤等进行复查，如有错误，立即返回修改。

(5) 用镊子取下炉盖，并用镊子放入样品坩埚和参比坩埚，放置好炉盖；返回样品信息页面(Sample Info)，点击控制面板中的“读取零点”按钮(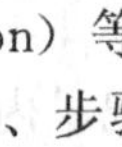)，软件将称量值导入重量零点(Zero)框中。

(6) 用镊子取下炉盖，并用镊子取出样品坩埚，加入5～10mg样品，放回样品坩埚，放置好炉盖；点击控制面板中的“读取样品重量”按钮(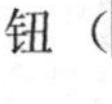)，软件将称量值导入样品重量(Weight)框中。

(7) 点击开始按钮“Start”(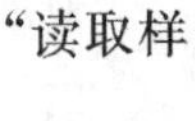)，运行测试程序。

(8) 测试程序结束，点击“Data Analysis”按钮()选择数据文件，对TG曲线和DSC曲线进行数据分析。

(9) 待炉温降至50℃以下，关闭STA 8000软件，确认断开连接；关闭STA 8000仪器电源；关闭循环水机；关闭气体阀门。

五、思考题

(1) 综合热分析的优点有哪些?

(2) 为什么要选择基线文件?

实验 50 有机化合物的紫外吸收光谱研究

一、实验目的

(1) 了解紫外-可见分光光度法的原理及应用范围。

(2) 了解紫外-可见分光光度计的基本构造及设计原理。

(3) 了解苯及其衍生物的紫外吸收光谱及鉴定方法。

(4) 观察溶剂对吸收光谱的影响。

二、实验原理

紫外-可见分光光度法是光谱分析方法中吸光测定法的一部分。

(1) 紫外-可见吸收光谱的产生

紫外-可见吸收光谱是由于分子中价电子的跃迁而产生的。这种吸收光谱决定于分子中价电子的分布和结合情况。分子内部的运动分为价电子运动、分子内原子在平衡位置附近的振动和分子绕其重心的转动，因此分子具有电子能级、振动能级和转动能级。通常电子能级间隔为 1～20eV，这一能量恰好落在紫外与可见光区。每一个电子能级之间的跃迁，都伴随着分子的振动能级和转动能级的变化。因此，电子跃迁的吸收线就变成了内含有分子振动和转动精细结构的较宽谱带。

芳香族化合物紫外光谱的特点是具有由 $\pi \rightarrow \pi^*$ 跃迁产生的 3 个特征吸收带。例如，苯在 184nm 附近有一个强吸收带，$\varepsilon=68000$；在 204nm 处有一较弱的吸收带，$\varepsilon=8800$；在 254nm 附近有一个弱吸收带，$\varepsilon=250$。当苯处在气态时，这个吸收带具有很好的精细结构。当苯环上带有取代基时，则强烈地影响苯的 3 个特征吸收带。

(2) 紫外-可见光谱分析法的应用

① 化学物质的结构分析。

② 有机化合物分子量的测定。

③ 酸碱解离常数的测定。

④ 标准曲线法测定有机化合物的含量。

⑤ 配合物中配位体/金属比值的测定。

⑥ 有机化合物异构物的判别等。

(3) 紫外-可见分光光度计的基本构造如图 3-7 所示。

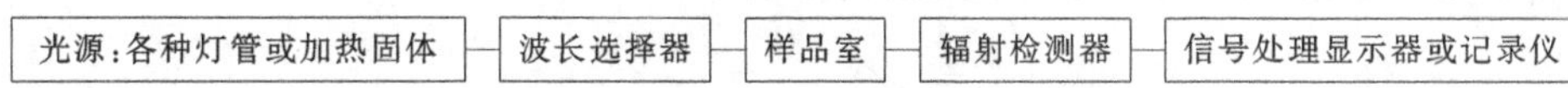

图 3-7 紫外-可见分光光度计的基本构造

三、实验原料与用品

实验原料：苯、乙醇、环己烷、氯仿、丁酮、去离子水、HCl (0.1mol/L)、NaOH

(0.1mol/L)、苯的环己烷溶液（1∶250)、甲苯的环己烷溶液（1∶250)、苯的环己烷溶液(0.3g/L)，苯甲酸的环己烷溶液（0.8g/L)、苯酚的水溶液（0.4g/L)。

实验用品：Cary500 紫外-可见-近红外分光光度计、石英吸收池、比色管（带塞，5mL、10mL)、移液管（1mL、0.1mL)。

四、实验步骤

(1) 分光光度计的操作步骤

① 将待测样品倒入石英吸收池中，置于仪器液体样品测试附件内。安装完毕后，开启仪器及联用电脑。

② 待电脑进入 Windows 操作界面后，打开 Scan 操作系统，进入 setup 界面，开始测试，设定如下。

a. Cary 选项栏中，设定 X Mode，Mode：Nanometers；扫描范围：start 800nm、stop 200nm。

b. 在 options 选项栏中，设定 Auto lamps off。

c. 在 Auto Store 选项栏中，选择 Storage off。

然后点击确定，完成测试参数设定。放入空白样，点击 Scan 操作界面左侧 Baseline，进行基线扫描。

③ 打开样品池顶盖，取出空白样，放入待测样品，关闭样品池顶盖。进入 setup 操作界面，确定扫描范围。在 Baseline 选项栏中选择 Baseline correction，然后点击确定，完成样品测试设定。点击 Scan 操作界面上部 Start，进行待测样品的基线校正扫描。

④ 测试完毕后，保存吸收曲线数据，关闭光谱仪，取出样品。

(2) 取代基对苯吸收光谱的影响。在 4 个 5mL 带塞比色管中，分别加入 0.5mL 苯、甲苯、苯酚、苯甲酸的环己烷溶液，用环己烷溶液稀释至刻度，摇匀。用带盖的石英吸收池，环己烷作参比溶液，在紫外区进行波长扫描，得出 4 种溶液的吸收光谱。

(3) 溶剂对紫外吸收光谱的影响。溶剂极性对 $n\rightarrow\pi^*$ 跃迁的影响：在 3 个带塞比色管中，分别加入 0.02mL 丁酮，然后分别用水、乙醇、氯仿稀释至刻度，摇匀。用 1 cm 石英吸收池，将各自的溶剂作参比溶液，在紫外区作波长扫描，得到 3 种溶液的紫外吸收光谱。

(4) 溶液的酸碱性对苯酚吸收光谱的影响。在 2 个 5mL 带塞比色管中，分别加入苯酚的水溶液 0.5mL，分别用 HCl 和 NaOH 溶液稀释至刻度，摇匀。用石英吸收池，以水作参比溶液，绘制两种溶液的紫外吸收光谱。

(5) 数据处理

① 比较苯、甲苯、苯酚和苯甲酸的吸收光谱，计算各取代基使苯的最大吸收波长红移多少纳米，解释原因。

② 比较溶剂和溶液酸碱性对吸收光谱的影响。

五、思考题

(1) 本实验中需要注意的事项有哪些？

(2) 为什么溶剂极性增大时，$n\rightarrow\pi^*$ 跃迁产生的吸收带发生紫移，而 $\pi\rightarrow\pi^*$ 跃迁产生的吸收带则发生红移？

实验 51 气相质谱仪系统实验

一、实验目的

(1) 了解 HPR-20 气相质谱仪的组成和结构。

(2) 了解 HPR-20 气体分析系统性能技术指标和应用范围。

(3) 掌握 HPR-20 气相质谱仪的工作原理及操作方法。

(4) 了解气相质谱谱图的分析方法。

二、实验原理

质谱分析是将所研究的混合物或单体离子化，并按离子的质荷比分离，然后测量各种离子谱峰的强度而实现分析目的的一种分析方法。下面主要介绍一下质谱分析仪的两个主要组成部件。

① 离子源。离子源是质谱仪最主要的组成部件之一，其作用是使被分析的物质电离成离子，并将离子汇聚成有一定能量和一定几何形状的离子束。由于被分析物质的多样性和分析要求的差异，物质电离的方法和原理各不相同。各种电离方法是通过对应的各种离子源来实现的，不同离子源的工作原理、组成结构各不相同。常用离子源有电子轰击型离子源、离子轰击型离子源、原子轰击型离子源、放电型离子源、表面电离源、场致电离源及化学电离源等。HPR-20 气相质谱仪采用的是阴极射线离子轰击型离子源，该离子源可快速而连续地离子化多组分气体或混合蒸汽。图 3-8 为 HPR-20 气相质谱仪离子源部件示意。

② 质量分析器。质量分析器是质谱仪的主体部分。理想的质量分析器应具备分辨率高、质量范围宽、分析速度快、灵敏度高及无质量歧视效应等特点。常用质量分析器有磁场偏转质量分析器、飞行时间质量分析器、扇形磁场和静电场、四极滤质器等。HPR-20 气相质谱仪采用的是四极滤质器，其性能十分优越，目前已被广泛应用到质谱仪中。

图 3-8 HPR-20 气相质谱仪离子源部件示意

四极滤质器是由四根平行的截面为双曲面或圆形的筒形电极组成，对角电极相连构成两组电极，在两组电极上施加直流电压 U 和射频交流电压 V。当具有一定能量的离子进入筒形电极所包围的空间后，受到电极交、直流叠加电场的作用，以复杂的形式波动前进。在一定的直流电压和交流电压比（U/V）以及场半径 R 固定的条件下，对于某一种射频频率，只有一种质荷比的离子可以顺利通过电场区到达检测器，这些离子称为共振离子。其他离子在运动过程中撞击在圆筒电极上而被“过滤”掉，这些离子称为非共振离子。

三、实验用品

HPR-20 气相质谱仪。

四、实验步骤

（1）打开仪器总开关，电源指示灯变绿后再依次打开离子检测与数据处理系统开关、压力指示开关、温度指示开关。

（2）启动 Windows 系统，再依次进行以下操作：开始→程序→Hiden Applications→MAS soft，进入测试系统。

（3）选择“文件”→“新建”，在 Scan1. mass 中选择步长大小，可选择分子量范围、压力测试单位及范围；在 stop 中选择 continuous scaning；再选择 Scan1. mass，在图标中选择望远镜图标；选择通断电图标；待 F1 及 Emission 变绿后选择绿灯，开始扫描测样。

（4）系统需要一定的时间达到稳定状态，因此可进行连续扫描直到理想状态。

（5）实验结束后，关机的顺序与开机顺序相反，先关温度指示开关、压力指示开关，再关离子检测与数据处理系统开关；待 40min 后，再关闭仪器总开关。

实验注意事项：①系统可进行自动进样，只要将被测样品与气体进样器连接即可；②在离子加速器附近要用干硅胶进行干燥，可得到效果好的基线；③操作系统要一直在真空条件下运行。

实验谱图举例如表 3-1～表 3-3 所示。

表 3-1　掺杂纳米 TiO_2 海绵后甲苯的降解状况

紫外(15W)光照时间/h	甲苯特征峰(92)值/Torr①	甲苯降解率/%
0	1.18×10^{-8}	0
3	1.167×10^{-8}	—
6	9.376×10^{-8}	21
12	4.7×10^{-9}	60
20	3.0×10^{-9}	75

① 1Torr≈133.322Pa。

表 3-2　纳米 TiO_2 镀膜玻璃光催化降解冷柜异味气体状况

间隔时间/h	异常峰质量数/amu	峰高/Torr	去除效率/%
0	64.2	6.556×10^{-11}	0
1		2.79×10^{-12}	95.74
2		2.083×10^{-12}	96.82
3		1.53×10^{-12}	97.67
4		1.344×10^{-12}	97.95
5		5.083×10^{-13}	99.22

表 3-3　掺杂纳米 TiO_2 海绵（青岛海尔科大纳米技术开发有限公司提供）后甲醛的降解率

光触媒展示箱工作时间/h	浓度/$\times10^{-6}$	甲醛降解率/%
0	80	0
0.5	67.5	15.63
1	58	27.5
1.5	49.6	38
2	43.8	45.25
2.5	40	50
3	37.6	53

五、思考题

HPR-20 气相质谱仪的组成和结构是什么？

实验 52　气相色谱-质谱（GC-MS）联用仪分离分析实验

一、实验目的

（1）了解安捷伦 7890A-5975C 气质联用仪的基本构造。

（2）掌握安捷伦 7890A-5975C 气质联用仪的工作原理及操作方法。

（3）操作 GC-MS 分析样品，并采用 NIST 标准谱图库对所得样品的谱图进行定性分析。

二、实验原理

（1）气相色谱仪。气相色谱仪（GC）是利用混合物不同组分在固定相和流动相中分配系数（或吸附系数、渗透性等）的差异，使不同组分在作相对运动的两相中进行反复分配，实现分离的分析方法。气相色谱最大特点是其高效的分离能力和高的灵敏度，是分离混合物的有效手段。

气相色谱仪的流动相为惰性气体，气-固色谱仪以表面积大且具有一定活性的吸附剂作为固定相。当组分的混合样品进入色谱柱后，由于吸附剂对每个组分的吸附力不同，经过一定时间后，各组分在色谱柱中的运行速度也就不同。吸附力弱的组分容易被解吸下来，最先离开色谱柱进入检测器，而吸附力最强的组分最不容易被解吸下来，因此最后离开色谱柱。如此，各组分得以在色谱柱中彼此分离，顺序进入检测器中并被检测、记录。

（2）质谱仪（MS）。质谱分析法是依据带电粒子在磁场或电场中的运动规律，通过对被测样品离子的质荷比的测定来进行分析的方法。质谱分析法能给出化合物的分子量、元素组成、经验式及分子结构信息，具有定性专属性强、灵敏度高、检测快速等优势。

（3）气相色谱-质谱（GC-MS）联用仪。气相色谱-质谱联用仪简称气质联用仪。该设备既充分利用色谱的分离能力，又发挥质谱定性专长的特点，优势互补，再结合谱库的检索，可以得到满意的分离鉴定结果。气质联用仪的基本构造如图 3-9 所示。

三、实验原料与用品

实验原料：苯、甲苯、二甲苯、甲醇（色谱纯）、高纯氦气（99.999%）。

实验用品：安捷伦（Agilent）7890A-5975C 气相色谱-质谱联用仪（配备自动进样器）、1.5 mL 样品瓶、HP-5 MS 色谱柱。

四、实验步骤

（1）通载气，开气相色谱，开质谱，打开计算机。质谱抽真空，调谐，待系统稳定开始测样。

（2）将样品用溶剂稀释后装入样品瓶，并放到自动进样器 1 号位置。

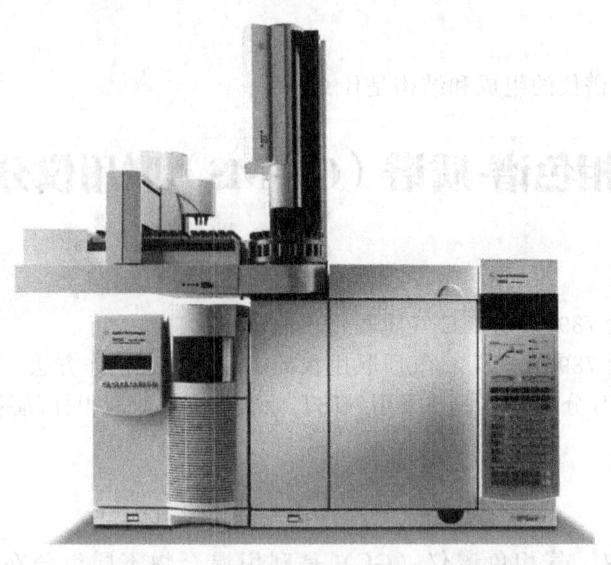

图 3-9 7890A-5975C 气质联用仪

(3) 在化学工作站界面编辑样品测试方法，具体如下。

进样口温度：250℃；离子源温度：230℃；色质传输线温度：280℃；质谱四极杆温度：150℃；载气流速：0.6mL/min；进样量：0.6μL；分流比：50∶1；溶剂延迟：2min。

升温程序：60℃(2min)$\xrightarrow{15℃/min}$250℃(2min)。

(4) 采用数据分析软件对所得样品的谱图进行定性分析。

(5) 调用关机程序，待气相色谱和质谱的工作温度降至 50℃，关闭计算机，关气相色谱，关质谱，关载气。

五、思考题

(1) 测试样品时为什么要采取溶剂延迟？

(2) 为什么质谱系统需要在真空下操作？

(3) 名词解释：分子离子峰、质荷比。

实验 53 能谱仪原理及成分分析实验

一、实验目的

(1) 了解 X 射线能谱仪的工作原理。

(2) 能够熟练掌握利用 X 射线能谱仪对样品进行成分分析的方法。

(3) 掌握能谱仪的一般操作规程。

二、实验原理

INCA X 射线能谱仪组成如图 3-10 所示。从图中可以看出，现在的 INCA 系统使用两个独立的小机箱。其中，X-stream 包含了数字脉冲处理器，Mics 为与 SEM/TEM 的图像接口。

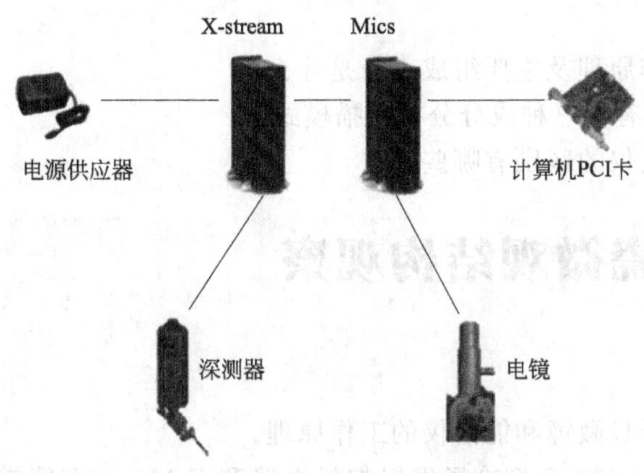

图 3-10 INCA X 射线能谱仪组成

由电子枪发射出的高速电子照射样品时，如其能量足以使样品原子的内层电子电离，且有较高能级的电子跃迁而填补空位，则可能产生弛豫电磁辐射，这就是特征 X 射线。通过能谱仪可以利用这种特征信号进行样品的元素分析；同时，也可在分析器中选择一定的 X 射线能量窗口，将有关信号返回到电镜的显像管上，从而得到样品中某元素的分布图。由于存在 X 射线的初级和次级辐射，在块状样品中这种信号的产区较大，可达 μm 量级。

样品 X 射线信号如果被半导体探测器检测到，在探测器两端所得到的电荷脉冲的信号就经过前置放大器积分而成电压信号，接着加以初步放大后，主放大器就可以将此信号整形处理并进一步放大，最后再输入多道脉冲幅度分析器中分析，可以按照脉冲电压幅度的大小来进行分类以及累计，以 X 射线计数相对于 X 射线能量之间的分布图的形式显示出来。最后，应用软件可以在各道采集到能谱信号数据的同时进行峰处理，工作参数和谱图数据可以随时存取。采用具有标样法、无标样法等定量分析方法，可随时改变工作参数，重新处理存储在盘上的谱图数据以获取最佳结果，还可以提供对结果的处理和编辑功能。所有操作过程采用下拉菜单和对话框方式。

三、实验用品

JSM-6700F 型冷场发射扫描电镜、能谱仪 INCA、实验样品。

四、实验步骤

（1）电镜窗口中将所感兴趣的扫描区域放大至合适倍数。

（2）打开能谱仪主机后面开关，随后打开能谱软件，点击 INCA。

（3）调整扫描电镜工作参数以达到能谱仪工作要求，主要包括相应的工作距离、工作电压等扫描参数。

（4）在电镜图像上选择需要分析的区域，开始采集。

（5）采集完成后，点击结束按钮并加载感兴趣元素，进行定量分析。

(6) 打开结果窗口对元素扫描结果进行分析，并将扫描结果存储为Word文档。

五、思考题

(1) 能谱仪的工作原理及主要组成部分是什么？

(2) INCA能谱仪有哪三种成分分析扫描模式？

(3) 能谱仪与波谱仪的区别有哪些？

实验54 陶瓷微观结构观察

一、实验目的

(1) 掌握扫描电子显微镜和能谱仪的工作原理。

(2) 能够掌握JSM-6700F型冷场发射扫描电镜和X-Max^{N}型能谱仪的基本操作及测试流程。

(3) 能够熟练使用电子扫描显微镜和能谱仪对陶瓷样品的表面形貌进行观察，能够辨识陶瓷样品的各种典型结构与形貌，并对其表面相应的区域进行元素组成的定性和定量分析。

二、实验原理

JSM-6700F型冷场发射扫描电镜主要由以下几部分组成。

① 电子光学系统：包括电子枪、电磁透镜和扫描线圈等。

② 样品室所产生信号的收集、处理和显示系统。

③ 设备操作系统。

能谱仪的主要组成部分如下：①探测器；②脉冲处理器；③数据处理系统。

实验原理为：从电镜发射体阴极发射出的电子，经过高加速电压（15～20kV）的作用及两级磁透镜的汇聚，形成的笔尖状小束斑电子束作用于样品表面并相互作用，同时产生了二次电子、背散射电子、吸收电子、特征X射线、俄歇电子、透射电子、阴极荧光等各种可检测的信号。这些信号随着试样表面形貌、材料等不同而发生变化，在扫描电镜末级透镜上部的扫描线圈作用下，电子束以光栅状扫描的方式在样品表面逐行扫描，产生不同深度的电子信号，经过视频放大器同步传送到计算机显示屏，形成实时成像记录。利用合适的各种探测器检测这些信号，就能确定样品在该电子束轰击点上的某些性质。其中，扫描电子显微镜装备有二次电子探测器和背散射电子探测器，因此可以提供二次电子像和背散射电子像。前者主要可提供高分辨率的扫描电镜照片，而后者可有效地利用背散射电子与原子序数之间的密切关系，利用不同衬度来区分不同物质的分布。与此同时，能谱仪通过探测器探测特征X射线并确定其对应的能量，对样品表面的元素组成进行分析，包括定性分析和定量分析，最后以多样形式的报告提供测试结果。

一般来说，陶瓷材料主要包括晶相、玻璃相、气相等组成部分。其中，作为陶瓷材料的主体，晶相是由原子、离子和分子在空间有规律排列的结晶相，其决定了陶瓷材料的主要性能，一般以多面体的形式存在；玻璃相是指由高温熔体凝固下来的结构与液体相似的非静态固体；气相是陶瓷材料内部残留的气体形成的孔洞，普通陶瓷含有体积分数为5%～10%的气孔，特种陶瓷则要求气孔含量低于5%。

三、实验用品

JSM-6700F型冷场发射扫描电镜、X-Max^{N}型能谱仪、陶瓷样品。

四、实验步骤

(1) 将陶瓷样品固定在样品台上，并对其表面进行喷金处理。

(2) 将喷金处理后的陶瓷样品放入扫描电镜样品室，抽真空。

(3) 打开电子枪并调至合适加速电压，开始样品观察，寻找合适的形貌区域拍照，照片输出。

(4) 调整电镜工作条件，对样品相应区域进行元素分析。根据需要，对样品表面进行点、线或面形式的能谱分析，形成报告并进行测试数据的输出。

五、思考题

(1) 简述利用扫描电镜观察陶瓷微观结构时的实验步骤。

(2) 为什么在制备陶瓷制品时需要做喷金处理?

(3) 陶瓷一般具有怎样的典型微观结构?

(4) 如何分析陶瓷晶粒上附着的粒子元素组成?

实验55 偏光显微镜观察高分子的球晶

一、实验目的

(1) 了解偏光显微镜的结构及使用方法。

(2) 观察高分子的结晶形态，估算聚丙烯球晶大小。

二、实验原理

采用偏光显微镜来研究结晶高分子的结晶形态是实验室中常用的一种简便而实用的方法。由于结晶条件差异，高分子结晶可以形成不同形态。通常情况下，当从高分子浓溶液中析出或从高分子熔体冷却结晶时，高分子倾向于生成比单晶还复杂的多晶聚集体，这种聚集体通常呈现出球形，因此被称为“球晶”。通常高分子球晶可以长得很大，对于尺寸在几微米以上的球晶，采用普通的偏光显微镜就可进行其形态的观察；对尺寸小于几微米的高分子球晶，则可以采用电子显微镜或小角激光光散射法，对其形态进行研究。

高分子制品的使用性能（如强度、耐热性、光学性能等）与高分子材料内部的结晶形态、晶粒大小及完善程度等有着极其密切的联系，对于高分子结晶形态等的研究，在高分子结构与性能方面有着重要的理论和实际意义。球晶的基本结构单元是具有折叠链结构的片晶，许多晶片从一个中心（晶核）向四面八方生长，发展成为一个球状聚集体。

根据振动的特点不同，光有自然光和偏振光之分。自然光的光振动均匀地分布在垂直于光波传播方向的平面内，如图3-11(a) 所示。自然光经过反射、折射、双折射或选择吸收等

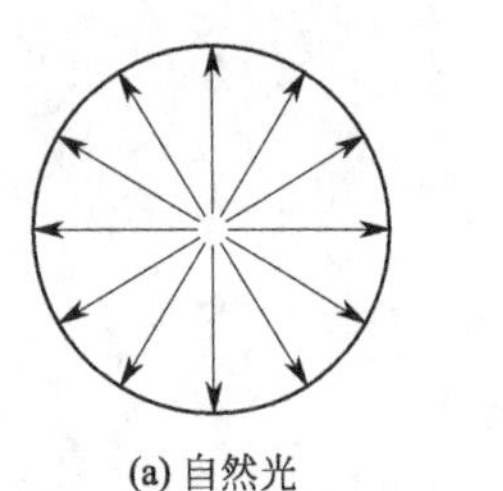
(a) 自然光

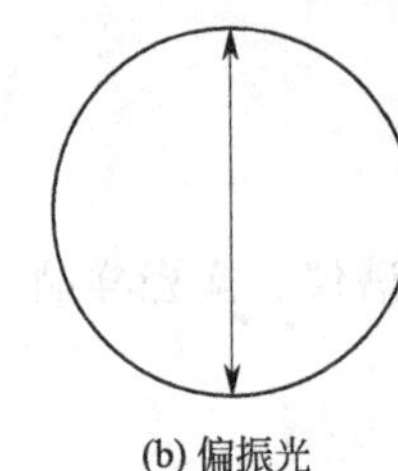
(b) 偏振光

图 3-11　自然光和偏振光振动特点示意

作用后，可以转变为只在一个固定方向上振动的光波，这种光称为平面偏光或偏振光，如图 3-11 (b) 所示。偏振光振动方向与传播方向所构成的平面称为振动面。如果沿着同一方向有两个具有相同波长并在同一振动平面内的光传播，则二者相互起作用而发生干涉。由起偏振物质产生的偏振光振动方向，称为该物质的偏振轴。偏振轴并不是单独一条直线，而是表示一种方向，如图 3-11(b) 所示。自然光经过第一偏振片后，变成偏振光。如果第二个偏振片的偏振轴与第一片平行，则偏振光能继续透过第二个偏振片；如果将其中任意一片偏振片的偏振轴旋转 90°，使它们的偏振轴相互垂直，这样的组合便变成光的不透明体，这时两偏振片处于正交。

光波在各向异性介质（如结晶高分子）中传播时，其传播速度随振动方向不同而发生变化，其折射率值也因振动方向不同而改变。除特殊的光轴方向外，都要发生双折射，分解成振动方向互相垂直、传播速度不同、折射率不等的两条偏振光。两条偏振光折射率之差称为双折射率。光轴方向，即光波沿此方向射入晶体时不发生双折射。一种高分子的晶体结构通常属于一种以上的晶系，在一定条件可相互转换，聚乙烯晶体一般为正交晶系，如反复拉伸、辊压后发生严重变形，晶胞便变为单斜晶系。

在正交偏光镜下观察，对于非晶态（无定形）的高分子薄片样品，其本身是光的均匀体，不存在双折射现象，光线会被两个正交的偏振片所阻拦。因此，其视场是暗的，如 PMMA、无规 PS 等。高分子单晶体根据对于偏光镜的相对位置，可呈现出不同程度的明或暗图形，其边界和棱角明晰。当把工作台旋转一周时，会出现四明四暗。高分子的球晶会呈现出其特有的黑十字消光图像，也被称为 Maltase 十字，黑十字的两臂则分别平行于偏光显微镜的起偏镜和检偏镜的振动方向。当转动偏光显微镜工作台的时候，这种消光图像不会发生改变。究其原因，在于球晶自身是由沿半径排列的微晶所组成的，这些微晶均是光的不均匀体，均具有双折射的现象。也就是说，对于整个球晶来说，其结构是中心对称的。因此，除了在偏振片的振动方向以外，在其余部分就会出现因折射而产生的光亮。聚戊二酸丙二醇酯的球晶在正交偏光显微镜下观察，出现一系列消光同心圆，这是因为聚戊二酸丙二醇酯球晶中的晶片呈螺旋形，即 a 轴和 c 轴在与 b 轴垂直的方向上旋转，b 轴与球晶半径方向平行，径向晶片的扭转使得 a 轴和 c 轴（大分子链的方向）围绕 b 轴旋转（图 3-12）。当高分子中发生分子链的拉伸取向时，会出现光的干涉现象。在正交偏光镜下多色光会出现彩色条纹。从条纹的颜色、多少、条纹间距及条纹的清晰度等，可以计算出取向程度或材料中应力的大小，这是一般光学应力仪的原理；而在偏光显微镜中，可以观察得更为细致。

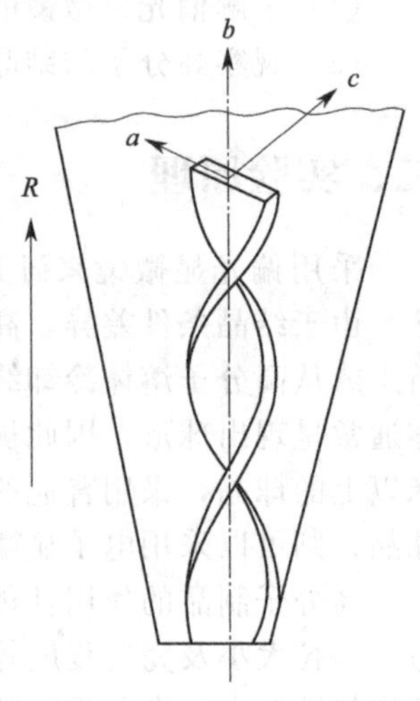

图 3-12　球晶中晶轴螺旋取向示意

偏光显微镜比生物显微镜多一对偏振片（起偏镜及检偏镜），因而能观察具有双折射的各种现象。目镜和物镜使物像得到放大，其总放大倍数为目镜放大倍数与物镜放大倍数的乘积。起偏镜（下偏光片）和检偏镜（上偏光片）都是偏振片，检偏镜是固定的，不可旋转，起偏镜可旋转，以调节两个偏振光互相垂直

(正交)。旋转工作台是可以水平旋转 360°的圆形平台，旁边附有标尺，可以直接读出转动的角度。工作台可放置显微加热台，可以研究在加热或冷却过程中聚合物结构的变化；微调手轮及粗调手轮用来调焦距。

三、实验用品

偏光显微镜及附件、擦镜纸、镊子、载玻片、盖玻片、聚乙烯、聚丙烯。

四、实验步骤

(1) 聚合物试样的制备

① 熔融法制备高分子球晶。首先把载玻片、盖玻片及专用的砝码置于恒温的熔融炉内，在选定温度（一般要比结晶高分子的 T_m 高出 30℃）下恒温 5min，之后把少量的结晶高分子（通常几毫克）置于载玻片表面，盖上盖玻片，恒温 10min 使其得到充分熔融，之后压上砝码，并轻压试样至薄且充分排去内部气泡；继续恒温 5min，然后在熔融炉有盖子的情况下，自然冷却到室温。

为使球晶长得更完整，可在稍低于熔点的温度恒温一定时间再自然冷却至室温；在不同恒温温度下所得的球晶形态不同。

② 直接切片制备高分子试样。在要观察的高分子试样的指定部分用切片机切取厚度约 10μm 的薄片，放于载玻片上，用盖玻片盖好即可进行观察。为了增加清晰度，消除因切片表面凹凸不平所产生的分散光，可于试样上滴加少量与聚合物折射率相近的液体，如甘油等。

③ 溶液法制备高分子晶体试样。先把高分子溶于适当溶剂中，然后缓慢冷却，吸取几滴溶液滴在载玻片上，用另一清洁盖玻片盖好，静置于有盖的培养皿中（培养皿放少许溶剂，保持有一定溶剂气氛，防止溶剂挥发过快）让其自行缓慢结晶。

(2) 偏光显微镜调节

① 正交偏光的校正。所谓正交偏光，是指偏光镜的偏振轴与分析镜的偏振轴垂直。将分析镜推入镜筒，转动起偏镜来调节正交偏光。此时，目镜中无光通过，视区全黑。在正常状态下，视区在最黑位置时，起偏振镜刻线应对准 0°位置。

② 调节焦距，使物像清晰可见，步骤如下。将欲观察的薄片置于载物台中心，用夹子夹紧。从侧面看着镜头，先旋转微调手轮，使它处于中间位置，再转动粗调手轮将镜筒下降使物镜靠近试样玻片，然后在观察试样的同时慢慢上升镜筒，直至看清物体的像，再左右旋动微调手轮使物体的像最清晰。切勿在观察时用粗调手轮调节下降，否则物镜有可能碰到玻片硬物而损坏镜头。特别是在高倍时，被观察面（样品面）距离物镜只有 0.2～0.5mm，一不小心就会损坏镜头！

(3) 高分子聚集态结构的观察。观察高分子晶形，测定聚乙烯球晶大小。

高分子晶体薄片放在正交偏光显微镜下观察，表面不是光滑的平面，而是有颗粒突起。这是由于样品中的组成和折射率不同，折射率愈大，成像的位置愈高；折射率低者，成像位置愈低。高分子结晶具有双折射性质，视区有光通过，球晶晶片中的非晶态部分则是光学各向同性，视区全黑。用显微镜目镜分度尺，测量晶粒直径（单位为 μm），测定步骤如下。

① 将带有分度尺的目镜插入镜筒内，将载物台显微尺（1.00mm，为 100 等分）置于载物台上，使视区内同时见到两尺。

② 调节焦距使两尺平行排列，刻度清楚，使两零点相互重合，即可算出目镜分度尺的值。

③ 取走载物台显微尺，将欲测聚乙烯试样置于载物台视域中心，观察并记录晶形；读出球晶在目镜分度尺上的刻度，即可算出球晶直径大小。

五、思考题

（1）解释出现黑十字和一系列同心圆环的结晶光学原理。

（2）结合高分子物理授课内容，在实际应用过程中如何控制晶体的形态？

实验 56　相差显微镜观察聚合物共混形态

一、实验目的

（1）了解相差显微镜的原理和使用方法。

（2）学会制备聚苯乙烯（PS）/聚甲基丙烯酸甲酯（PMMA）合金薄膜。

（3）会用相差显微镜观察不同配比的 PS/PMMA 合金薄膜的相结构。

二、实验原理

高分子合金是由两种或两种以上高分子材料构成的复合体系，是指不同种类的高聚物，通过物理或化学方法共混，以形成具有所需性能的高分子混合物。

高分子合金制备简易且随着组分改变，可以得到多样化性能。制备高分子合金的方法主要分化学方法和物理方法两大类。大多数高分子合金都是互不相容的非均相体系，而组分的相容性从根本上制约着合金的形态结构，是决定材料性能的关键。对合金织态结构形态、尺寸的研究，对制备高性能高分子合金具有重要意义。高分子合金织态结构的研究方法主要有电子显微镜法、光学显微镜法、光散射法和中子散射法等。光学显微镜法最为简单易行和直观，其中相差显微镜（也称相衬显微镜）适合于观察 0.5mm 以上的相态结构。

（1）相差显微镜原理

1935 年荷兰科学家 Zermike 发明了相差显微镜，并用它来观察未进行染色的标本。对于活细胞和未染色的生物标本，因为细胞各部分的细微结构的折射率和厚度存在不同，当光波通过的时候，光波的波长和振幅并不发生变化，但是其相位发生变化（振幅差）。这种振幅差，人的肉眼是无法观察到的。但是，相差显微镜通过改变这种相位差，并且利用光线的衍射和干涉现象，把相差变为振幅差，并用来观察活细胞和未染色的标本。通常来说，相差显微镜和普通光学显微镜的差异在于：采用环状光阑来代替可变光阑，采用带相板的物镜代替普通的物镜，并配有一个合轴用的望远镜。

普通显微观察是根据物体对光线的不同吸收来区别的，即图像的反差是由光的吸收差异产生的。对于单色光的场合，样品各个结构部分由于对光线吸收大小不同而显示出不同亮度，也就是振幅的差别；在采用白光照明的场合，则还会由于对不同光谱吸收的不同而改变光谱成分，从而显示出不同颜色。这种能引起光线振幅变化的物体称为振幅物体。另有一类物体，仅改变入射光的相位，不改变振幅，称之为相位物体。由于相位物体具有不同的折光指数，折射率的不同也即光穿过这类物体的路途不同，产生了光程差，人眼是无法分辨的，所以必须采用位相板（一种金属膜），将光程差转换成振幅差，便于人们分辨物体，这就是相差显微镜的原理。

相差显微镜（图 3-13）将光程差变为振幅差的工作是由相环和相板完成的，它们可以将直接通过物体的直接光和衍射光区分开来并进行干涉成像。环状光阑（相环）处于光源与聚光器之间，其作用是使透过聚光器的光线形成空心光锥并聚焦至样品上。在物镜中加了涂有氟化镁的相板，可将直射光或衍射光的相位推迟 1/4 波长，从而使像的反差（对比度）大幅度增强。带有相板的物镜称为相差物镜。当光学系统性能良好时，人眼能分辨的最小反差约为 0.02。

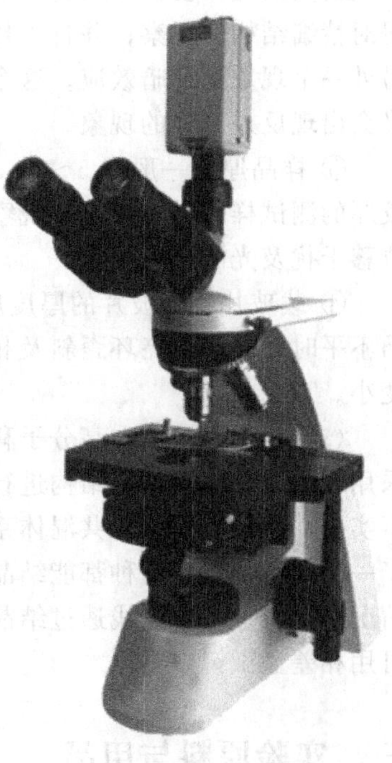

图 3-13 相差显微镜

一般的相差聚光器上都装有数个环状光阑，可以方便地进行转换；而相板是装在物镜中的，因此环状光阑必须与物镜匹配，即在使用时应选择与物镜上号码相同的环状光阑。

在相差显微镜中，环状光阑必须与相板完全重合，这样就能实现线性转换，不重合必然会有一些带有样品信息的光丢失，这样观察到的图像就失真了。本应推迟的相位有的不能够被推迟，这样显然就不会达到相差镜检的效果。相差显微镜配备有一个合轴调节望远镜，用于合轴的调节。使用的时候，拔去相差显微镜一侧的目镜，然后插入合轴，调节望远镜，之后旋转合轴调节望远镜的焦点，便能够清楚地看到一明一暗的两个圆环；然后再转动聚光器上环状光阑的两个调节钮，使得明亮的环状光阑圆环与暗的相板上共轭面暗环，实现完全重叠的效果，如图 3-14 所示。调好后取下望远镜，换上目镜即可进行镜检观察。

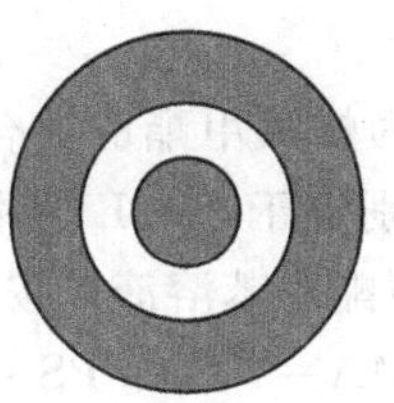

(a) 相板的暗环

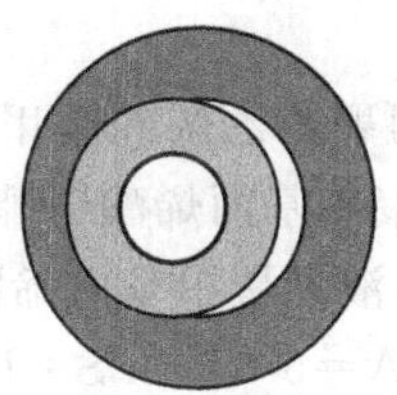

(b) 环状光阑未调中

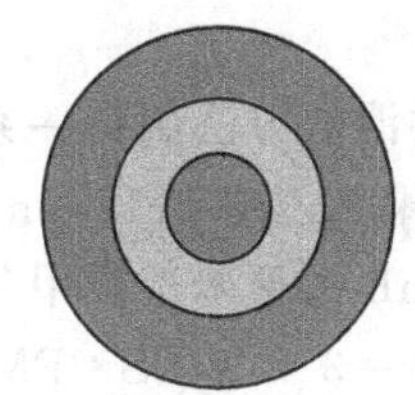

(c) 环状光阑与相板成为同心圆

图 3-14 相板和环状光阑的调节

另外，由于使用的光源为白光，常常会引起相位的变化。为了取得良好的相差效果，相差显微镜通常要使用波长范围较窄的单色光，可以采用绿色滤光片对光源的波长进行调整。

（2）相差显微镜使用中的注意问题

① 对于相差显微镜，视场光阑与聚光器的孔径光阑，必须全部开大，并且光源要强一些。因为环状光阑会遮掉大部分的光，而且物镜相板上共轭面又吸收了大部分光。

② 晕轮和渐暗效应。在相差显微镜的成像过程中，当某一位置的结构由于相位的延迟而变暗的时候，并不是光的损失，而是光在像平面上重新分配的结果。因此，在黑暗的区域

明显消失的光，会在较暗物体的周围出现一个明亮晕轮，这就是相差显微镜的缺点，它会妨碍对精细结构的观察；并且当环状光阑很窄时，这个晕轮现象会变得更严重。相差显微镜的另外一个现象是渐暗效应。这个指的是当相差观察相位延迟相同的较大区域时，该区域的边缘会出现反差下降的现象。

③ 样品厚度一般以 5～10μm 为宜，否则会引起其他光学现象，影响成像质量。当采用较厚的测试样品时，对于其观察结果，样品的上层是清楚的，深层则会模糊不清且会产生相位移干扰及光的散射干扰。

④ 载玻片、盖玻片的厚度应遵循标准，不能过薄或过厚。当存在划痕、厚薄不匀或凹凸不平时，会产生亮环歪斜及相位的干扰；玻璃片过厚或过薄时，会使环状光阑亮环变大或变小。

（3）相差显微镜在高分子科学中的应用。高分子合金中的不同组分折射率存在差异，可采用相差显微镜对其相结构进行观察，此时适用的折射率差值一般需在 0.002～0.004 以上。事实上，大多数高分子共混体系的结构更为复杂，可能出现过渡态或几种形式共存。尤其对于一个能结晶或者两种都能结晶的共混体系，在其聚集态结构又增加了晶区和非晶区结构，情况更复杂。由于光线透过结晶高分子试样时，在其晶相和非晶相之间存在相位差，因此也可用相差显微镜观察。

三、实验原料与用品

实验原料：聚苯乙烯，聚甲基丙烯酸甲酯，甲苯。

实验用品：XSZ-H7 相差生物显微镜、真空烘箱、25mL 容量瓶、10mL 容量瓶、载玻片、盖玻片。

其中一台相差显微镜配有 CCD 照相机，与计算机联机，可以记录合金薄膜的织态结构。

四、实验步骤

（1）制样

① 采用溶液共混的方法制备一系列聚苯乙烯和聚甲基丙烯酸甲酯的混合甲苯溶液。首先，将 12.5mg 的聚苯乙烯和 12.5mg 聚甲基丙烯酸甲酯分别溶于 25mL 的甲苯溶液中，得到浓度为 0.5mg/mL 的聚苯乙烯甲苯溶液和聚甲基丙烯酸甲酯甲苯溶液；按 PS：PMMA＝1：9、PS：PMMA＝3：7、PS：PMMA＝5：5、PS：PMMA＝7：3、PS：PMMA＝9：1 于 10mL 容量瓶内配制聚苯乙烯和聚甲基丙烯酸甲酯的混合甲苯溶液。例如，分别吸取 1mL、0.5mg/mL 的聚苯乙烯甲苯溶液和 9mL、0.5mg/mL 的聚甲基丙烯酸甲酯甲苯溶液放入 10mL 的容量瓶中混合均匀。

② 制备合金薄膜样片。

a. 用滴管吸取上述混合溶液滴几滴于干净的载玻片上，铺展开来，让甲苯溶液自然挥发完全，再置于真空烘箱中干燥 1h。

b. 用滴管吸取上述混合溶液滴几滴于干净的载玻片上，铺展开来，盖上盖玻片，置于真空烘箱中于 120℃退火处理 2h。

（2）显微观察

① 接通相差显微镜电源，把光源亮度调整到合适的强度。

② 把待观察的载玻片样品放到载物台上，选择 10 倍数的物镜，并选用与物镜配套的环

状光阑，将物镜调到较接近于试样。

③ 取出一个目镜，插入合轴望远镜，调节望远镜聚焦螺旋使能清楚观察到物镜相板与环状形光阑的像，将环状光阑调整到与相板同心（图 3-14）；取下合轴望远镜，换上显微镜目镜。

④ 聚焦观察，调节显微镜载物台的上下调节钮，先粗调（眼睛从侧面看着物镜端部，注意不要让物镜碰到样品），再细调到能清晰观察到样品。可利用工作台纵向、横向移动手轮来移动样品，观察不同区域的分相情况。

⑤ 观察、对比不同配比的样品在相态结构上的区别。

(3) 数据处理。对不同 PS/PMMA 样品的相态结构进行描述，并指出分散相的尺寸。

五、思考题

(1) 相差显微镜是根据试样的什么性质进行观察的？

(2) 相差显微镜的主要缺点是什么？

(3) 当载玻片或盖玻片有厚薄不匀等缺陷时，为什么说对相差显微镜观察的影响比普通显微镜大？

实验 57 金相光学显微镜的构造及使用方法

一、实验目的

(1) 了解金相显微镜的结构及原理。

(2) 熟悉并掌握金相显微镜的使用与维护方法。

二、实验原理

(1) 金相显微镜的基本原理。显微镜的简单基本原理如图 3-15(a) 所示。它包括两个透镜：物镜和目镜。对着被观察物体的透镜，叫作物镜；对着人眼的透镜，叫作目镜。被观察物体 AB，放在物镜前较焦点 F_1 略远一点的地方。物镜使物体 AB 形成放大的倒立实像 A_1B_1，目镜再把 A_1B_1 放大成倒立的虚像 $A_1'B_1'$，它正处在人眼明视距离处，即距人眼 250mm 处，人眼通过目镜看到的就是这个虚像 $A_1'B_1'$。

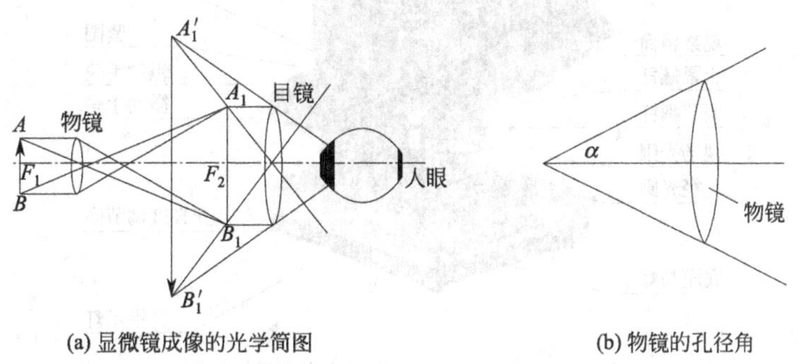

(a) 显微镜成像的光学简图

(b) 物镜的孔径角

图 3-15 显微镜的简单基本原理

显微镜的主要性能如下。

① 显微镜的放大倍数。显微镜的放大倍数等于物镜和目镜单独放大倍数的乘积，即显微镜放大倍数 $M=M_{物}\times M_{目}$。物镜和目镜的放大倍数刻在嵌圈上，例如 10×、20×、45× 分别表示放大 10 倍、20 倍、45 倍。

② 显微镜的鉴别率。显微镜的鉴别率是能清晰地分辨试样上两点间最小距离 d 的能力，d 值越小，鉴别率就越高。鉴别率是显微镜的重要性能，它决定于物镜数值孔径 A 和所用的光线波长 λ，可用下式表示：

$$d=\frac{\lambda}{2A}$$

式中　λ——入射光线的波长；

　　　A——物镜的数值孔径。

λ 愈小，A 愈大，则 d 愈小。光线的波长可通过滤色片来选择。蓝光的波长（$\lambda=0.44\mu m$）比黄绿光的长 25%。当光线波长一定时，可改变物镜数值孔径来调节显微镜的分辨率。

③ 物镜数值孔径。数值孔径表示物镜的集光能力，其大小为：

$$A=n\sin\alpha$$

式中　n——表示物镜与试样之间介质的折射率；

　　　α——表示物镜孔径角的一半［图 3-15(b)］。

n 或 α 角越大，则 A 越大。由于 α 总是小于 90°，当介质为空气时（$n=1$），A 一定小于 1；当介质为松柏油时（$n=1.5$），A 值最高可达 1.4。物镜上都刻有 A 值，如 0.25、0.65 等。

（2）金相显微镜的构造。金相显微镜的种类很多，但最常见的是台式、立式和卧式三大类。其构造通常均由光学系统、照明系统和机械系统三大部分组成，有的显微镜还附带照相装置和暗场照明系统等。现以国产 XJP-200 型金相显微镜为例进行说明；其主要结构如图 3-16 所示。

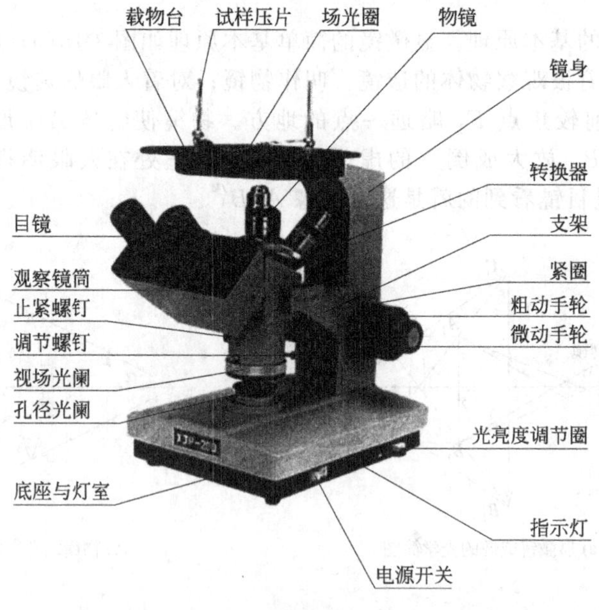

图 3-16　国产 XJP-200 型金相显微镜结构

（3）显微镜的操作规程。金相显微镜是一种精密光学仪器，在使用时要求细心和谨慎，严格按照使用规程进行操作。

① 将显微镜的光源插头接在低压（6～8V）变压器上，接通电源。

② 根据放大倍数，选用所需的物镜和目镜，分别安装在物镜座上和目镜筒内，旋动物镜转换器，使物镜进入光路并定位（可感觉到定位器定位）。

③ 将试样放在样品台上的中心，使观察面朝下并用弹簧片压住。

④ 转动粗调手轮，先使镜筒上升，同时用眼观察，使物镜尽可能接近试样表面（但其不得与之相碰），然后反向转动粗调手轮，使镜筒渐渐下降以调节焦距。当视场亮度增强时，再改用微调手轮调节，直到物像最清晰为止。

⑤ 适当调节孔径光阑和视场光阑，以获得最佳质量的物像。

⑥ 如果使用油浸系物镜，可在物镜的前透镜上滴一些松柏油，也可以将松柏油直接滴在试样上。滴油镜头用完后，应立即用棉花蘸二甲苯溶液擦净，再用擦镜纸擦干。

金相显微镜操作注意事项如下。

① 操作应细心，不能有粗暴和剧烈动作，严禁自行拆卸显微镜部件。

② 显微镜的镜头和试样表面不能用手直接触摸。若镜头中落入灰尘，可用镜头纸或软毛刷轻轻擦拭。

③ 显微镜的照明灯泡必须接在 6～8V 变压器上，切勿直接插入 220V 电源，以免烧毁灯泡。

④ 旋转粗调和微调手轮时，动作要慢，碰到故障应立即报告，不能强行用力转动，以免损坏机件。

三、实验用品

金相显微镜，金相标准试样。

四、实验步骤

（1）实验前必须仔细阅读与实验有关的内容。

（2）了解金相显微镜的构造、原理及使用要求。

（3）熟悉金相显微镜的放大倍数与数值孔径、鉴别能力之间的关系。

（4）用金相显微镜观察试样的显微组织特征。

五、思考题

（1）什么是金相显微镜的有效放大倍数？如何合理选择物镜和目镜？

（2）利用金相显微镜观察试样时，为什么要进行调焦？如何正确调焦？

实验 58 铁碳合金平衡组织观察

一、实验目的

（1）了解铁碳合金在平衡状态下的显微组织。

（2）分析成分对铁碳合金显微组织的影响，从而加深理解成分、组织与性能之间的相互关系。

二、实验原理

铁碳合金的显微组织是研究和分析钢铁材料性能的基础，所谓平衡状态下的显微组织是指合金在极为缓慢的冷却条件下（如退火状态，即接近平衡状态）所得到的组织。我们可根据 Fe-Fe_3C 相图来分析铁碳合金在平衡状态的显微组织。铁碳合金的平衡组织主要是指碳钢和白口铸铁组织。其中，碳钢是工业上应用最广泛的金属材料，它们的性能与其显微组织密切相关，而且有助于加深对 Fe-Fe_3C 相图的理解。

从 Fe-Fe_3C 相图可以看出，所有碳钢和白口铸铁的室温组织均由铁素体（F）和渗碳体（Fe_3C）这两个基本相所组成。但是，由于含碳量不同，铁素体和渗碳体的相对数量、析出条件以及分布情况均有所不同，因而呈现各种不同的组织形态，如表 3-4 所示。

表 3-4 各种铁碳合金在室温下的显微组织

名称	类型	含碳量/%	显微组织	浸蚀剂
碳	工业纯铁	<0.02	铁素体	4%硝酸乙醇溶液
	亚共析钢	0.02～0.8	铁素体+珠光体	4%硝酸乙醇溶液
	共析钢	0.8	珠光体	4%硝酸乙醇溶液
钢	过亚共析钢	0.8～2.06	珠光体+二次渗碳体	苦味酸钠溶液，渗碳体变黑或呈棕红色
白口铸铁	亚共晶白口铁	2.06～4.3	珠光体+二次渗碳体+莱氏体	4%硝酸乙醇溶液
	共晶白口铁	4.3	莱氏体	4%硝酸乙醇溶液
	过共晶白口铁	4.3～6.67	莱氏体+一次渗碳体	4%硝酸乙醇溶液

三、实验用品

（1）金相显微镜。

（2）标准铁碳合金的金相显微样品。

四、实验步骤

（1）工业纯铁的显微组织（含碳量<0.02%）。

（2）亚共析钢 20 钢的显微组织。

（3）亚共析钢 45 钢的显微组织。

（4）T8 的显微组织。

（5）T12 的显微组织。

（6）铸铁的显微组织。

（7）实验报告内容

① 明确本次实验的目的。

② 画出所观察过的组织，并注明材料名称、含碳量和放大倍数。显微组织图画在直径 30mm 的圆内，并将组织组成物名称以箭头引出标明。

③ 根据所观察的显微组织近似地确定和估算一种亚共析钢的含碳量。

④ 总结铁碳合金组织随含碳量变化的规律。

五、思考题

（1）随着含碳量的增加，铁碳合金的组织有何改变？

（2）随着含碳量的增加，铁碳合金的性能有何改变？

实验 59 铅-锡二元合金的配制及铸态组织的显微分析

一、实验目的

（1）运用二元共晶型相图，分析相图中典型组织的形成及特征。

（2）磨制 Pb-Sn 系共晶、亚共晶、过共晶等不同成分的金相试样。

（3）观察共晶、亚共晶、过共晶三种典型的组织形貌。

二、实验原理

二组元在液态下互溶，而在固态下有限互溶，且具有共晶转变特征的相图叫作二元共晶相图。本次实验以 Pb-Sn 系合金相图（图 3-17）为例分析共晶、亚共晶、过共晶等不同成分合金的结晶过程及结晶后所形成组织的特征。

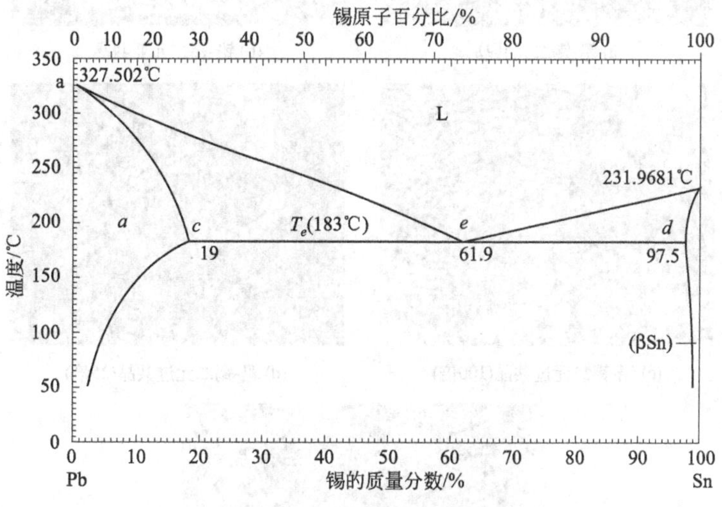

图 3-17 Pb-Sn 系合金相图

（1）共晶合金。含 Sn 61.9%的合金为共晶合金。当从液态缓慢冷却时，在温度 T_e 发生共晶转变，即 $L_e \longrightarrow \alpha_c + \beta_d$。这一过程在 T_e 温度下一直到液相完全消失为止。所得到的共晶组织由 α_c 和 β_d 两个固溶体组成。它们的相对量可用如下杠杆定律进行计算。

$$\omega(\alpha_c) = \frac{ed}{cd} = \frac{97.5-61.9}{97.5-19} = 45.4\%$$

$$\omega(\beta_d) = [1-\omega(\alpha_c)] = 54.6\%$$

继续冷却时，将从 α 和 β 中分别析出 β_{II} 和 α_{II}。由于从共晶体中析出的次生相，常与共晶体中的同类相混在一起，很难分辨。因此，在结晶过程全部结束时合金获得非常细密的两相机械混合物。样品制备中的腐蚀剂是4%的硝酸乙醇溶液，在显微镜中，α相呈暗色，β相呈亮色，如图3-18(a) 所示。

(2) 亚共晶合金。凡成分位于共晶点 e 以左，c 点以右的合金叫作亚共晶合金。当合金熔化后在液相线与固相线之间缓慢冷却时，不断地从液相中结晶出α固溶体。随着温度下降，液相成分沿 ae 线变化，逐渐趋向于 e 点；α相的成分沿固相线 ac 变化，并逐渐趋向于 c 点。

当温度降到共晶温度时，α相和剩余液相的成分将分别到达 c 点和 e 点。这时，成分在 e 点的液相发生上述共晶转变，直到剩余液相全部转变为共晶组织为止。此时亚共晶合金的组织由先共晶α相和共晶体（α+β）组成。在共晶温度以下继续冷却的过程中，将分别从α相和β相中析出 β_{II} 和 α_{II}。在显微镜下，除了从先共晶α相晶粒内或边界上析出的 β_{II} 有可能观察到，共晶组织中析出的 β_{II} 和 α_{II} 一般不易辨认。合金中组织组成物的相对量也可以用杠杆定律来计算。亚共晶组织中的初晶α呈枝晶状分布，如图3-18(b) 所示。

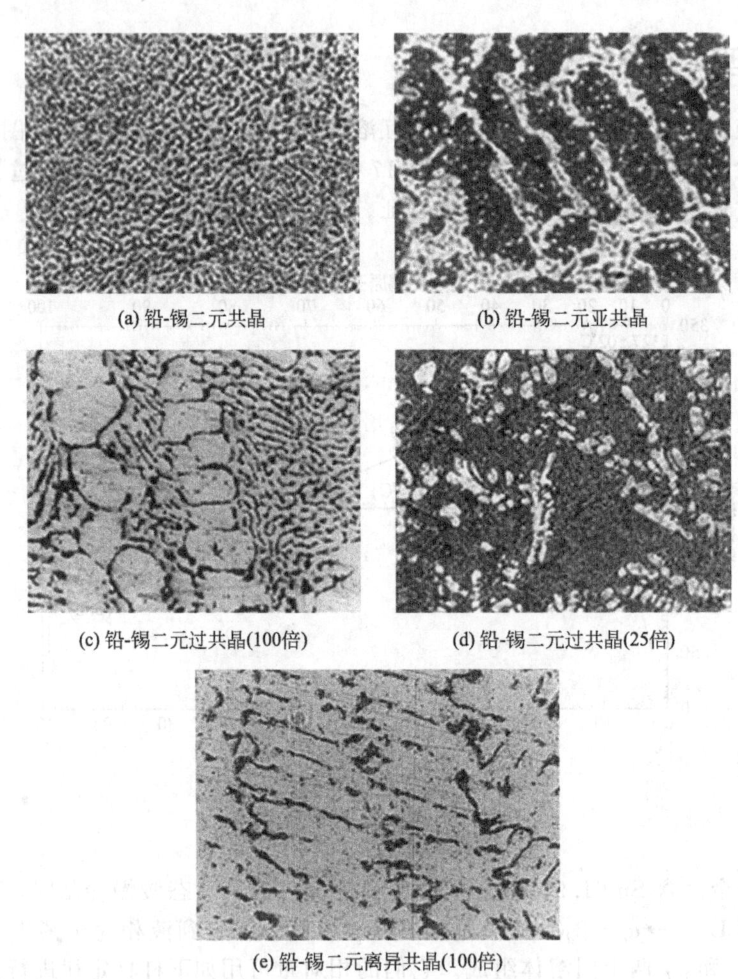

(a) 铅-锡二元共晶　(b) 铅-锡二元亚共晶

(c) 铅-锡二元过共晶(100倍)　(d) 铅-锡二元过共晶(25倍)

(e) 铅-锡二元离异共晶(100倍)

图3-18　铅-锡合金显微组织

(3) 过共晶合金。凡成分位于共晶点 e 以右，d 点以左的合金，称为过共晶合金。这类合金的结晶过程类似于亚共晶合金。所不同的是：先共晶相不是α固溶体，而是β固溶体。结晶后的组织由先共晶β相和共晶体（α+β）组成。初晶β也呈枝晶状分布，如图3-18(c)

和（d）所示。

（4）离异共晶。靠近相图上的 c 点和 d 点成分的合金，由于初生相较多，发生共晶转变时，液相的量已所剩不多，且呈壳状分布在初生相的周围。此时，共晶转变过程中的某一个相不再形核，而是在初生相上成长；同时，析出的另一个相被排挤到晶界上，使得失去了共晶组织的形态特征。这种现象称为离异共晶，如图 3-18(e) 所示。

三、实验用品

金相显微镜、Pb-Sn 合金典型样品、镶嵌机、抛光机。

四、实验步骤

（1）介绍 Pb-Sn 相图。
（2）参照相图分析典型合金的显微组织。
（3）完成不同成分 Pb-Sn 二元合金试样的制备。
（4）使用金相显微镜观察制备试样的典型组织形貌。

五、思考题

（1）观察并画出各个试样的显微组织（共晶、亚共晶、过共晶）。
（2）详细分析各种组织的形成过程。

实验 60 金属塑性变形与再结晶观察

一、实验目的

（1）了解显微镜下滑移线、变形孪晶和纤维组织的特征。
（2）了解冷塑性变形对金属组织和性能的影响。
（3）讨论冷加工变形对再结晶晶粒大小的影响。

二、实验原理

金属的重要特性之一就是具有塑性。当金属所受外力超过其屈服点时，除继续发生弹性变形外，同时还发生永久变形，又称塑性变形。它主要通过滑移和孪生方式进行。塑性变形的结果不仅使金属的外形、尺寸改变，而且使金属内部的组织和性能也发生变化。

（1）滑移带。滑移是金属塑性变形的基本方式。晶体滑移时沿滑移面、滑移方向产生相对滑动，在自由表面处产生台阶，大量滑移台阶的积累就构成宏观塑性变形。通过光学显微镜观察已变形的抛光试样，就能见到许多平行线条，即为滑移带。

（2）孪晶。孪生通常是晶体难以滑移时而进行的另一种塑性变形方式。孪生变形就是晶体的一部分沿着一定晶面和晶向进行剪切变形，从而使已变形部分与未变形部分的原子排列构成镜面对称，此晶体称为孪晶。由于晶体两部分位向不同，受侵蚀程度有异，对光的反射能力也明显不同，故在显微镜下能看到形变孪晶。

（3）纤维组织。金属在变形前内部组织为等轴晶粒，随着变形量的增加，晶粒逐渐沿变形方向伸长，并最后被显著地拉成纤维状。这种组织称为冷加工纤维组织。

(4) 加工硬化。由于金属冷塑性变形，导致亚结构进一步细化，位错密度增大，最终致使其强度、硬度提高，而塑性、韧性下降。该现象称为加工硬化。

金属经冷塑性变形后，在热力学上处于不稳定状态，必有力求恢复到稳定状态的趋势。但在室温下，由于原子的动能不足，恢复过程不易进行，加热会提高原子的活动能力，也就促进这一恢复过程的进行。加热温度由低到高，其变化过程大致分为回复、再结晶和晶粒长大三个阶段。冷变形金属再结晶后晶粒大小除与加热温度、保温时间有关外，还与金属的预先变形量有关。

三、实验用品

金相显微镜、标准试样。

四、实验步骤

(1) 写出实验目的、实验内容。

(2) 画出所观察样品的显微组织示意图。

(3) 简要地解释和讨论变形度对金属再结晶晶粒大小的影响。

五、思考题

简述变形度对金属再结晶晶粒大小的影响。

实验 61　金属腐蚀体系的电化学阻抗谱测试实验

一、实验目的

(1) 了解交流阻抗 (EIS) 的基本概念，并掌握测定交流阻抗的原理与方法。

(2) 了解 Nyquist 图的意义及简单电极反应的等效电路。

(3) 应用交流阻抗技术测定碳钢在海水中的交流阻抗，并计算相应的电化学参数。

二、实验原理

交流阻抗法又称复数阻抗法，是以小幅度的正弦波电流（压）施加于工作电极上，测量相应的电压（流）变化，根据两者的幅值比和相位差求得阻抗。

对于由电化学控制的简单腐蚀体系，其等效电路如图 3-19 所示。当应用角频率为 ω 的小幅度正弦波交流电信号进行实验时，此等效电路的总阻抗为：

$$Z=R_s+\frac{1}{\frac{1}{R_p}+j\omega C_d}=R_s+\frac{R_p}{1+\omega^2C_d^2R_p^2}-j\frac{\omega C_dR_p^2}{1+\omega^2C_d^2R_p^2} \tag{3-1}$$

式中，$j=\sqrt{-i}$。

由式(3-1) 可知，阻抗 Z 的实部 Z_{Re} 和虚部 Z_{Im} 分别为

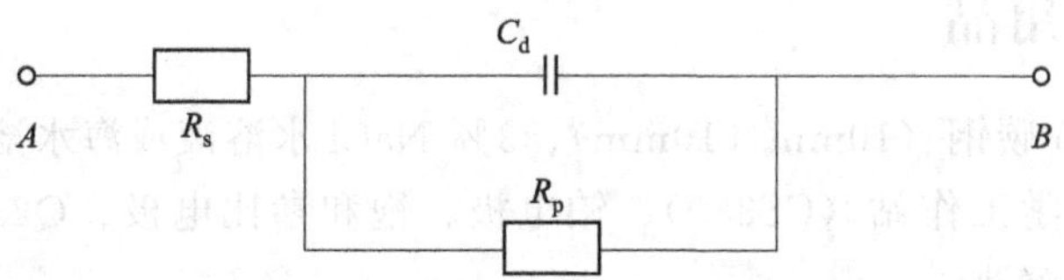

图 3-19　电化学控制体系的等效电路

R_s—溶液电阻；C_d—电极/溶液相间的双层电容；R_p—法拉第电阻或极化电阻

$$Z_{Re}=R_s+\frac{R_p}{1+\omega^2C_d^2R_p^2} \tag{3-2}$$

$$Z_{Im}=\frac{\omega C_dR_p^2}{1+\omega^2C_d^2R_p^2} \tag{3-3}$$

$$Z=Z_{Re}+Z_{Im} \tag{3-4}$$

由式(3-2)～式(3-4)，推导可得

$$\left[Z_{Re}-\left(R_s+\frac{R_p}{2}\right)\right]^2+Z_{Im}^2=\left(\frac{R_p}{2}\right)^2 \tag{3-5}$$

由此可见，式(3-5) 是一个圆的方程式。若以横轴表示阻抗的实部 Z_{Re}，以纵轴表示阻抗的虚部 Z_{Im}，则此圆的圆心在横轴上，其坐标为 ($R_s+R_p/2$，0)；圆的半径为 $R_p/2$，但由于 $Z_{Im}>0$，故式(3-5) 实际上仅代表第一象限中的一个半圆，如图 3-20(a) 所示。

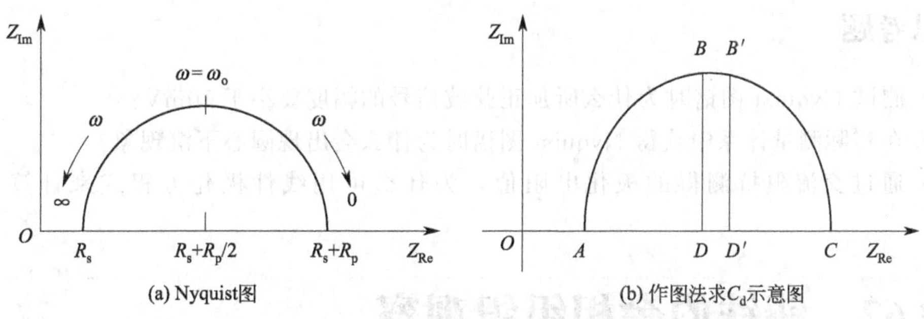

图 3-20　金属材料的电化学阻抗谱图

由图 3-20(a) 可见，当 $\omega\to0$ 时，$Z_{Re}=R_s+R_p$；当 $\omega\to\infty$时，$Z_{Re}=R_s$；在半圆的最高点 $Z_{Re}=Z_{Im}$，相应于这一点的角频率 ω 为 ω_o，从半圆确定了 R_p 和 ω_o 后，即可根据式(3-6) 求出 C_d。

$$C_d=\frac{1}{\omega R_p} \tag{3-6}$$

实际测量中，由于所选的频率不一定是正好出现在圆顶点的频率 ω_B，此时可用作图法求 C_d。在半圆顶部 B 点附近选取一个实验点 B'，而 $\omega_{B'}$ 为实验中真正的频率（非内插）；通过 B'作垂线 $B'D'$垂直于 Z_{Re} 轴，交 Z_{Re} 于 D'，然后按式(3-7) 计算出 C_d。

$$C_d=\frac{1}{\omega_{B'}R_p}\times\sqrt{\frac{D'C}{AD'}} \tag{3-7}$$

三、实验原料与用品

实验原料：Q235 碳钢（10mm×10mm）、3% NaCl 水溶液或海水溶液。

实验用品：电化学工作站（CS380）、铂电极、饱和参比电极、Q235 碳钢电极、烧杯、导线、砂纸、模拟电解池。

实验前，试样需要依次经过研磨、抛光、冲洗、除油、除锈、吹干等处理。另外，除试样上部连接导线处及下部插入电解池内约 $100mm^2$ 的暴露面外，其余部位均需用百得胶密封。

四、实验步骤

（1）将处理好的碳钢电极和铂电极放入电解池，加入 3%NaCl 溶液，并连接好线路图。

（2）将电化学工作站测试扰动电压设为 10mV，波形选择“正弦波”，初始频率设置为 100kHz，终止频率设置为 0.01Hz。

（3）用模拟电解池代替真实电解池，接好线路。经检查无误后接通线路，观察交流阻抗图谱（Nyquist 图谱和 Boter 图谱）的变化。

（4）用真实电解池代替模拟电解池，观察交流阻抗图谱（Nyquist 图谱和 Boter 图谱）的变化；并与模拟电解池的交流阻抗图谱进行比较。

五、思考题

（1）测试 Nyquist 图谱时为什么所加正弦波信号的幅度要小于 10mV？

（2）在实际测量体系中获得 Nyquist 图谱时为什么会出现圆心下沉现象？

（3）通过交流阻抗测得的极化电阻值，为什么可用线性极化方程式来计算其腐蚀速率？

实验 62　铸铁的金相组织观察

一、实验目的

（1）观察和研究灰口铸铁、可锻铸铁、球墨铸铁及蠕墨铸铁的显微组织特征。

（2）了解铸铁组织中不同组织组成物和组成相的形态、分布对铸铁性能的影响。

二、实验原理

铸铁是含碳量大于 2.11%的铁碳合金。根据石墨的形态、大小和分布情况不同，铸铁分为：灰口铸铁（石墨呈片条状）、可锻铸铁（石墨呈团絮状）、球墨铸铁（石墨呈圆球状）和蠕墨铸铁。

由于铸铁具有较低的熔点、优良的铸造性能、良好的耐磨性，且熔炼简便，成本低廉，因此在机械制造、交通造船、冶金、国防等工业部门中具有非常广泛的应用。各类铸铁中石墨的存在形式及其分布对铸铁组织性能有很大影响。为保证铸铁件的质量，对铸铁组织的金相检验必须予以重视。

(1) 灰口铸铁。灰口铸铁（简称灰铸铁）的组织特征是在钢的基体上分布着片状石墨。根据石墨化程度及基体组织的不同，灰口铸铁可分为：铁素体灰口铸铁，珠光体灰口铸铁和铁素体＋珠光体灰口铸铁，如图 3-21 所示。灰口铸铁的抗拉强度比同样基体的钢要低得多，这是由于交错的片状石墨网对基体产生割裂作用。石墨数量越多，石墨“共晶团”越大，石墨片的两端越尖锐，则灰口铸铁的强度越低。此外，其强度还与基体的强度密切相关，珠光体的数量越多，珠光体中渗碳体的片层越细密，则强度越高。孕育处理能细化组织，故能明显提高其强度。灰铸铁因成分接近共晶点，具有优良的铸造性能；因石墨的断屑和润滑作用，具有优良的可切削加工性；但因 C、Si、Mn 含量高，淬透性好，极易出现脆性马氏体，故焊接性很差。

图 3-21 灰口铸铁的金相显微组织

(2) 可锻铸铁。由 C、Si 含量不高（C：2.4%～2.7%，Si：1.4%～1.8%）的白口铸铁经长时间石墨化退火而得到的铸铁为可锻铸铁，其中渗碳体发生分解而形成团絮状石墨。根据基体的不同可锻铸铁分为铁素体可锻铸铁和珠光体可锻铸铁，如图 3-22 所示。可锻铸铁的强度与韧性均优于灰口铸铁，珠光体可锻铸铁的性能甚至接近铸钢；可切削加工性在铁基合金中最好，可进行高精度加工；能通过表面淬火提高其耐磨性。

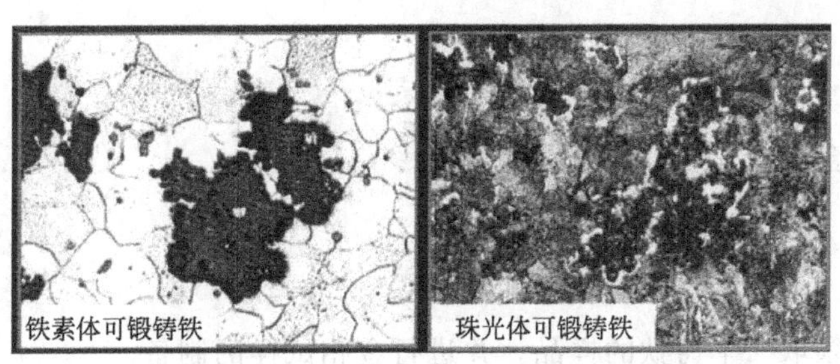

图 3-22 可锻铸铁的金相显微组织

(3) 球墨铸铁。铁水经球化和孕育处理而获得的一种铸铁。在球墨铸铁组织中石墨呈圆球状。球状石墨的存在可使铸铁内部的应力集中现象得到改善，同时减轻了对基体的割裂作用，从而充分地发挥基体性能的潜力。与灰口铸铁相比，球墨铸铁具有较高的抗拉强度、疲劳强度、塑性及韧性。球墨铸铁的金属基体可分为铁素体基体、铁素体＋珠光体基体、珠光体基体、索氏体基体和贝氏体基体等。其典型的金相显微组织如图 3-23 所示。

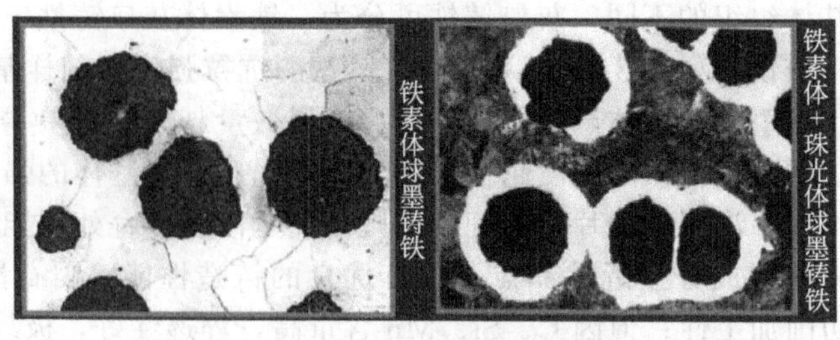

图 3-23 球墨铸铁的金相显微组织

（4）蠕墨铸铁。蠕墨铸铁是 20 世纪 60 年代发展起来的一种新型铸铁，是铁水经蠕化和孕育处理所获得的一种铸铁。蠕化剂有稀土硅铁镁合金和稀土硅铁合金。蠕墨铸铁的显微组织由金属基体和蠕虫状石墨组成（图 3-24）。大多数情况下，蠕墨铸铁中蠕虫状石墨与球形石墨共存。蠕墨铸铁的抗拉强度、延伸率、弹性模量、弯曲强度均优于灰口铸铁。接近铁素体基体的球墨铸铁，其导热性、铸造性、可切削加工性均优于球墨铸铁，与灰口铸铁接近，是综合性能优良的铸铁。

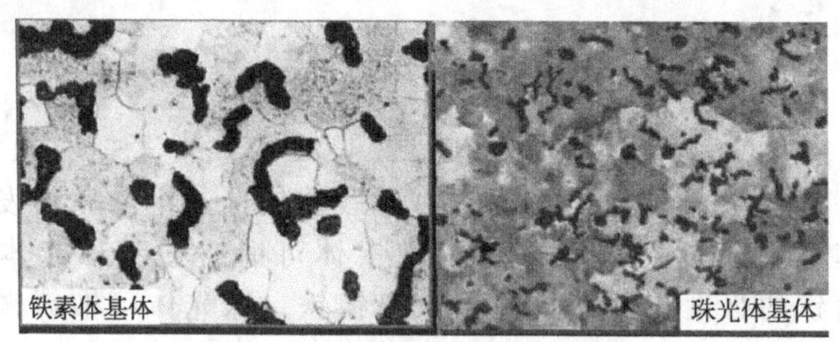

图 3-24 蠕墨铸铁的金相显微组织

三、实验用品

金相显微镜、金相试样。

四、实验步骤

（1）每位同学领取一个铸铁的样品，并进行金相试样的制备。

（2）在显微镜下进行观察，并分析铸铁的组织形态特征。

五、思考题

（1）画出四种典型铸铁材料的金相显微组织示意图。

（2）分析显微组织中各种组织组成物的形态对其性能的影响。

实验 63　激光粒度仪测定粉体粒度分布

一、实验目的

（1）掌握粒度分布的概念。

（2）了解激光粒度仪的工作原理。

二、实验原理

（1）激光粒度仪外形结构如图 3-25 所示。

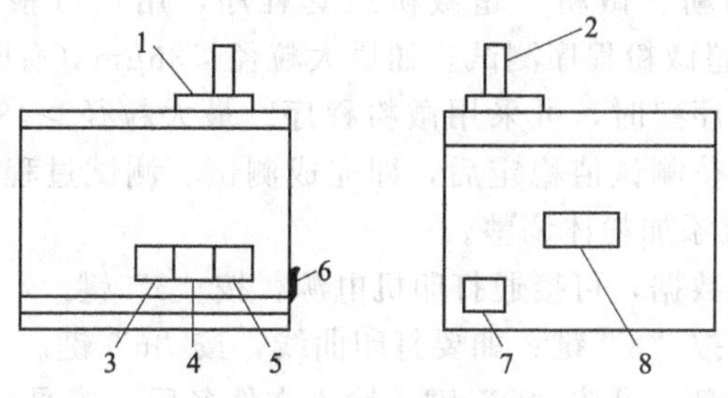

图 3-25　激光粒度仪外形结构

1—分散槽；2—机械搅拌器；3—超声波开关（UW）；4—电磁阀开关（OUT）；5—循环泵开关（PUMP）；6—电源总开关（POWER）；7—交流电源输入；8—专用接口输入端

（2）激光粒度仪的技术原理如图 3-26 所示。根据光学衍射和散射原理，光电探测器把检测到的信号转换成相应的电信号，这些电信号包含有颗粒粒径大小及分布的信息。电信号经放大后，输入到计算机，计算机根据光电探测器测得的光能值，求出粒度分布的有关数据并将全部测量结果显示、保存和打印输出。

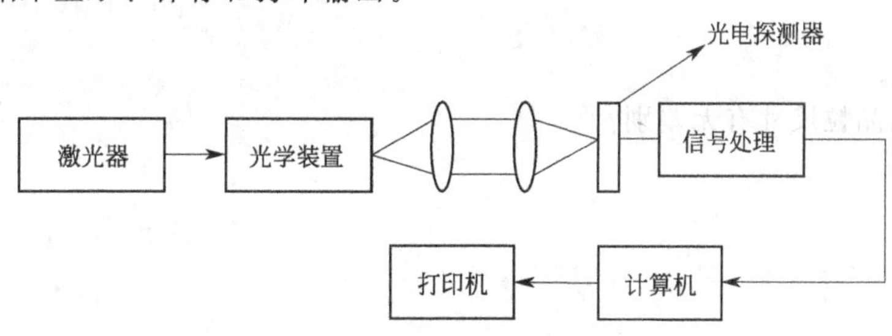

图 3-26　激光粒度仪的技术原理

（3）仪器测试数据介绍

① 体积频度分布，即相邻粒径之间含量所占百分比。

② 体积累积分布，即相应粒径以下的含量所占的百分比。

③ 50％粒径。该粒径以下的含量所占的百分比为 50％。（10％、90％、97％粒径与此类似。）

④ 平均粒径。所测粒径的平均粒径。

三、实验用品

激光粒度仪、待测粉体。

四、实验步骤

(1) 按下排水开关，在分散槽内倒入1/2～3/5深度的自来水，开启循环泵，充分排除气泡。

(2) 按“2”键，测试仪器空白状态。(如仪器状态需调整，将提示按“0”键。)

(3) 加入0.1～1.5g的被测试样，开启超声波，放下机械搅拌器，分散15～60s，必要时加入几滴六偏磷酸钠水溶液或表面活性剂分散。

(4) 开循环系统电源，循环15s左右，按“Z”键，仪器自动完成测试。

(5) 仪器同时配有粗粉、微粉、超微粉三套程序，用户可根据情况选用。最大粒径≤20μm时，用户可选用超微粉程序测试。如最大粒径＜36μm（有时36～48μm之间有很少量的含量，也可采用此程序）时，可采用微粉程序。最大粒径＞48μm时，采用粗粉程序。测试时可反复测试几次，待测试值稳定后，即完成测试。测试过程中浓度最好控制在50～85之间，否则加水稀释或添加粉体调整。

(6) 如需要打印测试数据，可接通打印机电源，按“5”键。

(7) 如要观察曲线，按“3”键；如要打印曲线，按“6”键。

(8) 如测试数据要存盘，可按“D”键，输入文件名后，按回车键即可。

(9) 测试完毕后，提起搅拌器，用水清洗三次；再次测试时，可重复进行以上各步骤。

实验结果与数据处理如下。

几何标准偏差 $\sigma_g = D_{84.13}/D_{50} = D_{50}/D_{15.87}$

个数长度平均径 $D_{nl} = D_{50}\exp(0.5\ln^2\sigma_g)$

表面积体积平均径 $D_{sv} = D_{50}\exp(2.5\ln^2\sigma_g)$

将计算所得的两个平均径与仪器给出的平均径进行比较，得出仪器平均径的测量依据。

五、思考题

颗粒粒径和晶粒尺寸有无差别？

第四章

材料性能测试实验

实验 64 粉体样品相对密度测定——比重瓶法

一、实验目的

掌握用比重瓶法测定试样相对密度。

二、实验原理

密度为单位体积物质的质量。把已知质量的试样放入比重瓶中，加入测定介质，并确保介质能完全润湿试样，试样表面不能有气泡存在。在一定温度下，试样的体积可以由比重瓶体积减去分散介质体积求得。介质体积可由已知密度和质量求得。

本方法是测定固体相对密度的通用方法。对于颗粒内部存在闭口孔隙的样品必须研磨，使闭口孔隙全部开放，否则不适用。对多孔（开口孔隙）样品一定要使介质完全渗入孔隙，将孔隙内气体全部置换排出，否则实验结果会明显偏低。

三、实验用品

电子分析天平、恒温水浴、比重瓶、测定介质、待测粉体样品。

测定介质要选择与待测样品表面接触角近似为零的测定介质，以确保对样品能完全润湿。大多数无机样品可以用去离子水。若水对样品润湿欠佳，可允许在测定介质中加 1 滴润湿剂（如磺化油等）。对于表面是非极性的样品，可选用无水二甲苯或无水煤油。测定介质应纯净，对样品不溶解、不溶胀，更不能起反应。

四、实验步骤

（1）准确称量 2～5g（精确到 0.1mg）已干燥的样品加入已知质量的干燥比重瓶中，然后注入部分测试介质。轻微振荡，使试样充分润湿，并赶尽试样所吸附的气泡。

（2）继续用测定介质充满比重瓶，盖严瓶盖。瓶塞毛细管应充满测定介质，不得有气泡。

（3）将比重瓶放入恒温水浴中，23℃恒温 10min，取出。用滤纸擦干比重瓶外表面水分。

(4) 将同一比重瓶清洗、干燥后用纯测定介质充满，按步骤（3）的方法校正空比重瓶体积。

数据处理及实验结果如下。

① 比重瓶体积 V（cm^3）按式(4-1) 求其准确值

$$V=(m_1-m)/\rho_0 \tag{4-1}$$

式中 m_1——经恒温后充满测定介质的比重瓶质量，g；

m——空比重瓶的质量，g；

ρ_0——测定温度下介质密度，g/cm^3。

② 装有样品和介质的比重瓶中介质的体积 V_1（cm^3）按式(4-2) 计算

$$V_1=(m_2-m_3)/\rho_0 \tag{4-2}$$

式中 m_2——样品＋介质＋比重瓶恒温后的质量，g；

m_3——样品＋比重瓶的质量，g。

③ 按式(4-3) 求样品相对密度 ρ（g/cm^3）

$$\rho=(m_3-m)/(V-V_1) \tag{4-3}$$

④ 根据两平行样的密度求其平均值，并注明误差范围和测试温度。

五、思考题

比重瓶法测定试样相对密度的优缺点有哪些？

实验 65　粉体材料装填体积和表观密度测定

一、实验目的

掌握粉体表观密度和装填体积测定方法及影响粉体表观密度的各种因素。

二、实验原理

粉体的装填体积是指干燥的粉体在容器振实状态下的体积，表观密度是干燥颗粒群在容器振实状态下单位体积粉体的质量。装填体积通常在振动台上对装粉体的容器进行周期性的上下振动，使粉体振实，直至振动前后粉体体积无显著变化，可判断为已振实。

粉体的装填体积和表观密度不但与粉体的真实密度有关，而且与粉体粒子的平均直径、粒度分布、颗粒形状等因素有关。表观密度还与粉体的含水率有关，水分不但会使粒子的真密度变大，而且水分含量大的粉体原级粒子更易絮凝团聚成大颗粒。这些粒子易于结拱，使局部孔隙很大，经振实也难破坏拱桥，所以测试前粉体必须干燥，才能测试到稳定的表观密度。本实验采用手工振动操作来完成，振实判断方法同上。

三、实验用品

电热恒温干燥箱、标准试样筛、天平、量筒、漏斗。

四、实验步骤

(1) 取足够进行两次测定的样品约500g，放入 (105±2)℃的烘箱中烘2h，然后将其置于干燥器中冷却备用。

(2) 称量量筒质量 m_0，精确到0.5g。将干燥试样过一定目数的试样筛，使聚集物完全分散，再把其加入称量过的量筒中。加样时应使用漏斗，量筒应倾斜且边加料边使量筒沿其轴线做转动，以避免形成空隙。加入量达到量筒 (200±10)mL 为止。

(3) 左手握住量筒，右手手掌平放向上轻击量筒底部，直至粉体体积在两次连续掌击时读数变化小于1 mL，记录最后的体积。注意：实验过程中需佩戴防护手套，手掌击打时不可过于用力，以防量筒破裂，割伤皮肤。

(4) 称取量筒和样品的总质量 m_1，准确到0.5g。

(5) 重复测量。

五、实验数据处理

装填体积 (mL/100g)　　$V_t=100V/(m_1-m_0)$

表观密度 (g/mL)　　$\rho_t=100/V_t$

两次测量取平均值。

六、思考题

(1) 什么是粉体的装填体积和表观密度？

(2) 影响粉体装填体积和表观密度测定的因素有哪些？

实验66　粉体样品的白度测定

一、实验目的

(1) 了解白度的概念和测定原理。

(2) 掌握白度仪的操作和测试方法。

二、实验原理

白度是指材料表面对可见光无选择性反射（漫反射）的能力，反射光与入射光比值为1时，理想完全漫反射的白度为100，反射比为零的绝对黑体的白度为0。白度测量是测定物体漫反射的绝对值。红、绿、蓝三种颜色被称为三原色，三原色是独立存在的，不能由其他两色相混而得，但可以用不同数量的三原色匹配成对人视觉上等效但光谱组成不一致的“同色异谱”的其他任何颜色。匹配某特定颜色所需的三原色数量叫作三刺激值。白度仪的工作原理就是用三原色照射样品表面，测量反射光的三刺激值，按照一定的公式计算样品的白度。根据测定要求和样品不同，白度有以下多种不同的表示方法。

甘茨（Ganz）白度 $W_G=Y-800x-1700y+813.7$

亨特（Hunter）白度 $W_H=100-[(100-L)^2+a^2+b^2]^{1/2}$

蓝光白度 $F457=R457$

国家标准 GB/T 5950—2008 所规定的其他白度公式。

由于白度计算公式不一致，白度数据会有差别，因此在测试报告中必须注明是哪种白度。上述概念及计算公式只是让读者了解白度测量的原理及有关名词的意义，目前国内生产的白度仪和色度仪测量后不但给出三刺激值 X、Y、Z，而且附属的计算机将上述公式计算的 $F457$、L^*、a^*、b^*、W_H、W_G、T_W 以及与标准样比较的色差值 ΔE^*_{ab} 直接显示。本实验方法适用于各种粉末产品和固体样品，包括无机粉体、陶瓷、纸张和各种白色织物的白度测量。

三、实验用品

烘箱、标准筛、WSD-3 型全自动光电积分式白度仪、待测粉体。

四、实验步骤

（1）试样处理。被测粉体样于 102℃烘干 24h（水分含量高会降低白度）。测试前均需研磨并过筛后备用。

（2）制样。取已处理过的粉末试样放入压样器中，压制成表面平整、无纹理、无疵点、无污点的试样板，以备测量。

（3）仪器预热。接好电源，打开电源开关，显示屏出现预热字样并开始从 10min 起倒计时；到预热 10min 后鸣响器响，仪器进入调整状态。

（4）仪器调整。调零，预热完后，仪器显示屏首先提示进入调零状态。这时将黑筒口向上对准光孔，松开手使黑筒压紧，按“ZERO”按钮，调零自动进行，直到鸣响器响，调零结束。显示屏提示可进行调白操作。

调白时按调零的操作方法，用标准白板换下黑筒，并按一下“WHITE”按钮，调白自动进行，直到鸣响器响，调白结束。仪器调整完成，可进入测量状态。

（5）样品的测量。将已制好的试样放在样品台上，对准光孔压住（小心不要损坏试样测试面），按一下测量键“MEASU”，仪器进行自动测量。

（6）结果显示。测量完成后，按“DISP”键，每按一次显示一组数据，并列表如下：

第一组数据 X，Y，Z

第二组数据 L^*，a^*，b^*

第三组数据 W_H，W_G，W_J…

按实验结果要求给出：

① 样品的 Hunter 白度 W_H，数值越高，样品越白。

② 样品的色调（偏什么颜色）。按 $h_{ab}=\arctan(b^*/a^*)$ 式计算样品色调角，从仪器给出的均匀色度图中查出样品色调。

$a^*>0$，$b^*>0$，h_{ab} 为 0°～90°，试样颜色为红～黄。

$a^*<0$，$b^*>0$，h_{ab} 为 90°～180°，试样颜色为黄～绿。

$a^* < 0$，$b^* < 0$，h_{ab} 为 180°～270°，试样颜色为绿～蓝。

$a^* > 0$，$b^* < 0$，h_{ab} 为 270°～360°，试样颜色为蓝～红。

③ 样品的彩度 $C_{ab}^* = (a^{*2} + b^{*2})^{1/2}$。对于白色物质，$C_{ab}^* < 3.0$ 时为中性白，$C_{ab}^* > 3.0$ 时为偏色白。彩度越大，说明白色物质所含某种淡色调越严重。

五、思考题

白度的定义是什么？

实验 67 碱滴定法测定气相白炭黑比表面积

一、实验目的

（1）了解碱滴定法测气相白炭黑比表面积的原理。

（2）掌握其测定方法及适用性。

二、实验原理

白炭黑是无定形二氧化硅，是由 Si 原子和 O 原子组成的巨型分子，通式为 $(SiO_2)_m$。因分子是由硅氧四面体 $[SiO_4]$ 相互连接组成的网状巨型分子，所以白炭黑是比表面积很大的多孔团体。在其表面层有许多硅氧断键，因此表面层与体相内部分子结构不同。硅氧断键中氧原子的剩余电价由 H^+ 来平衡使 SiO_2 表面形成许多羟基—OH。

若以 M 代表 SiO_2 的体相，则其与碱反应如下：

$$M—OH + NaOH \longrightarrow MONa + H_2O$$

从上式看出，SiO_2 表面羟基显酸性。它可以与碱发生反应，通过测定反应所消耗的碱量，可测出表面的羟基量，而—OH 与 SiO_2 比表面积成正比。所以，采用碱滴定法可以测定 SiO_2 的比表面积。上述反应平衡常数与碱浓度有关，所以反应进行程度与水分散体系的 pH 值有关，因此在碱滴定过程中一定要使反应起点和终点 pH 值一致，这样表面羟基所消耗的碱量才能与样品比表面积成正比关系。

分散介质水本身也发生解离平衡，$H_2O \longrightarrow OH^- + H^+$。在 SiO_2 水分散体系中，当加入碱时，OH^- 一方面与 SiO_2 表面羟基反应被消耗，另一方面体系 pH 升高也会消耗 OH^-。

为了减少体系消耗 OH^- 的影响，一般选择碱滴定起点为 pH=4，终点为 pH=9。在 pH 值中间区域，体系 $[H^+]$ 或 $[OH^-]$ 都很低，与 SiO_2 表面羟基所消耗碱量相比，可忽略不计。

根据碱滴定法测定 SiO_2 表面反应所消耗碱量还很难定量求出 SiO_2 的比表面积。因为 SiO_2 表面羟基密度，—OH 在表面所占面积受环境因素影响，—OH 的横截面积也无准确数据，而且碱滴定的起点和终点 pH 值也是人为规定的。所以，碱消耗量与 SiO_2 比表面积之间换算比例常数只能用别的方法来测定。一般方法是选用一种气相白炭黑标样，采用 BET 法准确地测定该标样的比表面积，将这个标样再用碱滴定方法测定其 pH 值从 4 到 9 时碱的消耗量。因为标样比表面积已知，这样就可求出碱消耗量与比表面积间的定量关系，求出一种换算的经验公式。利用这一经验公式，已知待测样碱滴定数据就可换算出其比表面积值。

三、实验原料与用品

实验原料：NaOH 标准溶液（0.1mol/L）、HCl 标准溶液（0.1mol/L）、NaCl 溶液（4.3mol/L）。

实验用品：电子分析天平、磁力搅拌器、量筒、碱式滴定管、烧杯、pH 试纸。

四、实验步骤

（1）称取干燥样品白炭黑 2.5g，放入 400mL 烧杯中，加入 250mL NaCl 溶液，搅拌均匀。

（2）将盛有样品悬浮液的烧杯放在磁性搅拌器盘子上，加入磁性搅拌子，将酸度计的复合电极浸入悬浮液中并固定，开动搅拌器，记录悬浮溶液的初始 pH 值。

（3）若初始 pH 值不是 4，则用滴管滴加 HCl 或 NaOH，调节体系 pH 值稳定在 4。该步骤酸或碱用量可不进行计算。

（4）当体系 pH 值稳定到 4 后，立即用碱式滴定管滴加 0.1mol/L 的 NaOH 标准溶液，滴定速度为每秒 2～3 滴。滴定过程中的搅拌一直进行，并观察体系的 pH 值变化。当 pH 值达到 9 时，停止滴定，5min 后体系 pH 值不变即为终点，记录 NaOH 标准溶液的滴加量。比表面积按下式计算：

$$S=13.86V-12$$

式中，V 为耗用 NaOH 标准溶液的体积，mL；13.86 和 12 均为经验数据。

五、思考题

表面积的测试方法有哪些？

实验 68　粉末接触角的测定

一、实验目的

（1）学习一种粉末接触角的测定方法。

（2）测定几种液体在氧化铁粉上的接触角。

二、实验原理

在生产和科研实践中，有时需了解液体对固体粉末的润湿性质，因此测定粉末接触角是必要的。但迄今为止，尚无一公认的测粉末接触角的标准方法，这不仅是由于接触角滞后现象的存在以及影响接触角的因素繁多，而且测定条件难于完全重复。此外，还有粉末接触角进行测定所具有的间接性。

我们知道已知液体可以在毛细管中上升的推动力主要是由于液体润湿管壁所形成的凹液面，进而引起压力差 ΔP。因此，当所观察液体在固体上接触角刚好小于 90° 时，才能发生所谓的毛细上升现象，接着根据 Laplace 公式：

$$\Delta P=(2\gamma\cos\theta)/r \tag{4-4}$$

只要我们得到液体的表面张力 γ、毛细管的半径 r 以及测出需要阻止毛细管里面液体上升所需要的压力差 ΔP，就可求出接触角 θ。可将固体粉末缓慢均匀装入一个圆柱形的玻璃管内，那么粉粒间隙之间形成的孔就可看为许多平均半径为 r 的毛细管。

本实验可以用液体在粉末中所形成的多孔塞中进行毛细上升的速度来计算接触角。

如果一液体由于毛细作用而渗入半径为 r 的毛细管之中，设在 t 时间内所测液体流过的长度为 L，则可用 Washburn 方程来描述：

$$L^2=(\gamma rt\cos\theta)/2\eta \tag{4-5}$$

式中，γ 为所测液体的表面张力，而 θ 为所测液体与毛细管壁之间的接触角，η 则为液体的黏度。最后将式（4-5）应用于干粉末形成的孔，则有：

$$h^2=[(C_r)\gamma t\cos\theta]/2\eta \tag{4-6}$$

式中，r 为所测粉末的孔毛细管平均半径；C 则为毛细管因子常数；h 为液面在不同时刻 t 的上升高度，即当粉末的堆积密度为恒定时的 C_r 为定值。

可先选择一个已知表面张力或者黏度，而且能够完全润湿的粉末，即 $\theta=0$ 的液体来进行实验；测出不同时间的液面上升高度 h，作出 h^2-t 图，可得一直线。然后根据式（4-6），再由直线斜率可以求出 C_r，即为仪器常数；同时，在保持相同的粉体堆积密度等条件下，再测定其他待测液体在此粉末之多孔塞中的 h^2-t 关系，按照式（4-6）求得接触角 θ。当然，待测液体的表面张力 γ 和黏度 η 应为已知值。

三、实验用品

长约 15cm、直径约 0.8cm 的玻璃管，秒表，烧杯，氧化铁粉，去离子水，丙酮。

四、实验步骤

（1）将选好的玻璃管洗净，两端磨平。管上标记刻度，管的一端用小块玻璃棉（或滤纸）封住。称取一定质量的固体粉末填充到玻璃管中。相同质量的同一种粉末样品每次都必须填充到相同高度，以保证粉末堆积密度恒定。

（2）将润湿液体放在小烧杯中，装好仪器，玻璃管必须垂直于液面。当填装有粉末的玻璃管刚一接触液面时开始计时，每隔一定时间 t（如 1min）记录液面上升高度 h。

（3）已知环己烷可完全润湿 γ-Fe_2O_3 粉末，先测定环己烷润湿 γ-Fe_2O_3 的 h-t 关系数据。

（4）按实验步骤（1）～（3），在相同的粉末装填堆积密度条件下，依次测定水、丙酮等液体对 γ-Fe_2O_3 润湿的 h-t 关系数据。

（5）由于在室温条件下接触角的温度系数不大，故全部实验可在室温条件下进行。

实验结果及数据处理要求如下。

① 根据测定出环己烷润湿 γ-Fe_2O_3 的数据，作 h^2-t 图，由直线的斜率和环己烷的 γ、η 值，依式（4-6）求出仪器常数 C_r，已知环己烷在 γ-Fe_2O_3 上的接触角为 0。

② 根据其他液体润湿 γ-Fe_2O_3 的数据，作出各自的 h^2-t 图，求斜率。由各直线的斜率、各液体的 γ、η 值和由①中求出的仪器常数，求出各液体在 γ-Fe_2O_3 上的接触角。

③ 列表表示实验数据和计算结果。

五、思考题

影响实验结果的因素有哪些？

实验69　陶瓷坯体密度测定实验

一、实验目的

(1) 了解陶瓷密度的测量原理。

(2) 熟练掌握用阿基米德法测量烧结体密度和相对密度的方法。

二、实验原理

陶瓷坯体在干燥与烧结后长度或体积会缩小，这一现象叫作收缩。收缩可分为干燥收缩和烧成收缩。烧成收缩的大小与原料组成、粒径大小、有机物含量、烧成温度及烧成气氛有关。本实验中采用线收缩表征陶瓷的收缩情况。线收缩是指坯体在干燥与烧成过程中，在长度方向上的尺寸变化。干燥收缩率等于试样中水分蒸发而引起的缩减与试样最初尺寸之比值，以%表示。烧成收缩率等于试样由于烧成而引起的缩减与试样在干燥状态下尺寸之比值，以%表示。总收缩率（或称全收缩率）等于试样由于干燥与烧成而引起的缩减与试样最初尺寸之比值，以%表示。

陶瓷的性能除取决于本身材料组成，上述微观组织因素也对材料性能有显著影响，其中气孔率对材料的性能有重要影响。这说明陶瓷材料的致密度是陶瓷材料的重要性能指标之一。陶瓷材料的密度及气孔率是评价其性能好坏的重要参数。本实验用阿基米德法测量陶瓷密度。

三、实验原料与用品

实验原料：实验所压陶瓷素坯。

实验用品：托盘、镊子、千分卡尺、小坩埚、烘箱、高温电炉、分析天平、盛放试样的线框、悬索一套、大烧杯（250mL、500mL）、去离子水、毛刷、镊子。

四、实验步骤

(1) 测定密度

① 用砂纸将样品表面磨平，清除试样表面的杂质，直至试样表面光滑。用水清洗后，放入烘箱中烘干至恒重。用分析天平称量并记下其质量 G_0。

② 试样置于沸水中煮 1h，直到长时间无气泡产生为止。然后在流动的水中冷却 3min。再用卫生纸擦去试样表面的多余水分。用分析天平称量并记下其质量 G_1。

③ 用分析天平称量试样在水中质量 G_2。

④ 陶瓷试样密度 ρ 可按下式计算

$$\rho=\frac{\rho_W G_0}{G_1-G_2}(\mathrm{g/cm^3})$$

式中，ρ_W 为水的密度，取 $1.00\mathrm{g/cm^3}$。

陶瓷试样的表面气孔率 p_s 为

$$p_s=\frac{G_1-G_0}{G_1-G_2}\times 100\%$$

(2) 注意事项

① 试样表面必须平整。

② 试样表面在整个称重阶段不能有水。

五、思考题

影响陶瓷烧结致密度的因素有哪些?

实验 70 粉末法测定玻璃化学稳定性

一、实验目的

(1) 了解玻璃化学稳定性的各种测试方法及应用范围。

(2) 掌握粉末法测定化学稳定性的原理和方法。

(3) 测定玻璃的耐水性。

二、实验原理

玻璃化学稳定性的常用测定方法有大块试样法与粉末法，这两种测定方法的基本原理及步骤相同。其中，大块试样法能准确测定试样的表面积，因此能准确获得单位面积玻璃的失重，以表示其化学稳定性。但这种方法所需时间较长，因而所得结果不够明显。粉末法采用较少的试样即可获得较大表面积，所需时间较短，所得的结果也比较明显。但由于无法正确测得试样的表面积，因此粉末法的测试结果不及大块试样法准确。本实验采用粉末法测试玻璃的化学稳定性。

根据侵蚀介质不同，玻璃的化学稳定性分为耐水性、耐酸性、耐碱性。但各种酸、碱、盐水溶液对玻璃的侵蚀都是从水对玻璃的侵蚀开始的。

水对玻璃作用的第一步是进行离子交换使玻璃表面脱碱，形成硅酸凝胶膜［式(4-7)］。后续的侵蚀必须通过硅酸凝胶膜才能继续进行，因这层硅酸凝胶膜吸附作用很强，副水解产物会阻碍进一步的离子交换，起保护作用，所以水对玻璃的侵蚀在最初阶段比较显著，以后便逐渐减弱，一段时间后侵蚀基本停止。

$$\text{玻璃—}R^{+}+H^{+}(\text{溶液})\longrightarrow\text{玻璃—}H^{+}+R^{+}(\text{溶液})$$
$$\text{玻璃—}R^{+}+H_3O^{+}(\text{溶液})\longrightarrow\text{玻璃—}H^{+}+R^{+}(\text{溶液}) \tag{4-7}$$

酸对玻璃的侵蚀机理与水基本相同。但由于酸中 H^+ 浓度更大，并且酸能与玻璃受侵蚀后生成的水解产物作用，使离子交换速度大大增加，因此酸对玻璃的侵蚀要比水厉害得多，生成的硅酸膜也更厚。

测定玻璃耐水性时，采用 HCl 溶液滴定中和溶解出的 ROH，如式 (4-8) 所示。

$$HCl+ROH\longrightarrow RCl+H_2O \tag{4-8}$$

测定玻璃耐酸性时，采用 NaOH 溶液滴定中和侵蚀介质剩余 HCl，如式 (4-9) 所示。

$$HCl+NaOH\longrightarrow NaCl+H_2O \tag{4-9}$$

由此测定玻璃的碱溶出量。

三、实验原料与用品

实验原料：0.01mol/L HCl 标准溶液、0.05mol/L NaOH 标准溶液、0.1%甲基红指示

剂乙醇溶液、1%酚酞指示剂乙醇溶液、无水乙醇、去离子水。

实验用品：电热恒温水浴锅、回流冷凝器、电热干燥烘箱、分析天平、不锈钢研钵、标准筛（0.42mm、0.25mm）、250mL三口烧瓶、50mL量筒、微量酸式滴定管、干燥器。

四、实验步骤

耐水性测试步骤如下。

① 试样制备。选择无缺陷、表面新鲜的块状玻璃，用不锈钢研钵捣碎，过0.42mm和0.25mm的标准筛，取颗粒度为0.25～0.42mm的玻璃粉末作试样；将筛选出的玻璃粉末摊在光滑的白纸上用磁铁吸去铁屑，吹去细粉末，再将玻璃粉末倒在倾斜的光滑木板（70cm×50mm）上，用手轻敲木板的上部边缘，圆粒滚下，弃去木板上残留的扁粒；将滚下的玻璃圆粒撒在黑纸上借助放大镜、镊子弃去尖角及针状的颗粒；用无水乙醇清洗粉尘后，将玻璃试样置于110℃烘箱内干燥1h，置于干燥器内备用。

② 在分析天平上准确称取三份处理好的试样（2g/份），分别倒入三个洗净烘干的250mL三口烧瓶中，分别注入50mL去离子水。另取一个同样的烧瓶，注入50mL去离子水，做空白实验。

③ 将恒温水浴锅加足水，通电加热至沸腾。将四个三口烧瓶装上回流冷凝管，置于沸水中，在（98±1）℃沸水中反应1h，取出后置于冷水浴中冷却至室温。

④ 加2～3滴甲基红指示剂至三口烧瓶中，用0.01mol/L HCl溶液滴定至微红色，记录所消耗的HCl量V_1。

⑤ 根据式（4-10）计算Na_2O的溶出量A（mg/g）

$$A=30.99(V_1-V_2)M_1/G \tag{4-10}$$

式中 A——Na_2O的溶出量，mg/g；

V_1——滴定试样所消耗的HCl体积，mL；

V_2——滴定空白试样所消耗的HCl体积，mL；

G——玻璃试样的质量，g；

M_1——HCl标准溶液的浓度，mol/L。

将三份试样的结果取平均值，按表4-1确定玻璃的水解等级。

表4-1 玻璃的水解等级

水解等级	1	2	3	4	5
析出Na_2O/(mg/g)	0～0.031	0.031～0.062	0.062～0.264	0.264～0.62	0.62～1.08

五、思考题

（1）影响粉末法测定玻璃耐水性准确度的因素主要有哪些？

（2）实验中应如何减少实验误差？

（3）沸水浴时烧瓶上为什么必须接回流冷凝管？如果不接，测定结果会如何？为什么？

实验71 材料的体积密度、吸水率和孔隙率测定

一、实验目的

掌握多孔无机膜材料的体积密度、吸水率、孔隙率的测定原理和操作方法。

二、实验原理

利用阿基米德定律可以测出无机膜材料的表观体积，进而可以求得材料的孔隙率、体积密度和吸水率。

三、实验用品

烘箱、电子天平、加热电炉（电阻丝式，小型）、去离子水。

四、实验步骤

（1）试样预处理。将试样用毛刷洗干净后置于110℃的烘箱中热烘2h，冷却至室温备用。

（2）试样干重的称量。称取预处理后试样的质量并记为G_0。

（3）试样吸水操作。将试样放入煮沸器中，加入去离子水使试样完全淹没，加热至沸腾后，再继续煮沸1h以上，冷却至室温备用。

（4）试样湿重的称量。将吸水达到饱和的试样用镊子夹出，用吸水滤纸将饱和试样表面过剩的水轻轻擦掉，迅速称量饱和试样在空气中的质量并记为G_1。

（5）试样在水中质量的测定。用细线拴住试样放入水中并将其完全淹没，细线上端系于放在电子天平托盘上的铁支架上，稳定后测出试样在水中的质量并记为G_2。

五、思考题

（1）分析体积密度$=G_0/(G_1-G_2)$、吸水率$=[(G_1-G_0)/G_0]\times100\%$和孔隙率$=[(G_1-G_0)/(G_1-G_2)]\times100\%$的计算原理。

（2）如果要尽可能减小误差，实验操作过程中要注意哪些细节问题？

实验72 无机膜材料绝对孔径的测定

一、实验目的

（1）测定多孔无机膜材料的绝对孔径值。

（2）分析材料组分和制备工艺对多孔无机膜材料绝对孔径的影响。

二、实验原理

本实验采用气体泡压法，利用毛细管作用原理测定膜的孔径。根据毛细管作用原理，当半径为r的毛细管被表面张力为γ的液体所润湿时，且毛细管液相压力与气相压力达到静力学平衡时，压力差可由Laplace方程［式（4-11）］描述。当孔两端压力差大于$2\gamma\cos\theta/r$时，毛细孔内的液体会被移走，孔道被打开。

$$\Delta P=2\gamma\cos\theta/r \tag{4-11}$$

式中，θ为接触角，完全浸润时为0。

实际测定过程中，已知表面张力的液体充分润湿多孔陶瓷材料的孔洞（抽真空或煮沸），固定多孔材料一端的压力，另一端用氮气产生压力差。当压差大到一定值时，陶瓷膜材料中最大孔径首先被打开，在出气端观察到第一个气泡。由式（4-11）便可以计算出陶瓷膜材料的最大孔径，即绝对孔径。

三、实验用品

加热电炉、多孔陶瓷孔道直径测定仪、去离子水、氮气。

四、实验步骤

（1）试样吸水操作。将试样表面清洗干净放入煮沸器中，加入去离子水使试样完全淹没，加热至沸腾后，再继续煮沸 1h 以上，冷却至室温备用。

（2）连接好多孔陶瓷孔道直径测定仪的电源线、进气管、排气管，打开流量计的旋钮。

（3）检查系统是否漏气。将金属试样装入夹具中拧紧压盖，打开电源开关，然后打开气瓶阀门，使供气压力达到 2MPa 以上，缓慢调节减压阀，使数显压力表显示的压力值升至 1000kPa 时关闭减压阀，静置 3～5min。若压力保持不变，说明仪器正常，可以开始准备实验；若压力下降，说明系统中有漏气现象，查找漏气原因并排除，然后再验漏，直至仪器正常为止。

（4）实验

① 将试样装入样品夹具中，压紧密封。向泡点监测器中加入适量水。

② 将数显压力表清零。

③ 打开储气瓶阀门，根据所测试样大致毛细孔径大小调节阀门使供气压力在实验期间保持在适当的压力值。

④ 打开压力调节旋钮，以 1～2kPa/min 的升压速度缓慢升高压力，直至试样表面上出现第一个（或同时几个）成串气泡为止，记下此时压力表显示的压力值。

（5）计算测定结果。

最大孔道直径计算公式如下：

$$d=4\gamma/\Delta P \tag{4-12}$$

式中 γ——实验液体表面张力，N/m；

ΔP——静态下试样压力差。

按式（4-12）计算绝对孔径，取多个结果的算术平均值。

（6）实验结束后，关闭压力调节旋钮及储气瓶阀门，关闭电源开关，拔下插头。

（7）将试样从夹具中取出，清洁夹具。

五、思考题

多孔无机膜的绝对孔径对液体膜分离工程而言有何重要意义？

实验 73　陶瓷泥料的可塑性实验

一、实验目的

（1）了解黏土或坯料的可塑性指标对生产的指导意义。

(2) 熟悉影响黏土可塑性指标的因素。

(3) 掌握黏土或坯料可塑性指标的表征原理及方法。

二、实验原理

可塑性是指具有一定细度和分散度的黏土或坯料，加适量水调和均匀，成为含水率一定的塑性泥团，该泥团在外力作用下能获得任意形状而不产生裂缝或破坏，且在外力作用停止后仍能保持该形状的能力。

可塑性与调和水量和颗粒周围形成的水化膜厚度有一定的关系。一定厚度的水化膜会使颗粒相互联系，形成连续结构加大附着力；水膜又能降低颗粒间的内摩擦力，使质点能相互沿着表面滑动而易于塑造成各种形状，从而增加了可塑性。但加入水量过多又会产生流动，失去塑性；加入水量过少，则连续水膜破裂，内摩擦力增加，塑性变坏，甚至在不大的压力下就呈松散状态。

本实验采用KS型可塑性仪测量可塑性指标。仪器采用的是20世纪70年代英国陶瓷协会所推荐的方法测量可塑性，即通过研究试样在受力过程中应力和应变的关系来确定泥料的可塑性。

对于圆柱体试样，采用可塑度R来量度泥料的可塑性：

$$R=A\frac{F_{10}}{F_{50}}$$

式中 A——常数，等于试样压缩50%和10%时面积之比，对于ϕ28mm×38mm试样，此值为1.80；

F_{10}——试样压缩10%时所承受的压力，N；

F_{50}——试样压缩50%时所承受的压力，N。

三、实验用品

KS-B微机可塑性仪（配有制样器）、分析天平、调泥刀、煤油、棉纱等。

四、实验步骤

(1) 制样。用ϕ28mm×38mm制样器和调泥刀制作6个标准试样。制作前，用棉纱蘸煤油擦拭干净制样器内表面。

(2) 测试

① 打开电源开关，预热5min。仪表界面高两位小数码管显示位移（mm），此时高两位应>38mm，否则应降低使之符合要求；低四位大数码管显示压力（N），此时低四位应为“0.0”，否则需进行零点测定。

② 按“测试”键，高位闪烁，按“数字”键将其设置为1；再按“测试”键，显示方式1状态。（方式1指示灯亮。）

③ 将制好的试样（ϕ28mm×38mm圆柱体试样）放入下压板中心，按“上升”键，仪器自动完成实验并自动计算显示该泥料的可塑度R。按“测试”键可循环显示：可塑度、位移、压力、最大压力值。

④ 记录数据后，按“下降”键，最后按“R、S”键复位，准备下一次实验。

五、数据处理

（1）可塑性指标计算。每种试样需平行测定 6 次，用于计算可塑性指标的数据，其相对误差应小于 10%。

（2）水分测量与计算

$$干基水分=\frac{G_1-G_2}{G_2-G_0}\times 100\%$$

$$湿基水分=\frac{G_1-G_2}{G_1-G_0}\times 100\%$$

式中 G_0——称量皿的质量，g；

G_1——称量皿和湿样的质量，g；

G_2——称量皿和干样的质量，g。

六、思考题

（1）测定黏土可塑性的方法很多，目前我国常用的方法有哪几种？

（2）可塑性指数与可塑性指标的定义是什么？

（3）试述 KS 型可塑性仪测量可塑性指标的原理。

（4）影响陶瓷泥料可塑性的因素有哪些？

实验 74　陶瓷浆料的流动性、触变性和稳定性实验

一、实验目的

（1）了解泥浆的稀释原理，学会选择稀释剂并确定其用量。

（2）了解泥浆性能对陶瓷生产工艺的影响。

（3）掌握泥浆的制备方法和泥浆相对黏度、厚化度等性能的表征及控制方法。

（4）掌握通过合理选择电解质种类及用量调控泥浆性能的方法。

二、实验原理

（1）泥浆的流动性和触变性。泥浆的流动性和触变性分别采用泥浆的相对黏度和厚化度来表征。泥浆的流动性取决于黏土的双电子层。泥浆的触变性取决于泥浆中黏土的片层结构和棚架结构。

泥浆在流动时，其内部存在摩擦力。内摩擦力的大小一般用“黏度”的大小来反映，黏度的倒数即为流动度。黏度越大，流动度就越小。

触变性（稠化性）：黏土泥浆或可塑泥团受到振动或搅拌时，黏度会降低而流动性增加，静置后又能逐渐恢复原状。反之，相同的泥料放置一段时间后，在维持原有水分的情况下会增加黏度，出现变稠和固化现象。上述情况可以重复无数次。黏土的上述性质统称为触变性，也称为稠化性。

黏土的触变性在生产中对泥料的输送和成型加工有较大影响。

泥浆的流动度与稠化度，取决于泥料的配方组成，即所用黏土原料的矿物组成与性质、

泥浆的颗粒分散和配制方法、水分含量和温度、使用电解质的种类。

（2）电解质对泥浆流动性与触变性的影响。实践证明，电解质对泥浆流动性等性能的影响是很大的，即使在含水量较少的泥浆内加入适量电解质后，也能得到像含水量多时一样或更大的流动度。因此，调节和控制泥浆流动度和厚化度的常用方法是选择适宜的电解质，并确定其加入量。

在黏土水系统中，黏土粒子带负电，因而黏土粒子在水中能吸附阳离子形成胶团。一般天然黏土粒子上吸附着各种盐的 Ca^{2+}、Mg^{2+}、Fe^{3+}、Al^{3+} 等阳离子，其中 Ca^{2+} 最多。在黏土系统中，黏土粒子还大量吸附 H^+。在未加电解质时，由于 H^+ 半径小，电荷密度大，与带负电的黏土粒子作用力大，易进入胶团吸附层，中和黏土粒子的大部分电荷，使相邻粒子间的同性电荷减少，斥力减小，甚至黏土粒子易于黏附凝聚，而使流动性变差。Ca^{2+} 以及其他高价阳离子等，由于其电价高（与一价阳离子相比），与黏土粒子间的静电引力大，易进入胶团吸附层，因而产生与上述一样的结果，使流动性变差。

如果加入电解质的阳离子解离程度大，且所带水膜较厚，而与黏土粒子间的作用不是很大，大部分阳离子仅进入胶团的扩散层，使扩散层加厚，电动电位增大，黏土粒子间排斥力增大，因而增加泥浆的流动性。

① 用于稀释泥浆的电解质必须具备下列 3 个条件。

a. 具有水化能力强的一价阳离子，如 Na^+ 等。

b. 能直接解离或水解而提供足够的 OH^-，使分散系统呈碱性。

c. 能与黏土中有害离子发生交换反应，生成难溶的盐类或稳定的配合物。

② 生产中常用稀释剂可分为以下三类。

a. 无机电解质，如水玻璃、碳酸钠、六偏磷酸钠、焦磷酸钠等，电解质的用量一般为干坯料质量的 0.3%～0.5%。

b. 能生成保护胶体的有机酸盐类，如腐殖酸钠、单宁酸钠、柠檬酸钠、松香皂等，用量一般为 0.2%～0.6%。

c. 聚合电解质，如聚丙烯酸盐、羧甲基纤维素、木质素磺酸盐、阿拉伯胶。

在选择电解质并确定各电解质最适宜用量时，一般是将电解质加入黏土泥浆中，并测定该泥浆的流动度。

三、实验用品

涂-4 黏度计（图 4-1）、电子天平、快速研磨机或球磨机（含球磨罐）、秒表、玻璃棒、量筒、烧杯等。

图 4-1 涂-4 黏度计

四、实验步骤

（1）电解质标准溶液的制备。配制浓度为 10% 的 Na_2CO_3、水玻璃（或两者混合）或者 5% 腐殖酸钠等不同电解质的标准溶液。

注意：电解质应在使用时配制。特别是水玻璃极易吸收空气中的 CO_2 而降低稀释效果；Na_2CO_3 也易吸潮，必须干燥保存，以免在空气中反应生成 $NaHCO_3$，而使泥浆凝聚。

（2）基础泥浆试样的制备。配制基础电解质含量的泥浆，泥浆含水率基本保持在 36%，过 120 目筛。以骨质瓷泥料配制基础泥浆：

泥料+0.25% Na_2CO_3（预干燥）+0.1%腐殖酸钠+36% H_2O，完全分散均匀，制得基础浆料。

(3) 基础泥浆流动性和触变性的测定

① 相对黏度的测定。把涂-4黏度计内外容器洗净、擦干，置于不受振动的平台上，调节黏度计三个支脚的螺丝，使之水平。把搪瓷杯放在黏度计下面中央位置，黏度计的流出口对准杯的中心。转动开关，把黏度计的流出口堵住，将制备好的试样充分搅拌均匀，借助玻璃棒慢慢地将泥浆倒入黏度计的圆柱形容器中，至恰好装满容器（稍有溢出）为止。用玻璃棒仔细搅拌一下，静置30s，立即打开开关，同时启动秒表，眼睛平视容器出口；待泥浆流断流时，立即关秒表，记下时间 τ_{30s}。

同一试样重复测定3次，取平均值。

按上述步骤测定相同条件下，流出100mL去离子水所需要的时间 $\tau_{水}$。

② 厚化度的测定。将制备好的试样充分搅拌均匀，借助玻璃棒慢慢地将泥浆倒入黏度计的圆柱形容器中，至恰好装满容器（稍有溢出）为止。用玻璃棒仔细搅拌一下，静置30min，立即打开开关，同时启动秒表，眼睛平视容器的出口；待泥浆流断流时，立即关秒表，记下时间 τ_{30min}。

同一试样重复测定3次，取平均值。

(4) 电解质调整泥浆流动性和触变性的测定。在基础浆料的基础上，分别添加不同用量的5%腐殖酸钠溶液，同时测定每次调整后浆料的流动性和触变性，观察电解质对泥浆性能的影响规律。

比较泥浆获得最大稀释时的相对黏度，电解质的用量及泥浆获得一定流动度的最低含水量。

五、数据处理

(1) 泥浆性能测试结果记入表4-2。

(2) 按下列公式计算泥浆的相对黏度。

$$相对黏度=\frac{\tau_{30s}}{\tau_{水}}$$

式中 τ_{30s}——泥浆静置30s后，从黏度计中流出100mL所需的时间，s；

$\tau_{水}$——水从黏度计中流出100mL所需要的时间，s。

取三次测定的平均时间进行计算。三次测定的绝对误差，流出时间在40s以内的不能大于0.5s，40s以上的不能大于1s。计算精确到小数点后一位。

(3) 根据泥浆相对黏度与电解质加入量的关系绘成曲线，再根据转折点判断最适宜的电解质加入量。

(4) 比较不同电解质的稀释曲线及不同电解质的作用，从而确定稀释作用良好的电解质及其最适宜的加入量。

(5) 泥浆胶体系统的触变性能常以厚化度来表示：

$$厚化度=\frac{\tau_{30min}}{\tau_{30s}}$$

式中 τ_{30min}——泥浆在黏度计内静置30min后从黏度计中流出100mL所需要的时间，s；

τ_{30s}——泥浆在黏度计内静置30s后从黏度计中流出100mL所需要的时间，s。

实验结果记录见表4-2。实验条件为干坯料100g；控制泥浆水分为36%。

表 4-2　泥浆性能测试结果记录

<table>
<tr><th colspan="2" rowspan="2">项目</th><th colspan="6">编号</th></tr>
<tr><th colspan="2">基础浆料</th><th colspan="2">调 1</th><th colspan="2">调 2</th></tr>
<tr><td rowspan="2">电解质用量</td><td>Na_2CO_3/g</td><td colspan="2"></td><td colspan="2"></td><td colspan="2"></td></tr>
<tr><td>腐殖酸钠/g</td><td colspan="2"></td><td colspan="2"></td><td colspan="2"></td></tr>
<tr><td colspan="2" rowspan="3">$\tau_{水}$/s</td><td></td><td rowspan="3"></td><td></td><td rowspan="3"></td><td></td><td rowspan="3"></td></tr>
<tr><td></td><td></td><td></td></tr>
<tr><td></td><td></td><td></td></tr>
<tr><td colspan="2" rowspan="3">τ_{30s}/s</td><td></td><td rowspan="3"></td><td></td><td rowspan="3"></td><td></td><td rowspan="3"></td></tr>
<tr><td></td><td></td><td></td></tr>
<tr><td></td><td></td><td></td></tr>
<tr><td colspan="2" rowspan="3">τ_{30min}/s</td><td></td><td rowspan="3"></td><td></td><td rowspan="3"></td><td></td><td rowspan="3"></td></tr>
<tr><td></td><td></td><td></td></tr>
<tr><td></td><td></td><td></td></tr>
<tr><td colspan="2">相对黏度</td><td colspan="2"></td><td colspan="2"></td><td colspan="2"></td></tr>
<tr><td colspan="2">厚化度</td><td colspan="2"></td><td colspan="2"></td><td colspan="2"></td></tr>
</table>

六、思考题

(1) 泥浆的流动性和触变性分别采用什么来表征？

(2) 泥浆的流动性和触变性分别取决于黏土的什么结构？

(3) 简述触变性（稠化性）的定义。

(4) 试述用于稀释泥浆的电解质必须具备的条件。

(5) 生产中常用的稀释剂可分为哪三类？试举例说明。

(6) 简述陶瓷浆料流动性调整的原理。

(7) 简述陶瓷浆料流动性和触变性的影响因素。

实验 75　金属材料的硬度测试实验

一、实验目的

(1) 了解硬度测试的基本原理及应用范围。

(2) 学习洛氏和布氏硬度试验机的主要结构及操作方法。

二、实验原理

金属材料的硬度，可以认为是金属材料表面在接触压应力的作用下所产生的抵抗塑性变形而呈现出的一种能力。硬度测试的结果能够给出一般金属材料之软硬程度相关的数量概念；同时，由于在金属材料的表面以下处于不同的深处所能承受的应力以及发生变形的程度会有所不同，因而所得硬度值就可以综合反映表面压痕附近的局部体积内相关金属的弹性，其他还有微量塑变抗力，以及塑变强化能力所结合的大量形变抗力。所测硬度值越高，就表明金属材料抵抗塑性变形的能力越大，同时材料能产生的塑性变形就越小。

硬度检测方法很多，目前广泛采用压入法来测定硬度。压入法可分为洛氏硬度（HR）、布氏硬度（HB）和维氏硬度（HV）等。

（一）洛氏硬度（HR）

（1）洛氏硬度实验原理如图 4-2 所示。洛氏硬度测试法以压痕的塑性变形深度来确定所测硬度值的指标。用一个顶角为 120°金刚石圆锥体或者采用直径 1.58mm 或 3.18mm 的淬硬钢球做压头，在一定载荷下，将压头压入被测材料表面，以 0.002mm 为一个标准硬度单位，从而由压痕深度来求出材料硬度。

$$HR = K - (h_2 - h_0)/0.002$$

式中，K 为常数，采用金刚石圆锥 $K=0.2$，采用钢球 $K=0.26$。

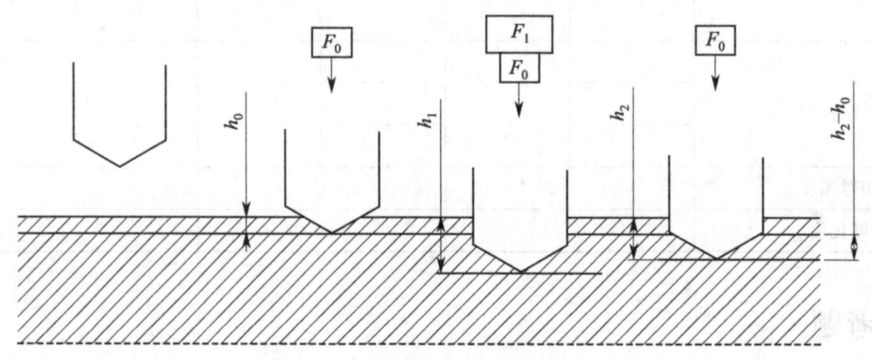

图 4-2 洛氏硬度实验原理

洛氏硬度值无量纲。根据试验标尺不同，分三种不同的标度，如表 4-3 所示。

表 4-3 洛氏硬度测量标尺

标尺	压头	试验力	硬度范围	适用范围
HRA	120°金刚石圆锥	588.4N(60kgf[①])	20～88	硬质合金、浅表面硬化层
HRB	1/16"(1.5875mm)钢球	980.7N(100kgf)	20～100	软钢、铜合金、铝合金
HRC	120°金刚石圆锥	1471N(150kgf)	20～70	调质钢、淬火钢、合金钢

①1kgf=9.80665N。

（2）操作程序

① 根据试样预期硬度按表 4-3 确定压头和载荷。

② 将所测试样平稳放置于试样台上，同时顺时针转动手轮，使试样与压头之间缓慢接触，直至上方硬度指示表的小指针转到指示红点处。此时即已预加载荷 10kgf（1kgf=9.80665N），然后将大指针对准 *C* 或 *B* 刻度线。

③ 进而将加载的手柄缓慢推向加载方向，从而可以平稳地施加主载荷，直到指针转动变慢，然后基本不动，使总试验力能够保持 2～6s 左右；再将加载的手柄缓慢扳回到卸载位置，从而卸除主试验力。

④ 按硬度计指示表的大指针所指示刻度来读取硬度值。当测定 HRC 和 HRA 标尺时，可按刻度表外圈上标记为 *C* 符号的黑字读数；而当测定 HRB 标尺时，则按刻度表内圈上标记为 *B* 符号的红字读数。

⑤ 取下样品，卸载全部试验力，测试完毕。

（二）布氏硬度（HB）

（1）布氏硬度的基本工作原理如图 4-3 所示。

布氏硬度实验是施加一定大小的载荷 F（N），将直径为 D（mm）的钢球压入被测金属表面（图 4-3）并保持一定时间，然后卸载。根据钢球在金属表面上所压出的凹痕直径 d（mm）求出凹痕面积，以此作为硬度值的计量指标。

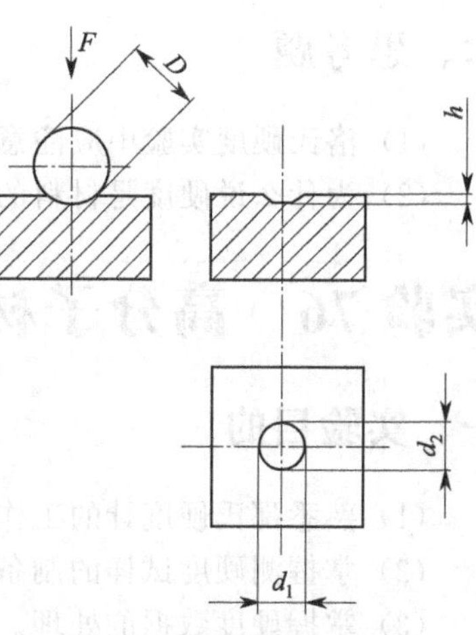

图 4-3 布氏硬度实验原理

其计算公式如下：

$$HB=0.102\times 2F/\pi D[D-\sqrt{(D^2-d^2)}]$$

$$d=(d_1+d_2)/2$$

（2）操作程序

① 打开电源开关，电源指示灯亮。试验机进行自检、复位，显示当前的试验力保持时间。选取要用的压头，装入主轴孔内。

② 选择试验力，设定试验力保持时间，一般为 10～15s。

③ 将试样放在样品台上。顺时针转动手轮，使样品台上升，试样与压头接触，直至手轮与螺母产生相对滑动，停止转动手轮。此时按“开始”键，实验自动进行，依次完成以下过程：试验力加载；保持载荷时间；卸载指示灯亮立即卸载，完成卸载后恢复初始状态。

三、实验用品

洛氏硬度计、布氏硬度计、读数显微镜、试样。

四、实验步骤

（1）按照规定操作程序测定试样的洛氏硬度值。

（2）按照规定操作程序测定试样的布氏硬度值。

五、实验报告要求

（1）简述布氏、洛氏硬度实验原理。

（2）测定试样的洛氏硬度值并填入表 4-4。

表 4-4 洛氏硬度值

实验材料	压头	试验力/N	硬度值(HRC)
试样			

（3）测定试样的布氏硬度值并填入表 4-5。

表 4-5 布氏硬度值

实验材料	钢球直径 D/mm	载荷/kgf	持续时间/s	P/D^2
试样				
凹痕直径 d/mm				
HB 值				

六、思考题

(1) 洛氏硬度实验中应注意哪些问题？

(2) 为什么说硬度是材料的综合力学性能？

实验 76　高分子材料的邵氏硬度测试实验

一、实验目的

(1) 熟悉邵氏硬度计的工作原理。

(2) 掌握测硬度试样的制备方法及测试步骤。

(3) 掌握硬度数据的处理。

(4) 掌握影响硬度的因素。

二、实验原理

邵氏硬度计是用1kg外力把硬度计的压针以弹簧的压力压入试样表面的深浅来表示其硬度。橡胶受压将产生反抗其压入的反力，直到弹簧压力与反力相平衡。橡胶越硬，反抗压针压入的力量越大，使压针压入试样表面深度越浅；而弹簧受压越大，金属轴上移越多，故指示的硬度值越大，反之则相反。

三、实验用品

(1) 实验仪器。邵氏硬度是目前国际上应用比较广泛的一种硬度。邵氏硬度计一般分为A、C、D等几种型号；邵氏A型硬度计（图4-4）测量软质橡胶硬度，邵氏C型硬度计测量半硬质橡胶硬度，邵氏D型硬度计测量硬质橡胶硬度。

图 4-4　邵氏 A 型硬度计

邵氏硬度计结构简单。试验时用外力把硬度计的钝针压在试样表面上，钝针压入试样的深度如下式：

$$T=2.5-0.025h$$

式中　T——钝针压入试样深度，mm；

h——所测硬度值；

2.5——压针露出部分长度，mm；

0.025——硬度计指针每度压针缩短长度，mm。

该式反映了钝针压入试样的深度 T 与硬度 h 的关系：钝针压入深度越深，硬度值越小。

(2) 试样

① 试样厚度不小于6mm，宽度不小于15mm，长度不小于35mm；如试样厚度低于6mm，可用同样胶片量叠加起来（不得超过四层）测试。

② 试样表面应光滑、平整，不应有缺胶、机械损伤及杂质等。

③ 试样必须有足够的面积，使压针距试样接触位置边缘至少12mm。

四、实验步骤

邵氏硬度计的试验步骤和要求，按 GB/T 531.1—2008 标准进行。

(1) 试验前检查试样，如表面有杂质需用纱布蘸酒精擦净。观察硬度计指针是否指于零点，并检查压针压于玻璃面上时是否指于100。

(2) 将试样置于硬度计玻璃面上，在试样缓慢地受到 1kgf 负荷（硬度计的底面与试样表面平稳地完全接触）后 1s 内读数。

(3) 试样上的每一点只准测量一次硬度，点与点间距离不少于 10mm。

(4) 每个试样的测量点不少于 3 个，取其中值为试验结果。

试验的影响因素如下。

① 温度的影响。当试样温度（或室温）高时，由于高聚物（或聚合物）分子的热运动加剧，分子间作用力减弱，内部产生结构的松弛，降低了材料的抵抗作用，因而硬度值降低；反之，则硬度值增高，故试样硫化完毕应在规定条件下停放和测试。

② 试样厚度的影响。试样必须具备一定的厚度，如果试样低于要求的厚度，硬度计压杆就会受到承托试样用玻璃片的影响，使硬度值增大，影响测试结果的准确性。

③ 读数时间的影响。由于橡胶是黏弹性高分子材料，受外力作用后具有松弛现象，随着压针对试样加压时间的增长，其压缩力趋于减小，因而试样对硬度计压针的反抗力也减小。所以，测量硬度时读数时间早晚会对硬度值有较大影响，压针与试样受压后立即读数与指针稳定后再读数，所得结果相差很大：前者高，后者偏低，二者之差可达 5～7，尤其在合成橡胶中较为显著。为了统一实验方法，提高数据的可比性，目前规定“在缓慢地受到 1kg 负荷时立即读数”，此时的硬度值将高于硬度计指针稳定后的指示值。

④ 压针长度对实验结果的影响。在 GB/T 531.1—2008 标准中规定邵氏 A 型硬度计的压针露出加压面的高度为 $2.5_{-0.05}^{+0.00}$mm。在自由状态下指针应指零点；当压针压在平滑的金属板或玻璃上时，仪器指针应指 100。如果是大于或小于 100 时，说明压针露出高度大于 2.5mm 或小于 2.5mm，在这种情况下应停止使用，进行校正。

⑤ 压针形状和弹簧的性能对结果的影响。硬度计的锥形压针靠弹簧压力作用于所测试样上，压针的行程为 2.5mm 时，指针应指于刻度盘上 100 的位置。硬度计用久后，弹簧容易变形或压针的针头易磨损，其针头长度和针尖的截面积有变化，均影响测试结果的准确性。如针头磨损长度为 0.05mm 时，会造成 1°～3°之差，针尖截面积直径变化 0.11mm 时，就会有 1°～4°的误差。因此，硬度计应定期进行压针形状尺寸的检查和弹簧应力的校正，以保证测试结果的可靠性。

五、国家标准

目前采用的国家标准是 GB/T531.1—2008，该标准等同于 ISO 7619—1—2010。

六、实验报告要求

实验报告包括以下项目。

① 本标准编号、试样的名称和代号。

② 试样状态和尺寸，包括厚度，如试样叠层，要说明层数；试验温度，当被测材料硬度与湿度有关时，要说明相对湿度。

③ 使用仪器的型号；试样从制备到测量硬度的时间间隔。

④ 每次测量硬度计示值，当示值不是在 1s 内读取时必须说明时间间隔。

⑤ 硬度测量结果的数值、平均值和范围，邵氏 A 型硬度计、D 型硬度计和袖珍型国际硬度计分别用 Shore A、Shore D 和 IRHD 单位表示。

⑥ 如有偏离本标准要求或出现本标准没有规定的影响因素时，必须详细说明并分析对试验结果可能产生的影响。

七、思考题

邵氏硬度的测试原理?

实验 77　Dataphysics 动态接触角与表面张力仪的使用

一、实验目的

(1) 了解 Dataphysics 动态接触角与表面张力仪的工作原理。

(2) 了解 Dataphysics 动态接触角与表面张力仪的使用方法。

二、实验原理

(一) 表面张力

(1) 挂环法。通常用铂丝制成圆形挂环，将它挂在扭力秤或链式天平上并使环平面与液面恰好完全平行接触，然后测定挂环与液面脱离时的最大拉力 F，如图 4-5 所示。

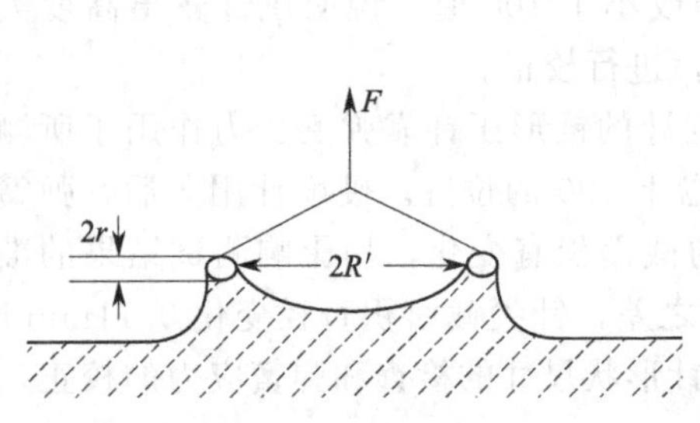

图 4-5　挂环法示意（一）

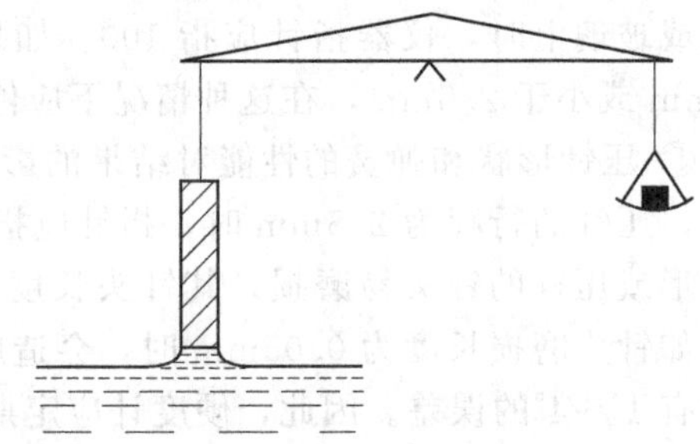

图 4-6　挂片法示意（二）

设拉起来的液体呈圆柱形，拉力就等于柱中液体质量 mg，m 表示拉起的液体质量，g 表示重力加速度。若环的内半径为 R'，r 是环丝的半径，所以环的外半径为 $R'+2r$。R 是环的平均半径，即 $R=R'+r$，则

$$F=mg=2\pi\delta R'+2\pi\delta(2r+R')=4\pi\delta(r+R')$$

因为

$$F=W_{总}-W_{环}$$

$W_{总}$ 为挂环脱离液面时的最大拉力，其扣去环的质量 $W_{环}$ 后，就是拉环拉起的液体质量 mg，所以

$$4\pi R\delta=W_{总}-W_{环}$$

(2) 挂片法。扭力秤或链式天平上挂上一块铂片，如图 4-6 所示。

测量时使铂片恰好与被测液面相接触，然后测定铂片与液面拉脱的最大拉力。l 和 d 分别为铂片的片宽和片厚；当 $l \gg d$ 时，片与液体接触的周长为 $2(l+d) \approx 2l$。所以

$$W_{总} - W_{环} = 2l\delta$$

$$\sigma = \frac{\Delta W}{2l}$$

(二) 动态接触角

根据 Washbum 公式，当一根被固体物质充满的毛细管插入某一液体时，在一段时间后会达到平衡，公式为

$$h^2 = \frac{tr\sigma_l \cos\theta}{2\eta}$$

式中，h 为毛细管内液面的上升高度；t 为达到平衡所需要的时间；r 为毛细管的半径；σ_l 为液体的表面张力；θ 为接触角；η 为液体的黏度。

在实验中可用一根粗的管子代替毛细管，这根粗管就可以看成是由无数毛细管组成的。因为不可能知道组成实验用管子的毛细管半径和数目，因此，上述公式就应进行如下变动，加上一个变量 C，变为

$$h^2 = C\frac{t\sigma_l \cos\theta}{2\eta}$$

在实验中，我们选择一种能完全润湿各种物质的液体（一般为正己烷）作为参照物测一次接触角，因为它能润湿各种物质，因此其接触角为 0°，即 $\cos\theta = 1$。将其代入公式中可以求出待测物质的 C 值，然后再在相同条件下，测一次实际液体的接触角，即可得到待测物质的接触角。

三、实验用品

Dataphysics 动态接触角与表面张力仪。

四、实验步骤

(1) 开机：总电源→辅助设备电源→电子天平电源。
(2) 启动计算机上的应用程序。
(3) 进入相应的工作界面，调节参数。
(4) 测量。
(5) 结果检查、处理与保存。
(6) 关机：程序窗口→电子天平电源→辅助设备电源→总电源。

五、思考题

Dataphysics 动态接触角与表面张力仪的工作原理是什么？

实验 78　金属材料的中性盐雾腐蚀实验

一、实验目的

（1）了解中性盐雾腐蚀实验的基本原理。

（2）了解盐雾腐蚀箱的结构与使用方法。

（3）掌握中性盐雾气氛中表征金属腐蚀的实验方法。

二、实验原理

盐雾实验是评价金属材料和涂镀层耐蚀性的加速实验方法。该方法被广泛用于确定各种保护层的厚度均匀性和孔隙度，作为评定批量产品或筛选涂层的试验方法。此外，盐雾实验也被认为是最有效模拟海洋大气对不同金属（有保护涂层或无保护涂层）加速腐蚀的实验方法。盐雾实验一般包括中性盐雾实验（NSS），醋酸盐雾实验（ASS）及铜加速的醋酸盐雾实验（CASS）等。其中，中性盐雾实验是最常用的加速腐蚀实验方法。

实验时，将一定形状和大小的试样暴露于盐雾实验箱中，喷入经雾化的实验溶液，细雾在自重作用下均匀地沉降在试样表面。试样在盐雾箱内的位置，应使其主要暴露表面与垂直方向成 15°～30°角；试样间的距离应使盐雾能自由沉降在所有试样上且试样表面的盐水溶液不应滴落在任何其他试样上；试样间不构成任何空间屏蔽作用，互不接触且保持彼此间电绝缘，试样与支架也须保持电绝缘，且在结构上不产生任何缝隙。

经过一定周期的加速腐蚀后，取出试样，并测量试样质量和尺寸变化，按失重法或增重法计算试样的腐蚀速率：

$$v^- = \frac{m_0 - m_1}{ST}\text{（失重法）或}v^+ = \frac{m_2 - m_0}{ST}\text{（增重法）}$$

式中　v——金属的腐蚀速率，g/（m^2·h）；

S——试样暴露于盐雾环境中的表面积，m^2；

T——腐蚀试验时间，h；

m_0——试样腐蚀前的质量，g；

m_1——除去腐蚀产物后试样的质量，g；

m_2——带腐蚀产物试样的质量，g。

中性盐雾实验是一种应用非常广泛的人工加速腐蚀实验方法，适用于很多金属和涂镀层的质量控制；有孔隙的镀层可做极短的盐雾喷雾，以免由于腐蚀而产生新的孔隙。根据美国材料与试验协会标准，中性盐雾实验条件为：试液为 5% NaCl 溶液，溶液 pH 值为 6.5～7.2，雾化压缩空气的压力为 0.7～1.8kgf/cm^2（1kgf＝9.80665N），喷雾箱温度为（35±1)℃，盐雾降落速度为 1.6～2.5mL/（h·dm^2）。

三、实验用品

本实验主要设备为盐雾腐蚀实验箱，如图 4-7 所示。

盐雾腐蚀实验箱主要由箱体、气源系统、盐水补给系统、喷雾装置及电控系统组成。其盐雾采用气流喷雾方式生成，在工作室内形成一个雾状均匀、降落自然的盐雾试验环境。盐雾腐蚀实验箱具有连续喷雾和定时间隙喷雾两种工作方式。实验箱工作室内配有不同直径的试棒及带角度的试验槽，可放置不同形状的试样。

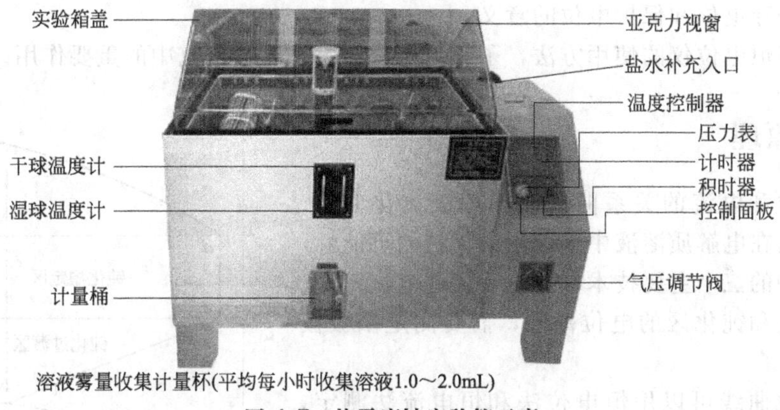

图 4-7 盐雾腐蚀实验箱示意

四、实验步骤

(1) 将称量好的氯化钠溶于去离子水中配制出质量分数为 5% 的溶液，并用盐酸或氢氧化钠溶液调节 pH 值为 6.5～7.2。

(2) 采用乙醇或丙醇清洗试样表面，使试样表面无油污；对于不需要喷雾的地方用涂料、石蜡、环氧树脂等加以保护。

(3) 在精密分析天平上称重，用游标卡尺测量试样的长、宽和高。

(4) 试样用尼龙丝挂在试验架上，放入箱内；注意试样不能相互接触，而且不得与其他任何金属或能引起干扰的物质接触，放的位置应使所有试样能喷上盐雾，试样表面的盐水不能滴在其他试样上。

(5) 开始喷雾，其方式为连续方式，时间由试样的腐蚀程度而定。喷雾结束之后，关闭电源，取出试样。

(6) 观察和记录试样腐蚀情况，清除腐蚀产物，干燥后再称重。

五、思考题

(1) 比较连续喷雾方式和间隔喷雾方式对试样腐蚀速率的影响。

(2) 实验过程中试样放置应注意哪些问题？对实验结果有什么影响？

(3) 简述不同材料或涂层中性盐雾实验结果的评价标准。

实验 79 金属的电化学腐蚀实验

实验 79-1 金属极化曲线的测试

一、实验目的

(1) 掌握恒电位法测定阳极极化曲线的原理和方法。

(2) 绘制并比较一般金属（镁合金）和有钝化性能金属（铝合金、不锈钢）的阳极极化曲线的异同，初步掌握有钝化性能金属在腐蚀体系中临界点蚀电位的测定方法。

(3) 通过阳极极化曲线的测定，判定实施阳极保护的可能性，初步选取阳极保护的技术参数，了解击穿电位和保护电位的意义。

(4) 掌握恒电位仪的使用方法，了解恒电位技术在腐蚀研究中的重要作用。

二、实验原理

阳极电位和电流的关系曲线叫作阳极极化曲线。为了判定金属在电解质溶液中采取阳极保护的可能性，选择阳极保护的三个主要技术参数——致钝电流密度、维钝电流密度和钝化区的电位范围，需要测定阳极极化曲线。

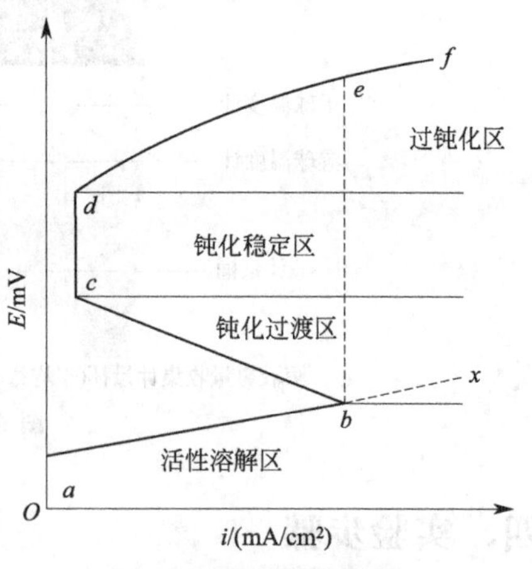

图 4-8 阳极极化曲线

有钝化性能的金属：$abcdef$——恒电位法测定，$abef$——恒电流法测定；一般金属：ax 曲线

阳极极化曲线可以用恒电位法和恒电流法测定。图 4-8 是一条典型的阳极极化曲线。一般金属（镁合金）的阳极极化曲线为 ax 曲线。对于有钝化性能的金属（铝合金、不锈钢），曲线 $abcdef$ 是恒电位法（即维持电位恒定，测定相应的电流值）测得的阳极极化曲线。当电位从 a 逐渐向正移动到 b 点时，电流也随之增加到 b 点；当电位过 b 点以后，电流反而急剧减小，这是因为在金属表面上生成一层高电阻耐腐蚀的钝化膜，钝化开始发生。随着电位的增高，电流逐渐衰减到 c。在 c 点之后，电位若继续增高，由于金属完全进入了钝态，电流维持在一个基本不变的很小的值——维钝电流。当电位增高到 d 点以后，金属进入过钝化状态，电流又重新增大。从 a 点到 b 点的范围叫作活性溶解区，从 b 点到 c 点的范围叫作钝化过渡区，从 c 点到 d 点的范围叫作钝化稳定区，过 d 点以后的区域叫作过钝化区。对应于 b 点的电流密度叫作致钝电流密度，对应于 cd 段的电流密度叫作维钝电流密度。若把金属作为阳极，通以致钝电流使之钝化，再用维钝电流去保护其表面的钝化膜，可使金属的腐蚀速度大大降低，这就是阳极保护的原理。

采用恒电流法无法测出上述曲线的 $bcde$ 段。在金属受到阳极极化时其表面发生了复杂的变化，电极电位成为电流密度的多值函数，因此当电流增加到 b 点时，电位即由 b 点跃增到很正的 e 点，金属进入过钝化状态，反映不出金属进入钝化区的情况。由此可见只有用恒电位法才能测出完整的阳极极化曲线。本实验采用电化学工作站逐点恒定阳极电位，同时测定对应的电流值，并在半对数坐标上绘成 E-i 曲线，即为恒电位阳极极化曲线。

三、实验原料与用品

实验原料：3%氯化钠溶液、丙酮、去离子水。

实验用品：CS350 电化学工作站、计算机、饱和甘汞电极、铂电极、盐桥（添加饱和 KCl 溶液)、电解池（400mL)、镁合金试样（ϕ12mm×10mm)、铝合金试样（ϕ12mm×10mm)、不锈钢试样（10mm×20mm×5mm)、电吹风、金相砂纸（100 号、200 号、600 号)、钢尺、洗瓶、脱脂棉。

四、实验步骤

(1) 把加工到一定粗糙度的试样用砂纸逐步打磨，测量尺寸，用丙酮脱脂，吹干。

(2) 按图 4-9 接好测试线路，检查各接头是否正确，盐桥是否导通。

(3) 测量试样在氯化钠溶液中的腐蚀电位。

(4) 设定 CS350 电化学工作站采样间隔为每秒 1 个点，即 1min 采样 60 个，扫描速率为 1mV/s。

(5) 测试阳极极化曲线，同时观察其变化规律及电极表面的现象。

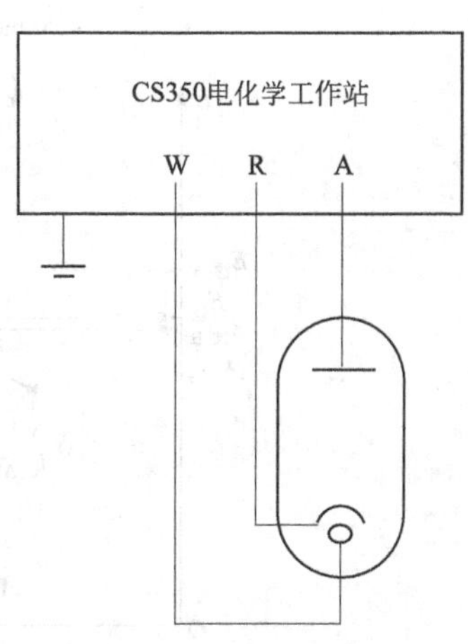

图 4-9 电化学工作站测极化曲线线路

五、思考题

(1) 分析阳极极化曲线各线段和各特殊点的意义。

(2) 阳极极化曲线对实施阳极保护有何指导意义？

(3) 比较恒电位阳极极化曲线和恒电流阳极极化曲线，说明测定阳极极化曲线为什么要用恒电位仪？

(4) 腐蚀电位有什么意义？

(5) 为了安全使用电化学工作站，应注意哪些问题？

实验 79-2 电偶腐蚀的测定

一、实验目的

(1) 掌握电偶腐蚀测试原理，初步掌握电偶腐蚀测试的方法，了解不同金属相互接触时组成的电偶对（Mg-Zn、Mg-Al、Mg-Fe 电偶对）在腐蚀介质中的电偶序。

(2) 掌握用零电阻电流表测电偶电流的方法。

二、实验原理

当两种不同金属在腐蚀介质中相互接触时，由于腐蚀电位不相等，原腐蚀电位较负的金属（电偶对阳极）溶解速度增加，造成局部腐蚀，这就是电偶腐蚀。应用极化图有助于更清楚地看到电极的电化学参数在耦合前后的变化，如图 4-10 所示。假设有两个表面积相等的金属 A 和金属 B，金属 A 的电位比金属 B 的电位正，当它们各自放入同一介质（如酸溶液）中，未耦合时金属 A 的腐蚀速度为 $i_{蚀,A}$，金属 B 的腐蚀速度为 $i_{蚀,B}$。然后用导线连接金属 A 和金属 B 使之形成电偶对，此时腐蚀体系的混合电位为 $E_{偶}$。金属 A 的腐蚀速度减少到 $i'_{蚀,A}$，金属 B 的腐蚀速度增加至 $i'_{蚀,B}$。混合电位理论测定电偶腐蚀的电化学技术，包括电位测定、电流测定和极化测定。通过测定短路条件下耦合电极两端的腐蚀电流即电偶电流的数值，根据电路电流的数值，就可以判断金属的耐电偶腐蚀性能。

电偶电流与电偶对中阳极金属的真实溶解速度之间的定量关系较复杂（与不同金属间的电位差、未耦合时的腐蚀速度、塔费尔常数和阴阳极面积比等因素有关），但有如下的基本关系。在活化极化控制的条件下，金属腐蚀速度的一般方程式为：

$$I=I_{蚀}\left[\exp\frac{2.303(E-E_{蚀})}{b_a}-\exp\frac{-2.303(E-E_{蚀})}{b_c}\right]$$

如果某金属与另一个电位较正的金属形成电偶，则这个电位较负的金属将被阳极极化，电位 E 将正向移到电偶电位 $E_{偶}$，它的溶解电流将由 $I_{蚀}$ 增加到 $I'_{蚀}$：

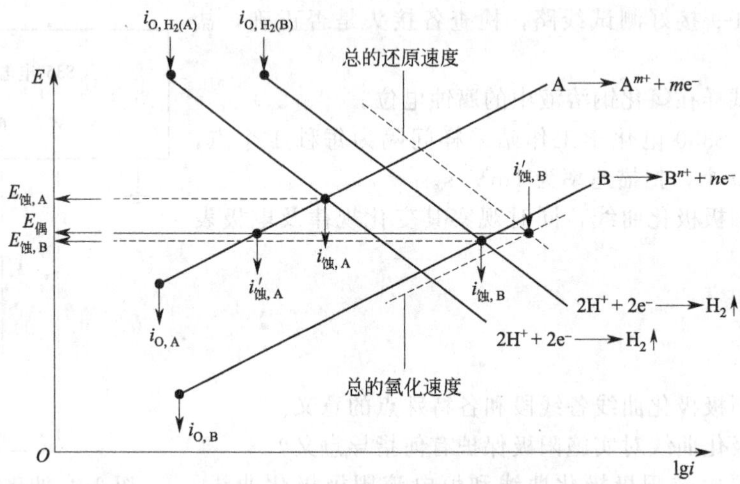

图 4-10　金属 A 和金属 B 形成电偶对时混合电位的性质

$$I'_{蚀}=I_{蚀}\exp\left[\frac{2.303(E_{偶}-E_{蚀})}{b_a}\right]$$

电偶电流 $I_{偶}$ 实际上是电偶电位 $E_{偶}$ 处局部阳极电流和局部阴极电流之差：

$$I_{偶}=I_{蚀}\left[\exp\frac{2.303(E_{偶}-E_{蚀})}{b_a}-\exp\frac{-2.303(E_{偶}-E_{蚀})}{b_c}\right]$$

由上式可以获得两种极限情况。

① 形成耦合电极后，若极化很大（即 $E_{偶}\gg E_{蚀}$），则 $I_{偶}=I'_{蚀}$，即电偶电流数值等于耦合电极阳极的溶解电流。

② 形成耦合电极以后，若极化很小（即 $E_{偶}\approx E_{蚀}$），则 $I_{偶}=I'_{蚀}-I_{蚀}$，即电偶电流的数值等于耦合电极阳极的溶解电流在耦合前后之差。

对上述两种极限情况的讨论，有助于理解处于两种极限之间的状态。如果直接由电偶电流去求出溶解速度，数值会不同程度地偏低。因此，如果需要求出真实的溶解速度，对电偶电流 $I_{偶}$ 进行修正是必要的。

测量电偶电流不能用普通的安培表，要采用零电阻安培表的测试技术，也可运用零电阻的结构原理，将恒电位仪改接成测量电偶电流的仪器。

三、实验原料与用品

实验原料：3%氯化钠溶液、丙酮、去离子水。

实验用品：CS350 电化学工作站、计算机、电解池（400mL）、盐桥（添加饱和 KCl 溶液）、镁试样（ϕ12mm×20mm）、锌试样（ϕ12mm×20mm）、铝试样（ϕ10mm×20mm）、碳钢试样（40mm×25mm×5mm）、洗瓶、电吹风、脱脂棉、金相砂纸（100 号、200 号、600 号）、钢尺。

四、实验步骤

(1) 把加工到一定光洁度的试样用砂纸逐步打磨，测量尺寸，用丙酮脱脂，吹干。

(2) 按图 4-9 接好测试线路，检查各接头是否正确，盐桥是否导通。

(3) 设定 CS350 电化学工作站采样间隔为每 20 秒 1 个点，即 1min 采样 3 个。

(4) 按测定先后，分别将镁与锌、镁与铝、镁与碳钢所组成的电偶对安装于装有适量

3%氯化钠水溶液的电解槽中。电偶对的试样尽量靠近，把甘汞电极安装于两试样之间，便于测定耦合前后的各电位值。

(5) 进行电偶电流曲线测试，同时观察其变化规律及电极表面的现象。

五、思考题

(1) 电偶腐蚀电流为什么不能单独用普通的安培表来测量？

(2) 如果要用电偶电流值计算真实的溶解速度，应该如何进行校正？试说明之。

(3) 电偶电流的数值受哪些因素的影响？

实验 80　金属材料热导率的测定

一、实验目的

(1) 了解 DRP-Ⅱ热导率测试仪的基本构造，了解测量热导率的方法。

(2) 掌握 DRP-Ⅱ热导率测试仪的工作原理及操作方法。

(3) 熟练掌握数据的记录和处理工作，掌握热导率 λ 的计算方法。

二、实验原理

为了测定材料的热导率，首先从热导率的定义和它的物理意义入手。

热传导定律指出：如果热量是沿着 Z 方向传导，那么在 Z 轴上任一位置 Z_0 处有一个垂直截面积 dS（图 4-11），以 $\frac{\mathrm{d}T}{\mathrm{d}Z}$ 表示在 Z 处的温度梯度，以 $\frac{\mathrm{d}Q}{\mathrm{d}t}$ 表示在该处的传热速度（单位时间内通过截面 dS 的热量），那么热传导定律可表示成：

$$\mathrm{d}Q=-\lambda\left(\frac{\mathrm{d}T}{\mathrm{d}Z}\right)Z_0\,\mathrm{d}S\,\mathrm{d}t \tag{4-13}$$

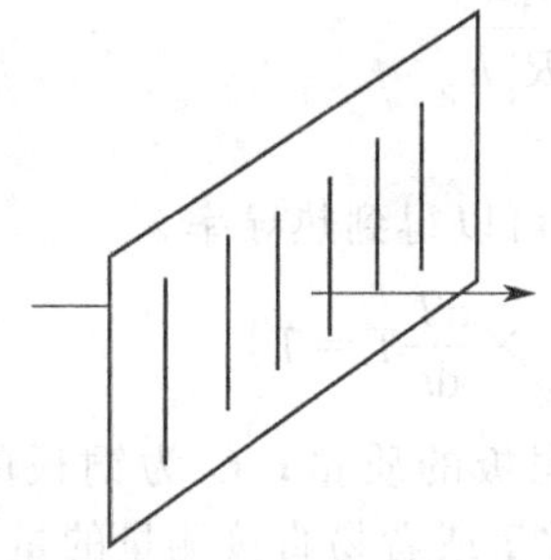

图 4-11　热量在单位截面积上的传导示意

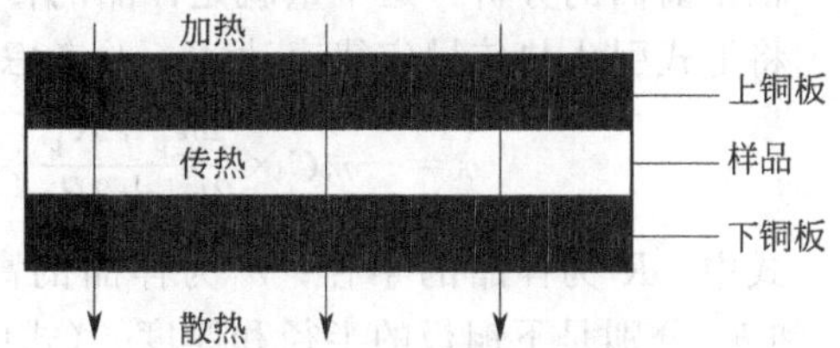

图 4-12　样品传热示意

(1) 温度梯度 $\frac{\mathrm{d}T}{\mathrm{d}Z}$。为了在样品内造成一个温度的梯度分布，可以把样品加工成平板状，并将其夹在两块良导体——铜板之间（图 4-12），使两块铜板分别保持在恒定温度 T_1 和 T_2，这样就可以在垂直于样品表面的方向上形成温度的梯度分布。样品厚度可做成 $h \ll D$（样品直径）。这样，由于样品侧面比平板面积小很多，则侧面散去的热量可以忽略不计，可以认为热量是沿垂直于样品平面的方向传导，即只在此方向上有温度梯度。由于铜是良导体，在达到平衡时，可以认为同一铜板各处的温度也相同。这样只要测出样品的厚度 h 和

两块铜板的温度 T_1、T_2，就可以确定样品内的温度梯度 $\frac{T_1-T_2}{h}$，当然这需要铜板与样品表面紧密接触，否则中间的空气层将产生热阻，使得温度梯度测量不准确。

(2) 传热速率 $\frac{dQ}{dt}$。单位时间内通过一截面积的热量 $\frac{dQ}{dt}$ 是一个无法直接测定的量，应设法将这个量转化为比较容易测量的量。为了维持一个恒定的温度梯度分布，必须不断地给高温侧铜板加热，热量通过样品传到低温侧铜板，低温侧铜板则要将热量不断地向周围环境散出。当加热速率、传热速率与散热速率相等时，系统达到一个动态平衡状态，称之为稳态。此时低温铜板的散热速率就是样品内的传热速率。这样，只要测量低温侧铜板在稳态温度 T_2 下散热速率，也就间接测量出了样品内的传热速率。但是，铜板的散热速率也不易测量，还需要进一步的参量转换，已知铜板的散热速率与冷却速率（温度变化率 $\frac{dT}{dt}$）有关，其表达式为：

$$\frac{dQ}{dt}\bigg|T_2=-mC\frac{dT}{dt}\bigg|T_2 \tag{4-14}$$

式中，m 为铜板的质量，C 为铜板的比热容，负号表示热量向低温度方向传递。因为质量容易直接测量，C 为常量，这样对铜板的散热速率的测量又转化为对低温侧铜板冷却速率的测量。铜板的冷却速率可以这样测量：达到稳态后，移去样品，用加热铜板对下铜板加热，使其温度高于稳定温度 T_2（大约高出 10℃），然后让其在环境中自然冷却，直到温度低于 T_2，测出温度在大于 T_2 到小于 T_2 区间中随时间的变化关系，描绘出 T-t 曲线。曲线在 T_2 处的斜率就是铜板在稳态时 T_2 下的冷却速率。

应该注意的是，这样得出的 $\frac{dT}{dt}$ 是在铜板全部表面暴露于空气中的冷却速率。其散热面积为 $2\pi R_p^2+2\pi R_p h_p$（其中 R_p 和 h_p 分别是下铜板的半径和厚度），在实验中稳态传热时，铜板的上表面（面积为 πR_p^2）是被样品覆盖的。由于物体的散热速率与它们面积成正比，所以在稳态时，铜板散热速率的表达式应修正为：

$$\frac{dQ}{dt}=-mC\times\frac{dT}{dt}\times\frac{\pi R_p^2+2\pi R_p h_p}{2\pi R_p^2+2\pi R_p h_p} \tag{4-15}$$

根据前面的分析，这个量就是样品的传热效率。

将上式引入热传导定律表达式，并考虑到 $dS=\pi R^2$，可以得到热导率 λ。

$$\lambda=-mC\times\frac{2h_p+R_p}{2h_p+2R_p}\times\frac{1}{\pi R^2}\times\frac{h}{T_1-T_2}\times\frac{dT}{dt}T=T_2 \tag{4-16}$$

式中，R 为样品的半径；h 为样品的高度；m 为下铜板的质量；C 为铜板的比热容；R_p 和 h_p 分别是下铜板的半径和厚度。(式中的各项均为常量或者易直接测量的量。)

三、实验用品

DRP-Ⅱ热导率测试仪、电源线、专用测量热电偶、保温杯、测试样品（硬铝、橡皮）。

四、实验步骤

(1) 用自定量具测量样品、下铜板的几何尺寸和质量等必要的物理量，多次测量后取平均值。其中铜板的比热容 $C=0.386\text{kJ}$。

(2) 放置好待测样品及下铜板（散热盘），调节下圆盘托架上的三个微调螺丝，使待测样品与上下铜板接触良好。安置圆筒、圆盘时，须使放置热电偶的洞孔与杜瓦瓶在同一侧。热电偶插入铜盘小孔时，要抹上硅脂并插到洞孔底部，使热电偶测温端与铜盘接触良好，热电偶冷端插入冰水混合物中。

(3) 合上“加热开关”，参照智能温度控制器使用说明书设定好上铜板的温度。对上铜板进行加热。

(4) 上铜板加热到设定温度时，同时通过热电偶选通开关，将信号选通开关打开，测量上铜板的温度。当上铜板的温度保持不变时（可通过温控仪的温度显示来观测），记录此时上铜板的温度（T_1）。再不断地给高温侧铜板（上铜板）加热，热量通过样品不断地传到低温侧铜板（下铜板），经过一定时间后，当下铜板的温度基本不变时，将信号选通开关打在“Ⅱ”，测量下铜板的温度。记录此时铜板的温度值（T_2），此时则可认为已达到了稳态。（大约在 2min 内下铜板温度基本保持不变。）

(5) 移去样品，继续对下铜板加热。当下铜板温度比 T_2 高出 10℃左右时，移去圆筒，让下铜板所有表面均暴露于空气中，使下铜板自然冷却。每隔 30s 读一次下铜板的温度示值并记录，直到温度下降到 T_2 以下一定值。作铜板的 T-t 冷却速率曲线。（选取邻近的 T_2 测量数据来求出冷却速率。）

(6) 根据式 4-13～式 4-16 计算样品的热导率 λ。

(7) 设置上铜板不同的加热温度，量出不同温度下样品的热导率 λ。在设定加热温度时，须高出室温 30℃。

五、思考题

(1) 本实验有哪些内外部因素会影响实验的准确性？

(2) 本实验对于实验室温度、湿度是否有要求？为什么？

实验 81　金属材料的拉伸实验、压缩实验、弯曲实验、冲击韧性实验

实验 81-1　拉伸实验

一、实验目的

(1) 确定材料的抗拉强度 σ_b，弹性模量 E。

(2) 观察金属材料在拉伸过程中所表现的各种现象。

(3) 熟悉试验机及其他有关仪器的使用。

(4) 通过实验掌握测试方法和原理。

二、实验原理

低碳钢拉伸如图 4-13 所示。当外加应力不超过 P 点时，其应力（σ）与应变（ε）成直线比例关系，即满足胡克定律（Hooke's Law），$\sigma = E_\varepsilon$。如果在此阶段卸载，则变形也随之

消失，直至回到零点，这种变形称为弹性变形或线弹性变形。当外加应力大于比例极限点 P 后，应力-应变关系不再是呈直线关系，但变形仍属弹性，即当外力释放后，变形将完全消除，试样恢复原状。直到外加应力超过 E 后，试样已经产生塑性变形，此时若将外力释放，试样不再恢复到原来形状。有些材料具有明显的屈服现象，有些材料则不具明显屈服现象，超过弹性极限后，如继续对试样施加载荷，当到达某一值时，应力突然下降，此应力即为屈服极限 σ_s。材料经过屈服现象之后，继续施予应力，此时产生应变硬化（或加工硬化）现象，材料抗拉强度随外加应力的提升而提升。当到达最高点时该点的应力即为材料之最大抗拉强度。试样经过最大抗拉强度之后，开始由局部变形产生颈缩（necking）现象，之后进一步应变所需的应力开始减少，伸长部分也集中于颈缩区。试样继续受到拉伸应力而伸长，直到产生断裂。

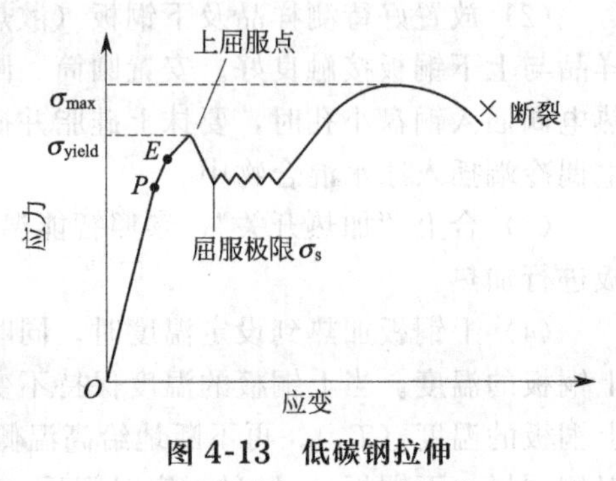

图 4-13 低碳钢拉伸

E—弹性极限点；P—比例极限点

三、实验用品

万能材料试验机（RWES-100B）、游标卡尺、拉伸试样。

四、实验步骤

（1）使用游标卡尺量取试样的宽（w）及厚度（t）。每边均需量取三点后取平均值。

（2）将试样装入试验机上。试片一定要保持铅直状态，若有偏离情形，则断面会因应力分布不均而弯曲，影响实验结果。

（3）施加载荷直到试样断裂，将数据及应力-应变曲线图列画出。

（4）将试片取下，观察断口形貌。

五、数据分析

针对测试数据，计算 $\sigma_b=F/S$。数据分析见表 4-6。

表 4-6 数据分析

试样	宽 w/mm			厚度 t/mm			横截面积 S/mm²	最大拉力 F/kN	弹性模量 E/GPa	抗拉强度 σ_b/MPa

六、思考题

拉伸试样的国家标准有哪些？

实验 81-2 压缩实验

一、实验目的

（1）确定材料的压缩强度。

(2) 观察材料在实验过程中所表现的各种现象。

(3) 熟悉试验机及其他有关仪器的使用。

(4) 通过实验掌握测试方法和原理。

二、实验原理

材料压缩示意如图 4-14 所示。把试样横放在平台上，用压头由上向下施加负荷，根据试样断裂时的应力值计算抗压强度。在此种情况下，对于矩形截面的试样，抗压强度 σ_p 为：

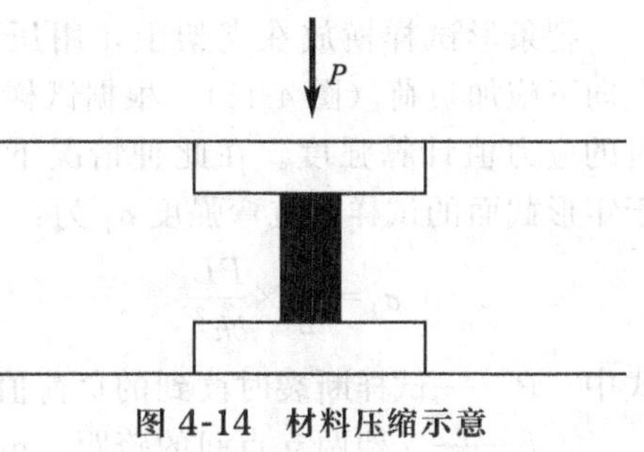

图 4-14 材料压缩示意

$$\sigma_p = P/A_0$$

式中 P——试样压碎时读到的负荷值，N；

A_0——试样横截面积，m^2。

三、实验用品

万能材料试验机（RWES-100B）、游标卡尺、试样。

四、实验步骤

(1) 准备试样。测量试样中横截面两个相互垂直方向的宽度，取其平均值来计算试样的原始横截面面积 A_0。

(2) 放置试样。将试样尽量准确地置于试验机支座中心处。

(3) 操纵压头缓慢压下，将试样压断，记下所加载荷数 P。

(4) 代入公式，计算抗压强度。

(5) 完成数据分析，实验记录填入表 4-7。

表 4-7 实验记录

试样	宽 b/mm	高度 h/mm	横截面面积 A_0/mm^2	最大压力 P/kN	抗压强度 σ_p/MPa

五、思考题

为什么塑性样品不适合进行压缩实验？

实验 81-3 弯曲实验

一、实验目的

(1) 确定材料的抗弯强度 σ_f。

(2) 观察金属材料在抗弯过程中所表现的各种现象。

(3) 熟悉试验机及其他有关仪器的使用。

(4) 通过实验掌握测试方法和原理。

二、实验原理

弯曲实验示意如图 4-15 所示。

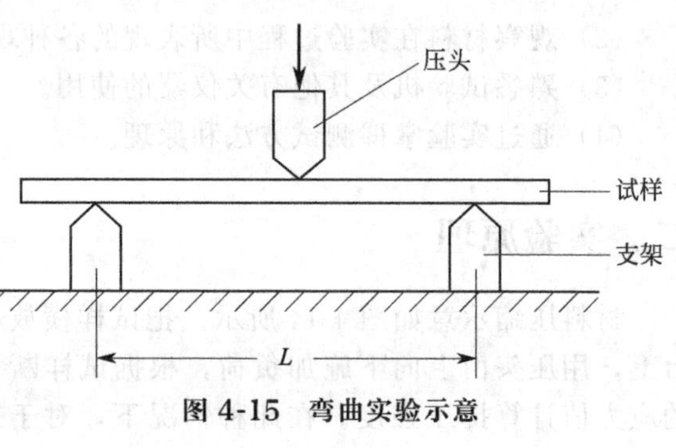

图 4-15 弯曲实验示意

把条形试样横放在支架上，用压头由上向下施加负荷（图 4-15），根据试样断裂时的应力值计算强度。在此种情况下，对于矩形截面的试样，抗弯强度 σ_f 为：

$$\sigma_f=\frac{3}{2}\times\frac{PL}{bh^2}$$

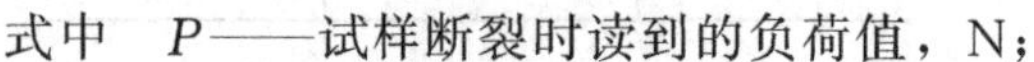

式中 P——试样断裂时读到的负荷值，N；

L——支架两支点间的跨距，m；

b——试样横截面宽，m；

h——试样高度，m。

三、实验用品

万能材料试验机（RWES-100B）、游标卡尺、抗弯试样。

四、实验步骤

（1）将切割好的试条表面磨光。因为粗糙表面的微裂纹很多，会影响强度的测试值。

（2）将试条放进压模中，然后放到试验机的平台上，操纵压头缓慢压下，将试样压断，记下所加载荷数 P。

（3）用游标卡尺（分度值为 0.01mm）测出试样断口处的宽 b 和高 h。

（4）代入公式，计算抗弯强度。

（5）完成数据分析，实验数据填入表 4-8。

表 4-8 实验数据

试样	宽 b/mm	高度 h/mm	最大压力 P/kN	抗弯强度 σ_f/MPa

五、思考题

弯曲实验为什么有利于检测试样的表面质量？

实验 81-4 冲击韧性实验

一、实验目的

（1）了解冲击韧性的意义、原理与测试方法。

（2）测定金属材料的冲击韧性 a_k 值。

二、实验原理

冲击实验是测定金属材料韧性的常用方法，用于测定金属材料在动负荷下抵抗冲击的性能，以便判断材料在动负荷下的性质。测试时将一定尺寸和形状的金属试样放在试验机的支座上，再将一定重量的摆锤升高到一定高度，使其具有一定势能，然后让摆锤自由下落将试样冲断。摆锤冲断试样所消耗的能量即为冲击功 A_k。A_k 值的大小代表金属材料韧性的高低。冲击韧性 a_k（J/cm^2）用冲击功 A_k 除以试样断口处的原始横切面积 A 来表示。

$$a_k = A_k / A$$

式中，A 为试样在断口处的横截面面积，cm^2。

三、实验用品

实验设备：半自动摆锤式冲击试验机（型号为 JB-300B）；摆锤动作等均由电气机械控制。

实验样品：实验试样按 GB/T 229—2020 规定，冲击实验标准试样有 U 形缺口试样和 V 形缺口试样两种。习惯上前者简称为梅式试样［图 4-16（a）］，后者为夏式试样［图 4-16（b）］。所采用的标准冲击试样尺寸为 55mm×10mm×10mm，并开有 2mm 宽或 2mm 深缺口。

实验试样材料：碳钢（如 45 钢）、合金钢（如 40Cr 钢）等。

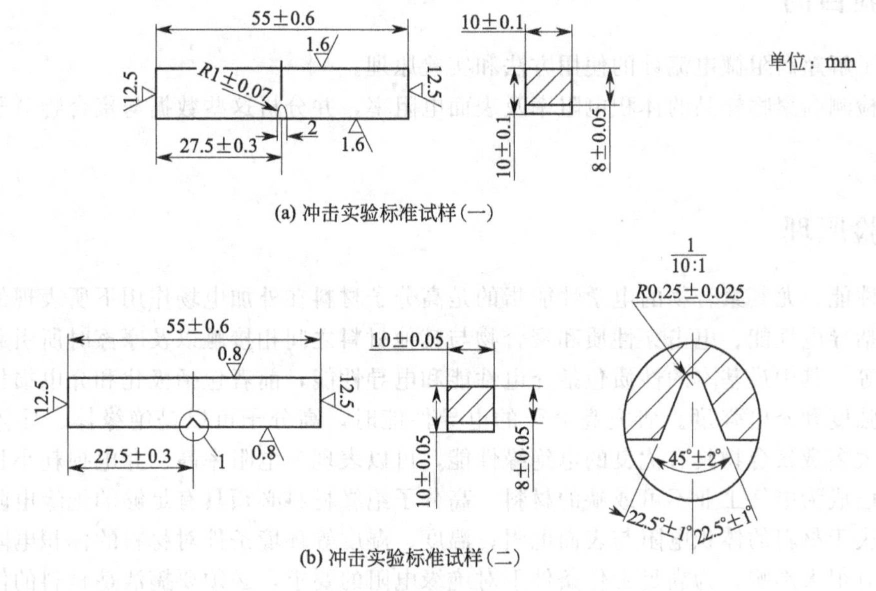

图 4-16 冲击实验标准试样

四、实验步骤

（1）检查试样有无缺陷，试样缺口部位一般不能划伤或锈蚀。

（2）用精度不低于 0.02mm 的量具测量试样缺口处的断面尺寸，计算断面面积 A，并记录测量数据。

(3) 检查摆锤空打时的指针是否指零（即摆锤自由地处在铅垂位置时，使指针紧靠拨针并对准最大打击能量处，然后扬起摆锤空打，指针指示零位），其偏离不应超过最小分度的1/4。

(4) 放置冲击试样。试样应紧贴支座并使试样缺口背向摆锤的刀刃，然后用找正样板使试样处于支座的中心位置。

(5) 按冲击试验机的操作顺序将冲击试样冲断。

(6) 读出指针在刻度盘上指出的冲击功 A_k 值，并做好记录。

(7) 观察试样的断口特征，计算试样的冲击韧性。

实验注意事项：①在试验机运动平面的一定范围内，严禁站人，以防因摆锤运动或冲断的试样飞出伤人；②未经许可不准搬动摆锤，不准触按和控制任何开关；③一人放置试样时，需另有人固定摆锤，防止意外；④试样冲断时如有卡锤现象，则数据无效。

实验报告要求：明确实验目的及实验原理，测定计算试样的冲击韧性。

五、思考题

冲击韧性采用缺口试样的好处是什么？

实验 82　聚合物的电性能测试

一、实验目的

(1) 了解超高阻微电流计的使用方法和实验原理。

(2) 检测高聚物样品的体积电阻率及表面电阻率，并分析这些数据与聚合物分子结构的内在联系。

二、实验原理

电学性能，尤其聚合物的电学性能指的是高分子材料在外加电场作用下所表现的介电性能，还包括导电性能、电击穿性质和聚合物与其他材料之间相接触以及摩擦时所引起表面的静电性质等。其中最基本的性质包括介电性能和电导性能，前者包括极化和介电损耗；后者包括电导强度和介电强度。研究高分子的电导性能时，高分子可以是绝缘体、导体和半导体；而且大多数聚合物具有优良的电绝缘性能，可以表现为电阻率高、介电损耗小且电击穿强度高，已成为电气工业不可或缺的材料。高分子绝缘材料必须具有足够的绝缘电阻，其绝缘电阻取决于材料的体积电阻与表面电阻；温度、湿度等环境条件对材料的体积电阻率和表面电阻率有很大影响。为满足工作条件下对绝缘电阻的要求，必须要搞清楚材料的体积电阻率与表面电阻率随湿度、温度的变化规律。

(1) 名词术语

① 绝缘电阻。施加在与试样相接触的两电极之间的直流电压除以通过两电极的总电流所得的商，称为绝缘电阻。它取决于材料的体积电阻和材料的表面电阻。

② 体积电阻。在试样的相对两表面上放置的两电极间所加直流电压与流过两个电极之间的稳态电流之商，称为体积电阻。该电流不包括沿材料表面的电流；在两电极间可能形成的极化可忽略不计。

③ 体积电阻率。绝缘材料里面的直流电场强度与稳态电流密度之商，即单位体积内的体积电阻。

④ 表面电阻。在试样的某一表面上两电极间所加电压与经过一定时间后流过两电极间的电流之商；该电流主要为流过试样表层的电流，也包括一部分流过试样体积的电流成分。在两电极间可能形成的极化可忽略不计。

⑤ 表面电阻率。在绝缘材料的表面层的直流电场强度与线电流密度之商，即单位面积内的表面电阻。

(2) 测量原理。根据上述定义，绝缘体的电阻测量基本上与导体的电阻测量相同，其电阻一般都以电压与电流之比来得到。测试方法可分为三类：直接法、比较法、时间常数法。

直接法中的直流放大法，也称为高阻计法。这种方法采用直流放大器对通过试样的微弱电流经过放大后，推动指示仪表，并继而测量出绝缘电阻，其基本原理见图 4-17。

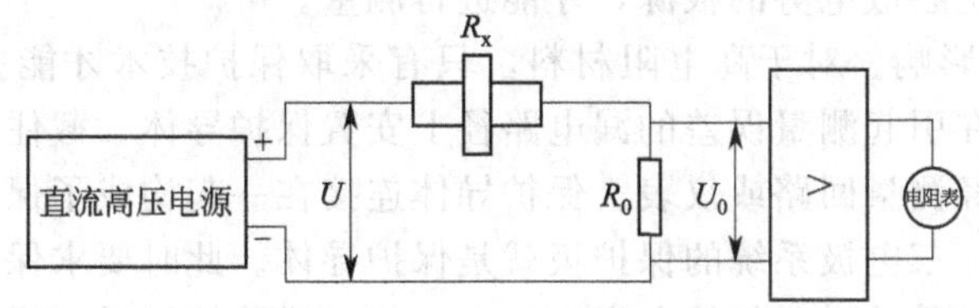

图 4-17　ZC36 型 $10^{17}\Omega$ 超高电阻测试仪测试原理

当 $R_0 \ll R_x$ 时，则

$$R_x=(U/U_0)R_0$$

式中　R_x——试样的电阻，Ω；

U——实验的电压，V；

U_0——标准电阻 R_0 两端的电压，V；

R_0——标准电阻值，Ω。

在测量的仪器中，有数个不同数量级的标准电阻可以适应测不同数量级 R_x 的具体需要，被测材料的电阻可以直接被读出来；高阻计法一般可测 $10^{17}\Omega$ 以下的绝缘电阻。

根据 R_x 的计算公式可以看出，R_x 的测量误差取决于测量电压 U、标准电阻 R_0 以及标准电阻两端的电压 U_0 的误差。

(3) 测量技术。绝缘材料的电阻率一般都很高，即传导电流很小；在测试的时候，如果不注意外界环境因素的干扰以及漏电流的影响，其测量结果可能就会发生很大误差。另外，绝缘材料本身的吸湿性以及环境条件的变化也会对测量结果产生很大影响。

影响材料的体积电阻率和表面电阻率测试结果的因素很多，最主要的是温度、湿度、电场强度、充电时间、残余电荷等因素。通常体积电阻率可作为选择绝缘材料的一个参数，体积电阻率会随温度和湿度的变化而发生显著变化。对于体积电阻率的测量，常用来检查绝缘材料是否均匀或用来检测那些能影响材料品质但又不能用其他方法检测到的导电杂质。

由于材料的体积电阻总是或多或少地被包括到表面电阻的测试中去，因而只能近似地测量材料的表面电阻，所测到的表面电阻值，主要可以反映被测试样表面被污染的程度。因此，表面电阻率不是表征材料本身特性的参数，而是一个用来表征有关材料表面污染特性的参数。当表面电阻较高的时候，它常随时间以不规则方式变化；测量表面电阻通常都规定为 1min 的电化时间。

① 温度和湿度。固体绝缘材料的绝缘电阻率随温度和湿度的升高而降低，特别是体积

电阻率随温度改变而变化非常大。由于水的电导率大，随着湿度增大，表面电阻率和有开口孔隙的电瓷材料的体积电阻率急剧下降。因此，应严格地按照规定的试样处理要求和测试的环境条件进行测试。

② 电场强度。当电场强度比较高时，离子的迁移率随电场强度增高而增大，而且在接近击穿时还会出现大量的电子迁移，这时体积电阻率大大降低。因此，测定时施加的电压应不超过规定值。

③ 残余电荷。试样在加工和测试等过程中，可能产生静电，电阻越高越容易产生静电，影响测量的准确性。在测量时，试样要彻底放电，即可将几个电极连在一起进行短路。

④ 杂散电势的消除。在绝缘电阻测量电路中，可能存在某些杂散电势，如热电势、电解电势、接触电势等，其中影响最大的为电解电势。实验前应检查有无杂散电势，可根据试样加压前后高阻计的二次指示是否相同来判断有无杂散电势；如相同，证明无杂散电势；否则应当寻找并排除产生杂散电势的根源，才能进行测量。

⑤ 防止漏电流的影响。对于高电阻材料，只有采取保护技术才能去除漏电流对测量的影响。保护技术就是在引起测量误差的漏电路径上安置保护导体，截住可能引起测量误差的杂散电流，使之不流经测量回路或仪表。保护导体连接在一起构成了保护端，通常保护端接地。测量体积电阻时，三电极系统的保护极就是保护导体。此时要求保护电极和测量电极间的试样表面电阻高于与其并联元件的电阻 10～100 倍。线路接好后，应首先检查是否存在漏电。此时断开与试样连接的高压线，加上电压。如在测量灵敏度范围内，测量仪器指示的电阻值为无限大，则线路无漏电，可进行测量。

⑥ 条件处理和测试条件的规定。固体绝缘材料的电阻随温度、湿度的增加而下降。试样的预处理条件取决于被测材料，这些条件在材料规范中均有规定。

⑦ 电化时间的规定。当直流电压加到与试样接触的两电极间时，通过试样的电流会指数式地衰减到一个稳定值。电流随时间的减小可能是由于电介质极化和可动离子位移到电极所致。对于体积电阻率小于 $10^{10}\Omega\cdot m$ 的材料，其稳定状态通常在 1min 内达到。因此，要经过这个电化时间后测定电阻。对于电阻率较高的材料，电流减小的过程可能会持续几分钟、几小时、几天，因此需要用较长的电化时间。当表面电阻较高时，其常随着时间的变化以不规则的方式变化。因此，在测量表面电阻时，通常都规定 1min 的电化时间。

三、实验用品

(1) 仪器。本实验选用 ZC36 型高阻微电流计［图 4-18 (a)］。该仪器工作原理属于直接法中的直流放大法，测量范围 10^6～$10^{17}\Omega$，误差≤10%。

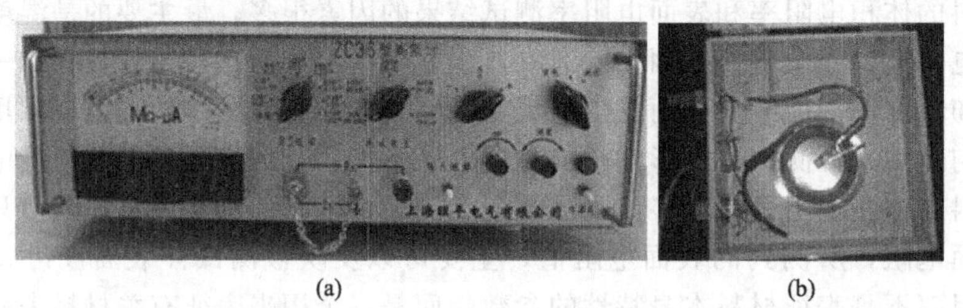

(a) (b)

图 4-18 ZC36 型高阻微电流计外形图 (a) 和圆板状三电极电阻测量系统 (b)

为准确测量体积电阻和表面电阻，一般采用三电极系统，圆板状三电极电阻测量系统见

图 4-18 (b)。测量体积电阻 R_v 时，保护电极的作用是使表面电流不通过测量仪表，并使测量电极下的电场分布均匀。此时保护电极的正确接法见图 4-19。测量表面电阻 R_s 时，保护电极的作用是使体积电流减小到不影响表面电阻测量的程度。

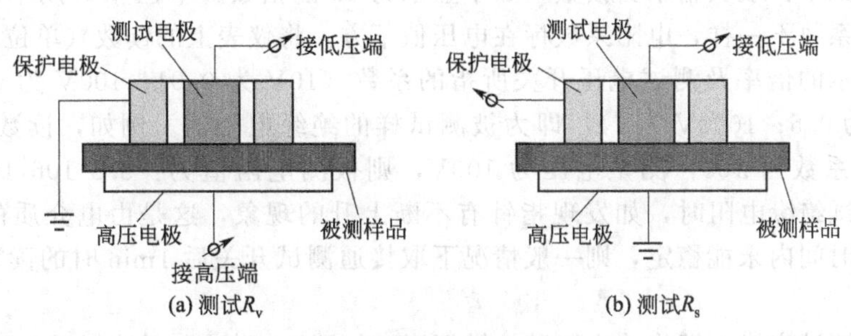

图 4-19　体积电阻 R_v 和表面电阻 R_s 测量示意

(2) 试样及其预处理

试样：不同比例的聚丙烯与碳酸钙共混物样片（直径 100mm 圆板，厚 2mm ± 0.2mm）。

预处理：试样应平整、均匀，无裂纹和机械杂质等缺陷。

用蘸有溶剂（此溶剂应不腐蚀试样）的绸布擦拭；擦净的试样放在温度 (23±2)℃和相对湿度 (65±5)%的条件下处理 24h。测量表面电阻时，一般不清洗及处理表面，也不要用手或其他任何东西触及。

四、实验步骤

(1) 准备。使用前，面板上的各开关位置应如下：

① 倍率开关置于灵敏度最低挡位置；

② 测试电压开关置于"10V"处；

③"放电-测试"开关置于"放电"位置；

④ 电源总开关（POWER）置于"关"；

⑤ 输入短路按键置于"短路"；

⑥ 极性开关置于"0"。

检查测试环境的湿度是否在允许的范围内：尤其当环境湿度高于 80%以上，测量较高的绝缘电阻（大于 $10^{11}\Omega$ 及小于 10^{-8}A）时微电流可能会导致较大的误差。

接通电源预热 30min，将极性开关置于"+"，此时可能发现指示仪表的指针会离开"∞"及"0"处。这时可慢慢调节"∞"及"0"的电位器，使指针置于"∞"及"0"处。

(2) 测试。将被测试样用测量电缆线和导线分别与信号输入端和测试电压输出端连接。将测试电压选择开关置于所需要的测试电压挡。将"放电-测试"开关置于"测试"挡，输入短路开关仍置于"短路"。对试样经一定时间的充电以后（视试样的容量大小而定，一般为 15s；电容量大时，可适当延长充电时间），即可将输入短路开关按至"测量"进行读数。若发现指针很快打出满刻度，应立即按输入短路开关，使其置于"短路"，将"放电-测试"开关置于"放电"挡，待查明原因并排除故障后再进行测试。当输入短路开关置于测量后，如发现表头无读数或指示很少，可将倍率开关逐步升高，数字显示依次为 7、8、9……直至读数清晰为止（尽量取仪表上1～10的那段刻度）。通过旋转倍率旋钮，使示数处于半偏以内的位置，便于读数。测量时，先将R_v/R_s转换开关置于R_v测量体积电阻，然后置于R_s测量表面电阻。

读数方法如下：表头指示为读数，数字显示为10的指数，单位W。用不同电压进行测量时，其电阻系数不一样，电阻系数标在电压值下方。将仪表上的读数（单位为MΩ）乘以倍率开关所指示的倍率及测试电压开关所指的系数（10V为0.01；100V为0.1；250V为0.25；500V为0.5；1000V为1），即为被测试样的绝缘电阻值。例如，读数为3.5′106W倍率开关所指系数为108，测量电压为100V，则被测电阻值为：3.5′106′108′0.1＝3.5′1013W。在测试绝缘电阻时，如发现指针有不断上升的现象，这是由电介质的吸收现象所致。若在很长时间内未能稳定，则一般情况下取接通测试开关后1min时的读数作为试样的绝缘电阻值。

一个试样测试完毕，即将输入短路按键置于“短路”，测试电压控制开关置于“关”后，将方式选择开关拨向放电位置，几分钟后方可取出试样。对电容量较大的试样须经1min左右的放电，方能取出试样，以免受测试系统电容中残余电荷的电击。若要重复测试时，应将试样上的残留电荷全部放掉后方能进行。

进入下一个试样的测试：为了操作简便无误，测量绝缘材料体积电阻（R_v）和表面电阻（R_s）时采用转换开关。当旋钮指在R_v处时，高压电极加上测试电压，保护电极接地。当旋钮指在R_s处时，保护电极加上测试电压，高压电极接地。仪器使用完毕，应先切断电源，将面板上各开关恢复到测试前的位置，拆除所有接线，将仪器安放保管好。

（3）注意事项

① 试样与电极应加以屏蔽（将屏蔽箱合上盖子）；否则，由于外来电磁干扰而产生误差，甚至因指针的不稳定而无法读数。

② 测试时，人体不可接触红色接线柱，不可取试样，因为此时“放电-测试”开关处在“测试”位置，该接线柱与电极上都有测试电压，危险！

③ 在进行体积电阻和表面电阻测量时，应先测体积电阻再测表面电阻，反之由于材料被极化而影响体积电阻。当材料连续多次测量后容易产生极化，会使测量工作无法进行下去，出现指针反偏等异常现象。这时须停止对这种材料测试，置于干净处8～10h后再测量或者放在无水乙醇内清洗、烘干，等冷却后再进行测量。

④ 经过处理的试样及测量端的绝缘部分绝不能被脏物污染，以保证实验数据的可靠性。

⑤ 若发现指针很快打出满刻度，应立即将输入短路开关置于“短路”，测试电压控制开关置于“关”，待查明原因并排除故障后再进行测量。

⑥ 当输入短路开关置于“测量”后，如果发现表头无读数或指示很少，可将倍率逐步升高。

⑦ 若要重复测量时，应将试样上的残余电荷全部放掉后方能进行。

（4）数据处理。对于体积电阻率ρ_v

$$\rho_v = R_v(A/h)$$

$$A = (\pi/4)d_2^2 = (\pi/4)(d_1 + 2g)^2$$

式中 ρ_v——体积电阻率，Ω·m；

R_v——测得的试样体积电阻，Ω；

A——测量电极的有效面积，m^2；

d_1——测量电极直径，m；

h——绝缘材料试样的厚度，m；

g——测量电极与保护电极间隙宽度，m。

对于表面电阻率 ρ_s

$$\rho_s = R_s(2\pi)/\ln(d_2/d_1)$$

式中 ρ_s——表面电阻率，Ω；

R_s——试样的表面电阻，Ω；

d_2——保护电极的内径，m；

d_1——测量电极直径，m。

需要的数据为：$d_1=5\text{cm}$；$d_2=5.4\text{cm}$；$h=0.2\text{cm}$；$g=0.2\text{cm}$。

五、思考题

(1) 为什么测试电性能时对试样要进行处理？对环境条件有何要求？

(2) 对同一块试样，应采用不同的电压测量。测试电压升高时，测得的电阻值将如何变化？

(3) 通过实验说明为什么在工程技术领域中，用体积电阻率来表示介电材料的绝缘性质，而不用绝缘电阻率或表面电阻率来表示？

(4) 说明实验结果与高聚物分子结构的内在联系。

实验 83 膨胀计法测定高分子的玻璃化转变温度

一、实验目的

(1) 掌握用玻璃膨胀计测定玻璃化转变温度 T_g 的方法。

(2) 了解升温速率对 T_g 测试的影响。

二、实验原理

非晶态高分子的玻璃化转变是在观察时间范围内，高分子链段的运动由冻结状态向解冻状态的转变，这时的温度称为玻璃化转变温度（T_g）。

由于在同样测定条件下，各种高聚物的 T_g 不同，而且对于同一种高分子而言，在 T_g 前后高聚物的力学性质也完全不同，因此玻璃化转变温度是高分子的一个重要参数。测量 T_g 这个参数对于研究聚合物的玻璃化转变现象有重要的理论和实际意义。

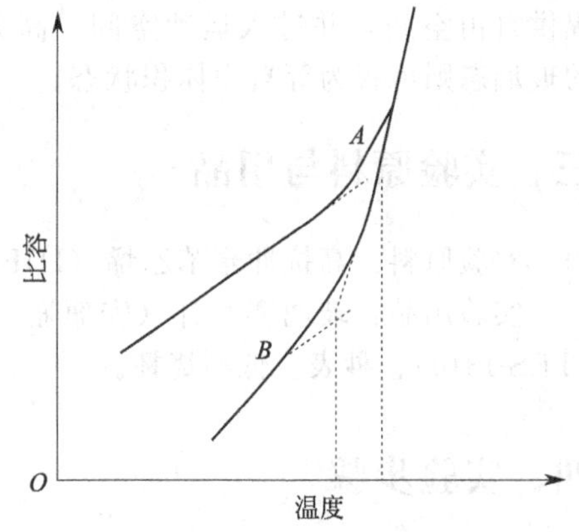

图 4-20 非晶态高分子的比容-温度曲线

A—冷却较快；B—冷却较慢

玻璃化转变的实质是非晶态高分子（包括结晶高分子中的非晶相）链段运动被冻结的结果。因此，当高分子发生玻璃化转变时，其物理和力学性能必然有急剧变化，如形变、模量、比容、比热容、热膨胀系数、热导率、折射率、介电常数等物理量都会表现出突变或不连续变化。根据这些性能的变化，不仅可以测定高聚物的玻璃化转变温度，而且有助于理解玻璃化转变的实质。其中高分子的比容在玻璃化转变温度时的变化具有重要性。如图 4-20 所示为非晶态高分子的比容-温度曲线。

曲线的斜率 dV/dT 是体积膨胀率。曲线斜率发生转折所对应的温度就是玻璃化转变温度 T_g，有时实验数据不产生尖锐的转折，通常是将两根直线延长，取其交点所对应的温度作为 T_g。实验证明，T_g 具有速率依赖性，说明玻璃化转变是一种松弛过程。由 $\tau=\tau_0 e^{\Delta H/RT}$ 可知，链段的松弛时间与温度成反比，即温度越高，松弛时间越短。在某一温度下，高分子的体积具有一个平衡值，即平衡体积；当冷却到另一温度时，体积将作相应收缩（体积松弛），这种收缩显然要通过分子构象的调整来实现，因此需要时间。显然，温度越低，体积收缩速率越小。在高于 T_g 的温度上，体积收缩速率大于冷却速率。在每一温度下，高聚物的体积都可以达到平衡值；当高聚物冷却到某一温度时，体积收缩速率和冷却速率相当；继续冷却，体积收缩速率已跟不上冷却速率，此时试样的体积大于该温度下的平衡体积值。因此，在比容-温度曲线上将出现转折，转折点所对应的温度即为这个冷却速率下的 T_g。显然冷却速率越快，要求体积收缩速率也越快（即链段运动的松弛时间越短）。因此，测得的 T_g 越高。另一方面，如冷却速率慢到高分子试样能建立平衡体积时，则比容-温度曲线上不出现转折，即不出现玻璃化转变。

自由体积理论认为："自由体积"包括具有分子尺寸的空穴和堆砌缺陷等。这种体积是分子赖以构象重排和移动的场所，对温度、压力、溶剂等因素特别敏感，见图 4-21。玻璃化转变温度以下时，高分子体积随温度升高而发生的膨胀是由于固有体积的膨胀。即玻璃化转变温度以下时，聚合物的自由体积几乎是不变的；但当温度在 T_g 以下时，升高温度，只发生正常的分子膨胀，包括大分子的分子振动幅度的增加和键长的变化；T_g 以上时，高分子的膨胀包括正常的分子膨胀以及自由体积解冻后而膨胀的部分，自由体积膨胀为链段的运动提供自由空间，并进入运动空间。高分子的玻璃态则可视为等自由体积状态。

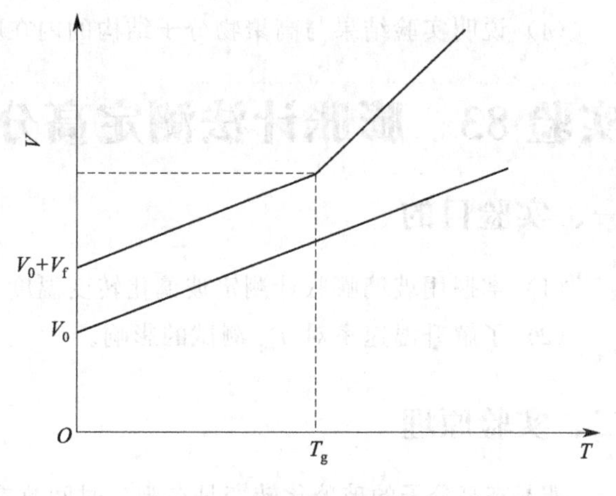

图 4-21　自由体积理论示意

三、实验原料与用品

实验原料：高抗冲聚苯乙烯（HIPS）树脂颗粒、乙二醇、丙三醇。

实验用品：玻璃膨胀计（安瓿瓶、毛细管）、KDM 调温电热套、热电偶数显式测温计（TES-1310）、秒表、低型烧杯。

四、实验步骤

（1）洗净玻璃膨胀计，烘干；然后装入 HIPS 颗粒至安瓿瓶的 4/5 体积。

（2）在安瓿瓶中加入乙二醇作指示液，用玻璃棒搅动，使瓶内无气泡。

（3）用乙二醇将安瓿瓶装满，插入毛细管，液柱即沿毛细管上升，磨口接头用橡皮筋固定，用滤纸擦去溢出的液体；如果发现管内有气泡必须重装。

（4）将装好的玻璃膨胀计固定在夹具上，让安瓿瓶浸入油浴中，毛细管伸出水浴以便读数；热电偶数显式测温计的感温探头置于油浴中。

(5) 接通电源，控制丙三醇油浴升温速率为2℃/min，每升高5℃读毛细管内液面高度一次；在75～100℃之间每升高4℃或2℃读一次液面高度，直至115℃为止。

(6) 记录数据，以毛细管液面显示的体积对温度作图，从曲线的拐点求出T_g。

五、思考题

(1) 用自由体积理论解释玻璃化转变过程。

(2) 玻璃化转变温度是不是热力学转变温度？为什么？

实验84 黏度法测定高分子的黏均分子量

一、实验目的

掌握黏度法测定聚合物分子量的原理及实验技术。

二、实验原理

线型高分子材料溶液的基本特性之一就是溶液的黏度比较大，而且其黏度与分子量密切相关，因此可以利用这一特性进行高分子的分子量测定。尽管黏度法是一种相对的测试方法，但是因其测试设备简单、操作方便、分子量适用范围较大且有着很好的精确度，因此成为了最常用的实验技术，并且在生产和科研中得到广泛应用。

高分子溶液与小分子溶液是不同的，甚至在极稀的情况下，高分子溶液仍然具有较大的黏度。黏度表征分子运动时内摩擦力的量度，溶液浓度的增加会导致分子间相互作用力增加，并使得运动阻力明显增大。到目前为止，表示高分子溶液黏度和浓度关系的经验公式很多，但是最常用的是Huggins公式

$$\frac{\eta_{sp}}{c}=[\eta]+k[\eta]^2c \tag{4-17}$$

对于给定的体系，k是一个常数，它可以表征溶液中高分子的分子之间，以及高分子与溶剂分子之间的相互作用。另一个常用的公式是

$$\frac{\ln\eta_r}{c}=[\eta]-\beta[\eta]^2c \tag{4-18}$$

式中，k与β均为常数，其中k被称为Huggins参数。对于柔性链的高分子的良溶剂体系，$k=1/3$，$k+\beta=1/2$。如果溶剂变劣，则k变大；如果高分子中有支化结构，则随支化度的增高而显著增加。从式(4-17)和式(4-18)中看出，如果用$\frac{\eta_{sp}}{c}$或$\frac{\ln\eta_r}{c}$对c作图，并且将曲线外推到$c\to0$（即无限稀释的情况），则此时两条直线会在纵坐标上交于一点，其共同截距就是特性黏度$[\eta]$，此时：

$$\lim_{c\to0}\frac{\eta_{sp}}{c}=\lim_{c\to0}\frac{\ln\eta_r}{c}=[\eta] \tag{4-19}$$

通常式(4-17)和式(4-18)只是在$\eta_r=1.2\sim2.0$范围内是直线关系。当溶液的浓度太高或分子量太大的时候，则均得不到直线，此时只能继续降低溶液的浓度，之后继续进行测试。

特性黏度 $[\eta]$ 的大小受到以下因素的影响。

① 分子量。对于线型或轻度交联的高分子，增大分子量，则 $[\eta]$ 增大；

② 分子形状。当高分子分子量相同时，支化分子的形状趋于球形，其 $[\eta]$ 较线型分子的小一些。

③ 溶剂特性。高分子在良溶剂中，大分子较容易伸展，此时 $[\eta]$ 较大；但是在不良溶剂中，大分子较容易卷曲，此时 $[\eta]$ 较小。

④ 温度。在良溶剂中，温度升高的时候，对 $[\eta]$ 影响不大。但是在不良的溶剂中，若温度升高使溶剂变为良好，大分子容易发生伸展，此时 $[\eta]$ 增大。

当高分子的化学组成、溶剂、温度确定以后，此时的 $[\eta]$ 值只与高分子的分子量有关。常用两参数的马克-霍温（Mark-Houwink）经验公式表示

$$[\eta]=KM^{\alpha} \tag{4-20}$$

式中的 K、α 需要经绝对分子量测定方法确定后才可以使用。对于大多数高分子来说，α 的值一般在 0.5～1.0 之间；在良溶剂中 α 值较大，可以接近 0.8；但是在溶剂能力减弱的时候，α 值会降低；而在 θ 溶液中，$\alpha=0.5$。

三、实验用品

乌氏黏度计、秒表、25mL 容量瓶、分析天平、恒温槽装置（包括玻璃缸、电动搅拌器、调压器、加热器、继电器、接点温度计、50℃十分之一刻度的温度计等）、3 号玻璃砂芯漏斗、加压过滤器、50mL 针筒、聚苯乙烯样品、环己烷。

四、实验步骤

(1) 装配恒温槽及调节温度。在实验中，温度的控制对于本实验结果的准确性有着很大影响，温度的精度要求准确到±0.05℃；水槽温度要调节到（35±0.05）℃。

(2) 聚合物溶液的配制。用黏度法来测高分子的分子量，在选择高分子-溶剂体系的时候，常数 K、α 值必须是已知参数，所采用溶剂应该具有稳定、易得、易于纯化、挥发性小、毒性小等特点。为了控制测定过程中的 η_r 在 1.2～2.0 之间，高分子溶液的浓度一般为 0.001～0.01g/mL。另外，在测定前的数天，事先用 25mL 容量瓶把试样溶解好。

(3) 把配制好的高分子溶液用干燥的 3 号玻璃砂芯漏斗，经过加压过滤到 25mL 的容量瓶中。

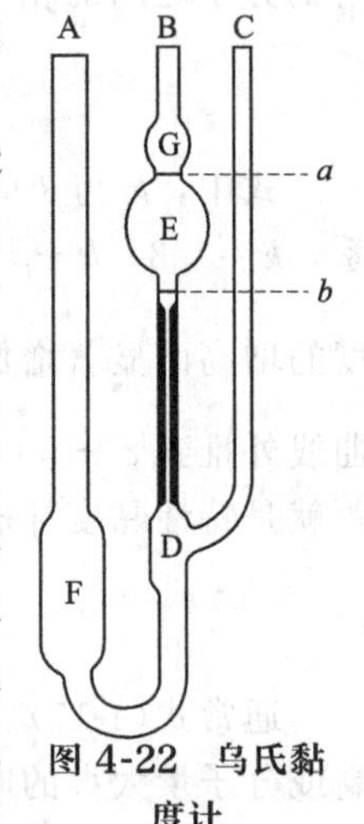

图 4-22 乌氏黏度计

(4) 溶液流出时间的测定。把洁净乌氏黏度计（图 4-22）的 B 管、C 管，套上医用胶管，垂直夹持在恒温槽中。用移液管吸取 10mL 溶液，自 A 管注入黏度计，恒温 15min，用一只手捏住 C 上的医用胶管，用针筒从 B 管把高分子溶液缓慢地抽到 G 球，停止抽气，把连接 B 管、C 管的胶管同时松开，使得空气可以进入 D 球。这时 B 管内的溶液会慢慢下降，至弯月面降到刻度 a 时，按秒表开始计时，直到弯月面到刻度 b 时，再次按停秒表；记下高分子溶液流经 a、b 间所需要的时间 t_1；如此进行重复测试，取流出时间相差不超过 0.2s 的连续 3 次的测试结果，进行平均。需要注意的是：有时候相邻两次之差虽不超过 0.2s，但是连续所得的数据出现递增或递减（表明溶液体系应该是未达到平衡状态）的现象，这样测试所得的数据不可靠，可能是温度不恒定或浓度存在不均

匀的问题，应继续进行测量。

(5) 稀释法测一系列溶液的流出时间。因液柱的高度与 A 管内的液面高低没有关系，因此流出时间与 A 管内试液的体积不存在关系，这样就可以直接在黏度计内部对高分子溶液进行一系列稀释。先用移液管加入黏度计溶剂 5mL，此时黏度计中溶液的浓度就变为起始浓度的 2/3。加入溶剂之后，用针筒鼓泡并抽上 G 球 3 次，使黏度计内部的浓度达到均匀一致，抽的时候要慢，不能有气泡被抽上去，等到高分子溶液的温度恒定之后，再进行实验测定。采用同样方法，依次再加入黏度计溶剂 5mL、10mL、15mL，这样使得溶液浓度变为起始浓度的 1/2、1/3、1/4；然后分别进行测定。

(6) 纯溶剂的流经时间测定。倒出黏度计中的全部溶液，用溶剂洗涤黏度计数遍。注意，黏度计的毛细管要用针筒进行抽洗。洗净之后，加入溶剂，按照上述步骤 (4) 操作，测定溶剂的流出时间，记为 t_0。

(7) 数据处理

① 记录数据，具体如下。

实验恒温温度________；纯溶剂________；纯溶剂密度 ρ_0________；溶剂流出时间 t_0________；试样名称________；试样浓度 c_0______；查阅聚合物手册，聚合物在该溶剂中的 K、α 值分别为________、________。

② 把溶剂的加入量、测定的流出时间列成表格（表 4-9，具体如下）。

表 4-9 数据记录

项目	1	2	3	4	5
溶液体积/mL					
c_i/(g/mL)					
流出时间 t/s 第 1 次 第 2 次 第 3 次					
平均 $\bar{t}$/s					
相对黏度 $\eta_r=\dfrac{\eta}{\eta_0}=\dfrac{\bar{t}}{\bar{t}_0}$					
增比黏度 $\eta_{sp}=\dfrac{\eta-\eta_0}{\eta_0}=\eta_r-1$					
比浓黏度 η_{sp}/C					
比浓对数黏度 $\ln\eta_r/C$					
特性黏度 $[\eta]=\lim\limits_{c\to 0}\dfrac{\eta_{sp}}{C}$					

以 η_{sp}/c-c 及 $\ln\eta_r/c$-c 作图外推至 $c\to 0$ 求 $[\eta]$。

以浓度 c 为横坐标，η_{sp}/c 和 $\ln\eta_r/c$ 分别为纵坐标，根据表 4-9 数据作图，截距即为特性黏度 $[\eta]$。

③ 求出特性黏度 $[\eta]$ 之后，代入方程式 $[\eta]=KM^\alpha$，就可以计算出聚合物的分子量 $\bar{M}_\eta$。此分子量称为黏均分子量。

五、思考题

(1) 用黏度法测定聚合物分子量的依据是什么？

（2）从聚合物手册上查 K、α 值时要注意什么？为什么？

（3）外推求 $[\eta]$ 时两条直线的张角与什么有关？

实验 85　膨胀计法测定自由基聚合反应速率

一、实验目的

（1）掌握膨胀计法测定聚合反应速率的原理和方法。

（2）了解动力学实验数据的处理和计算方法。

二、实验原理

聚合反应的聚合动力学主要是研究聚合过程的聚合速率、分子量与引发剂浓度、单体浓度、聚合温度等相关因素之间的定量关系。

对于链式聚合反应，通常包括三个自由基反应，即引发反应、增长反应、终止反应；如果采用引发剂引发，则其反应式及动力学如下。

引发：

$$I \xrightarrow{k_d} 2R^{\cdot}$$

$$R^{\cdot} + M \longrightarrow M^{\cdot}$$

$$R_i^{\cdot} = 2fk_d[I] \tag{4-21}$$

增长：

$$M_n^{\cdot} + M \xrightarrow{k_p} M_{n+1}^{\cdot}$$

$$R_p = k_p[M^{\cdot}][M] \tag{4-22}$$

终止：

$$M_m^{\cdot} + M_n^{\cdot} \xrightarrow{k_t} p$$

$$R_t = k_t[M^{\cdot}]^2 \tag{4-23}$$

在式(4-21)～式(4-23) 中，R_i 为引发速率，mol/(L・s)；R_p 为聚合速率，mol/(L・s)；R_t 为终止速率，mol/(L・s)；k_d 为引发速率常数，s^{-1}；k_p 为聚合速率常数，L/(mol・s)；k_t 为终止速率常数，L/(mol・s)；f 表示引发剂的引发效率；[　] 表示的是浓度。

对于聚合反应过程的聚合速率，可以用单位时间内的单体消耗量进行表示，也可以采用单位时间内的高分子产物生成量来表示。也就是说，可以认为聚合速率应等于单体的消失速率，即 $R = -\frac{d[M]}{dt}$；只有在增长反应中才会消耗大量单体，因而等于增长的反应速率；在低的转化率的情况下，稳态条件可以认为是成立的，此时 $R_i = R_t$，则聚合反应的聚合反应速率可以表达为：

$$-\frac{d[M]}{dt} = k_p\left(\frac{2fk_d}{k_t}\right)^{1/2}[I]^{1/2}[M] = K[I]^{1/2}[M] \tag{4-24}$$

式中，K 为聚合反应总速率常数。

当单体小分子通过聚合而转化为高分子时，由于高分子产物的密度比单体小分子密度要大，因此在聚合过程中，聚合反应体系的体积将发生一定程度的收缩；根据聚合过程中体积的变化，定量测试后，可计算出聚合反应中单体的转化率。

通常测试聚合速率的方法有直接法和间接法。

直接法测试聚合速率又包括化学分析法、蒸发法及沉淀法。最常用的直接法就是沉淀法，也就是在聚合过程中进行定期取样，加入沉淀剂使产物高分子发生沉淀，然后进行分离、精制、干燥及称重，并求得高分子产物的质量。

间接法测试聚合速率就是测定聚合过程中聚合体系的比容、黏度、折射率、介电常数、吸收光谱等物性的变化，并间接求出高分子产物的质量。

膨胀计法测试聚合速率就是利用在聚合过程中，反应体系的体积收缩与单体转化率之间存在的线性关系。玻璃膨胀计是上部装有毛细管的特殊聚合反应器，如图 4-23 所示。聚合过程中体系的体积变化，可以直接从毛细管液面下降的刻度读出。

图 4-23 玻璃膨胀计示意

根据式(4-25) 计算转化率：

$$C=\frac{V'}{V} \tag{4-25}$$

式(4-25) 中，C 是转化率（%）；V' 则表示不同的反应时间 t 所对应的体系体积收缩数，这个数据可以从膨胀计的毛细管刻度读出；V 则表示该容量下单体 100% 转化为高分子时所对应的总体积收缩数。

$$V=V_{\mathrm{M}}-V_{\mathrm{P}}=V_{\mathrm{M}}-V_{\mathrm{M}}\frac{d_{\mathrm{M}}}{d_{\mathrm{P}}} \tag{4-26}$$

式(4-26) 中，d 代表密度；下标 M、P 则分别表示单体小分子和产物高分子。

本实验中采用过氧化二苯甲酰（BPO）作为引发剂，引发甲基丙烯酸甲酯（MMA）单体在 60℃的温度下进行聚合反应。MMA 单体小分子在 60℃的相对密度取 $d_{\mathrm{M}}^{60}=0.8957$，聚甲基丙烯酸甲酯（PMMA）高分子在该温度下的相对密度取 $d_{\mathrm{P}}^{60}=1.179$。

三、实验原料与用品

实验原料：甲基丙烯酸甲酯（MMA）单体、过氧化二苯甲酰、丙酮。

实验用品：膨胀计、烧杯、恒温水浴、精密温度计、铁架台、橡皮筋、秒表。

四、实验步骤

首先称取 15g 的 MMA 单体和 0.15g 的 BPO 引发剂，之后将其在 50mL 烧杯内进行混合，然后将混合物倒入膨胀计的下部，一直到半磨口的位置停止，再插上玻璃毛细管。此时毛细管内部的液面会上升至毛细管 1/4～1/3 刻度处，认真检查膨胀计内部，确认膨胀计内没有气泡后，用橡皮筋将毛细管与其下部紧紧固定在一起。

将装有反应物的膨胀计浸入 (60±0.5)℃的恒温水浴中。由于热膨胀的原因，刚浸入水浴时，毛细管内反应物的液面会不断上升，这是反应体系受热膨胀的结果；等到液面稳定不动时，则可认为体系达到热平衡状态。记录下此时的时间以及此时膨胀计的毛细管液面高度，作为实验的起点，一直观察液面的变化；待毛细管内的液面开始下降，则表示聚合反应开始，开始计时；随后，每隔 5min 读一次毛细管体积变化，直到实验结束。

建议：一般需要做 6 个点左右，如果反应时间继续延长，反应体系的黏度增大，会导致毛细管难以取下。

五、数据处理

(1) 诱导期。从反应体系到达热平衡状态至反应开始为止的时间段，被称为诱导期。

(2) 转化率-时间（C-t）曲线。根据式(4-25) 和式(4-26) 求得不同反应时间 t 下的单体转化率 C。用 C 对 t 作图可以获得 C-t 曲线。从曲线的斜率求出反应速率 $R=[\mathrm{M}]_0\dfrac{\mathrm{d}C}{\mathrm{d}t}$，以 mol/（L·min）表示。

(3) 反应总速率常数。式(4-24) 可重写为：$-\dfrac{\mathrm{d}[\mathrm{M}]}{\mathrm{M}}=k[\mathrm{I}]^{1/2}\mathrm{d}t$，积分得：

$$\ln\frac{[\mathrm{M}]_0}{[\mathrm{M}]}=k[\mathrm{I}]^{1/2}t$$

$$\ln\frac{1}{1-C}=k[\mathrm{I}]^{1/2}t$$

式中，$[\mathrm{M}]_0$ 为起始单体浓度。

以 $\ln\dfrac{1}{1-C}$ 对 t 作图，曲线的斜率为 $k[\mathrm{I}]^{1/2}$；在低单体转化率的情况下，[I] 可认为是不变的，即 [I] 等于引发剂的起始浓度 $[\mathrm{I}]_0$，则可得到聚合反应的总速率常数 K。

若已知 BPO 引发剂在 60℃时的 k_{d} 及引发 MMA 的引发效率 f，查出在 60℃条件下：$k_{\mathrm{d}}=1.12\times10^{-5}\mathrm{s}^{-1}$，$f=0.292$ 时，则可以进一步计算求得 $k_{\mathrm{p}}/k_{\mathrm{t}}^{1/2}$。

六、思考题

(1) 分析在实验过程中诱导期产生的原因。

(2) 本实验的操作中，应注意哪些事项？

(3) 对自由基聚合动力学方程进行描述和解释。

实验 86　橡胶拉伸强度的测试

一、实验目的

(1) 掌握拉伸试样的制备、拉伸性能的测试内容及测试原理。

(2) 了解电子拉力试验机的结构、工作原理及操作过程。

(3) 学会分析实验结果。

(4) 掌握影响拉伸性能的因素。

二、实验原理

测定硫化胶拉伸性能采用的是电子拉力试验机。该设备更换夹持器后，还可进行拉伸、压缩、弯曲、剪切、剥离和撕裂等力学性能试验。目前测定硫化胶试样的拉伸性能多采用电子拉力试验机。

三、实验用品

电子拉力试验机基本是由机架、测伸装置和控制台组成。机架包括引导活动十字头的两根主柱，十字头用两根丝杠传动，而丝杠由交流电机和变速箱控制；电机与变速箱用皮带和皮带轮连接；伺服控制键盘包括上升、下降、复位、变速、停止等功能。

(1) 测力系统。测力系统采用无惰性的负荷传感器，可以根据测量的需要更换传感器，以适应测量精度范围。由于不采用杠杆和摆锤测量，减少机械摩擦和惰性，从而大大提高测量精度。

(2) 测伸长装置

① 红外线非接触式伸长计。这种伸长计在跟踪器上采用红外线，可以自动寻找、探测和跟踪加在试样上的标记。这种红外线非接触式伸长计操作简便，适用于生产质量控制试验，如图 4-24 所示。

② 接触式测伸长计。其原理基本与红外线非接触式伸长计相似。该设备采用两个接触式夹头夹在试样标线上，其接触压力约为 0.50N。当试样伸长时带动两个夹持在试样标线的夹头移动，这两个夹头由两条绳索与一个多圈电位器相连，两个夹头的位移使绳索的抽出量发生变化，因而改变电位器的阻值。因此也改变代表应变值的能量，其数值由记录或显示装置示出。

(3) 试样准备

① 硫化完毕的硫化胶试样片，需要在室温条件下停放 16h 以上，选用标准的裁刀裁切出哑铃形。裁刀分为 1 型、2 型、3 型和 4 型。其中 1 型为通用型，根据胶料的具体情况选用适用性好的裁刀。裁刀所裁试样各部位具体尺寸见图 4-25 和表 4-10。

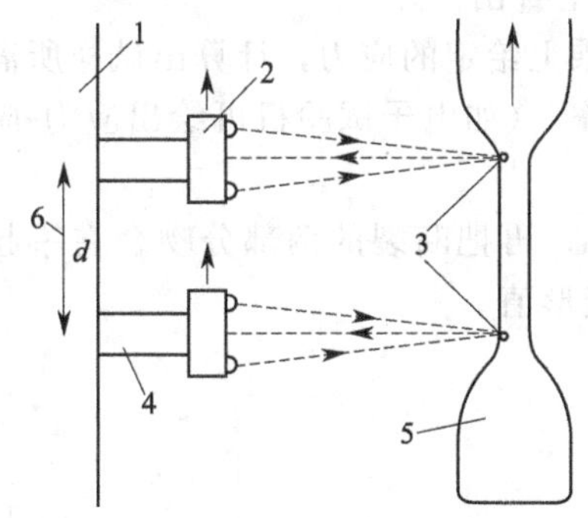

图 4-24 红外线非接触式伸长计原理

1—伸长测定装置机身；2—上跟踪头；3—标记；4—下跟踪头；5—试样；6—伸长累积转换器

图 4-25 哑铃形试样

表 4-10 裁刀所裁试样各部位尺寸 单位：mm

部位	1 型	2 型	3 型	4 型
总长 A	115	75	110	60
端头宽度 B	25±1	12.5±1.0	25±1	4.0±0.5
两工作标线间距离 C	25±0.5	25±0.5	25±0.5	25±0.5
工作部分宽度 D	6.0±0.40	4.0±0.1	3.2±0.1	1.0±0.1
小半径 E	14±1	8.0±0.5	14±1	30±1
大半径 F	25±2	12.5±1.0	20±1	—
厚度	2.00±0.03	2.00±0.03	2.00±0.03	1.00±0.10

② 1 型、2 型、3 型试样应从厚度为 (2.00±0.03) mm 的硫化胶片上裁切；4 型试样应从厚度为 (1.00±0.10) mm 的硫化胶片上裁切。

③ 硫化胶的试样裁切方向应保证其拉伸受力的方向与压延方向一致。在裁切的时候，

用力要均匀，并且以中性肥皂水或洁净的自来水润湿试样片（或刀具）；如果试样一次裁不下来，应舍弃掉，不应再重复旧痕进行裁切，否则会影响试样的规则性。另外，为了保护好裁刀，应在硫化胶片的下面垫铅板及硬纸板。

④ 裁刀用毕，须立即拭干、涂油，妥善放置，以防损坏刀刃。

⑤ 在硫化胶测试试样的中部，采用不会影响试样性能的印色，按照表 4-10 要求印两条平行的标线，要求每一条标线都应与试样的中心等距离。

⑥ 采用厚度计测量一下试样标距内的厚度，应该测量三个点：一个点在试样工作部分的中心处，另外两个点应该在两条标线的附近；取这三个测量值的中值作为工作部分的厚度。

四、实验步骤

（1）将硫化胶的试样对称且垂直地夹在拉伸机的上、下夹持器上，之后开动设备，使下夹持器以（500±50）mm/min 的拉伸速度对试样进行拉伸，并采用测伸指针或标尺跟踪硫化胶试样的工作标线。

（2）根据测试要求，记录好试样被拉伸到规定伸长率时的负荷、扯断时的负荷以及测试样品的扯断伸长率（ε）。对于电子拉力试验机，自身带有自动记录和绘图装置，可得到负荷-伸长率的关系曲线，这样结果就可以方便地从该曲线上查出。

（3）测定应力伸长率时，可将试样的原始截面积乘上给定的应力，计算出试样所需的负荷。当拉伸试样至该负荷值时，立即记下试样的伸长率。（如电子试验机可绘出应力-应变曲线，也可从该曲线上查出。）

（4）测定永久变形时，将断裂后的试样放置 3min，再把断裂的两部分吻合在一起。用精度为 0.5mm 的量具测量试样的标距，并计算永久变形值。

（5）实验结果的计算

① 定伸应力和拉伸强度按式（4-27）计算：

$$\sigma=\frac{F}{bd} \tag{4-27}$$

式中 σ——定伸应力或拉伸强度，MPa 或 kgf/cm^2；

F——试样所受的作用力，N 或 kgf；

b——试样工作部分宽度，mm；

d——试样工作部分厚度，mm。

② 定应力伸长率和扯断伸长率按式（4-28）计算：

$$\varepsilon=\frac{L_1-L_0}{L_0} \tag{4-28}$$

式中 ε——定应力伸长率或扯断伸长率，%；

L_1——试样达到规定应力或扯断时的标距，mm；

L_0——试样初始标距，mm。

③ 拉伸永久变形按式（4-29）计算：

$$H=\frac{L_2-L_0}{L_0} \tag{4-29}$$

式中 H——扯断永久变形，%；

L_2——试样扯断后停放 3min 后对起来的标距，mm；

L_0——试样初始标距，mm。

拉伸性能实验中所需的试样数量应不少于3个。但是，对于一些鉴定、仲裁等实验中的试样数量应不少于5个，要取全部测试数据中的中位数。将实验所得的数据，按数值递增的顺序进行排列，如果实验数据为奇数，则取其中间数值作为中位数；如果实验数据为偶数，那么就取其中间的两个数值的算术平均值，作为中位数。

(6) 实验影响因素。影响硫化胶样品拉伸性能实验的因素很多。但是，可以分为两个方面：一是工艺过程对性能的影响；二是实验条件对性能的影响。

① 实验温度的影响。温度对硫化胶的拉伸性能有较大影响。一般来说，橡胶的拉伸强度和定伸应力随温度的增高而逐渐下降，扯断伸长率则有所增加；对于结晶速度不同的胶种影响更明显。在GB/T 2941—2006标准中规定实验温度为（23±2)℃。

一般来说，其变化规律为：随室温升高，拉伸强度、定伸应力降低，而扯断伸长率则提高。

② 试样宽度的影响。对于硫化胶样品，即使是采用同一工艺条件所制作的试样，由于工作部分宽度不同，所测得的结果也不同。对于不同规格的试样，所测得的实验结果是没有可比性的。同一种试样的工作部分越宽，则其拉伸强度和扯断伸长率相对越低。产生这一现象的原因可能是：在胶料中会存在一些微观缺陷，虽经过混炼，但是这些微观缺陷并没能消除，工作部分的面积越大，则存在这些缺陷的概率也相对越大；而且在测试过程中，试样各部分受力并不均匀。相对比而言，试样边缘部分的应力要大于试样中间的应力，且试样越宽差别越大。这种边缘应力的集中是造成测试样品早期发生断裂的原因。

③ 试样厚度的影响。硫化橡胶在进行拉伸性能试验的时候，国家标准规定试样厚度为(2.0±0.3) mm。随着试样厚度的增加，其拉伸强度和扯断伸长率都会发生一定程度的降低。产生这种情况的原因，除了试样在拉伸时各部分受力不均匀外，还有试样在制备过程中，裁取的试样断面形状不同。在裁取试样时，试样越厚，变形越大，导致试样的断面面积减少，所以拉伸强度和扯断伸长率比薄试样偏低。

④ 拉伸速度的影响。硫化胶在进行拉伸性能试验时，国家标准规定拉伸速度为500mm/min。拉伸速度越快，拉伸强度越高。但在200～500mm/min这一段速度范围内，对实验结果的影响不太显著。

⑤ 试样停放时间的影响。硫化后的橡胶试样必须在室温下停放一定时间后才能进行实验。在GB/T 2941—2006标准中规定，停放时间不能小于16h，最多不得超过15d。

实验结果表明：停放时间对拉伸强度的影响不十分显著，拉伸强度随停放时间的延长而稍有增大。产生这种现象的原因可能是试样在加工过程中因受热和机械的作用而产生内应力，放置一定时间可使其内应力逐渐趋向均匀分布，以致消失。因而在拉伸过程中就会均匀地受到应力作用，不至于因局部应力集中而造成早期破坏。

⑥ 压延方向与试样夹持状态。硫化胶在进行拉伸性能试验时，应该注意压延方向，在GB/T 528—2009的标准中明确规定，片状的试样在拉伸时，其受力的方向应与其压延、压出的方向一致，否则测试结果会出现显著降低。

平行于压延方向的拉伸强度比垂直压延方向的拉伸强度高。测试的试样须被垂直夹持；否则将会由于试样的倾斜，而造成受力以及变形的不均匀，并削弱试样内部的分子间作用力，导致测试结果降低。

五、思考题

(1) 造成不同分子结构高分子材料的应力-应变曲线出现差异的原因是什么？

（2）拉伸速率和测试温度对测试数据有何影响？

（3）通过应力-应变曲线，如何求出拉伸强度、屈服强度和断裂伸长率，如何用应力-应变曲线预测材料的冲击性能好坏？

实验 87　半导体激光器实验

一、实验目的

（1）了解半导体激光器的基本工作原理，并掌握其使用方法。

（2）测量半导体激光器的输出特性和光谱特性。

二、实验原理

半导体激光器是采用半导体材料作为工作物质的激光器。1962 年，在温度为 77K 的条件下，其实现了短时间的注入受激辐射。当时的半导体激光器采用同质结结构，由于它在室温下的阈值电流密度高达 $10^4\,A/cm^2$ 量级，只能在液氮温度下才能连续工作，因而是没有实用价值的。随着半导体工艺的发展，后来出现了能在室温下进行脉冲工作的半导体激光器。1970 年研制成功的双异质结半导体激光器可在室温下连续工作，其阈值电流密度几乎降低两个数量级。20 世纪 70 年代中期出现了一些高功率、具有不同特点、频率响应特性好、热稳定性好的半导体激光器。目前，半导体激光器已成为应用面极广、发展极为迅速的一种激光器。

半导体激光器具有体积小、效率高、泵浦方式多等特点，在对激光器要求不高的场合，如短距离激光测距、引爆、污染检测、激光通信、激光印刷、激光医疗等方面具有广泛的应用。

（1）半导体激光器的工作原理。在激光物理学中，半导体激光器的粒子数反转分布是指载流子的反转分布。正常条件下，电子总是从低能态的价带开始填充，填满价带后才能填充到高能态的导带；而空穴则相反。如果采用电注入等方法，会使 p-n 结附近区域形成大量非平衡载流子，即在小于复合寿命的时间内，电子在导带、空穴在价带分别达到平衡（图 4-26），那么在此注入区内，这些简并化分布的导带电子和价带空穴就处于相对反转分布，称之为载流子反转分布；注入区则称为载流子分布反转区或作用区。

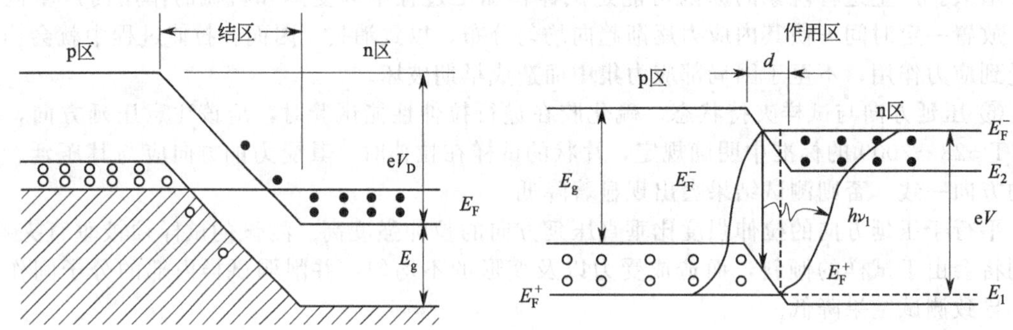

图 4-26　粒子数反转产生的原理

结型半导体激光器通常以与 p-n 结平面相垂直的一对相互平行的自然解理面构成平面

腔。在结型半导体激光器的作用区内，开始时导带中的电子自发地跃迁到价带和空穴复合，产生相位、方向并不相同的光子。大部分光子一旦产生便穿出 p-n 结区，但也有一部分光子在 p-n 结区平面内穿行，并行进相当长的距离，因而它们能激发产生出许多同样的光子。这些光子在平行的镜面间不断地来回反射，每反射一次便得到进一步的放大。这样的重复和发展，就使得受激辐射趋于压倒性的优势，即在垂直于反射面的方向上形成激光输出。

半导体激光器的全称为半导体结型二极管激光器，也称激光二极管。激光二极管的英文名称为 laser diode，缩写为 LD。

(2) 阈值电流。对于半导体激光器而言，当正向注入电流较低时，增益小于 0，此时半导体激光器只能发射荧光；随着电流增大，注入的非平衡载流子增多，使增益大于 0，但尚未克服损耗，在腔内无法建立起一定模式的振荡，这种情况被称为超辐射。当注入电流增大到某一数值时，增益克服损耗，半导体激光器输出激光，此时的注入电流值定义为阈值电流 I_{th}。

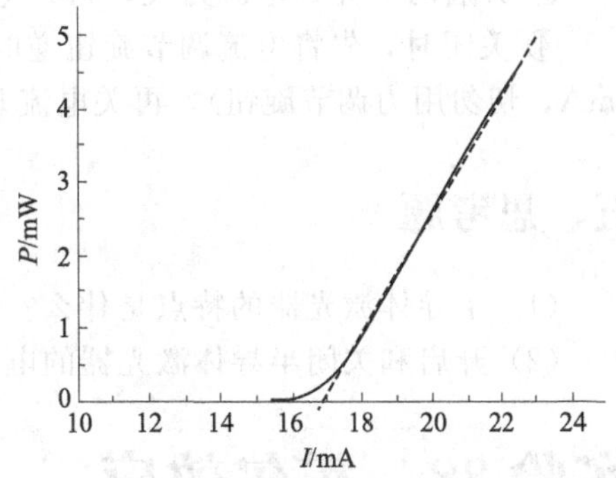

图 4-27 半导体激光器输出功率 P 与注入电流 I 的关系

半导体激光器输出功率与注入电流的关系如图 4-27 所示。注入电流较低时，输出功率随注入电流缓慢上升。当注入电流达到并超出阈值电流后，输出功率陡峭上升。将陡峭部分外延，延长线和电流轴的交点即为阈值电流 I_{th}。

三、实验用品

半导体激光器、激光功率计及计算机。

四、实验步骤

(1) 测量 P-I 关系曲线，并求出阈值电流。

① 开启激光功率计，将量程置于 20mW 挡（量程选择开关置于弹出状态），预热。

② 开启激光电源开关，然后开启激光电源上的电流开关（即"LD 短路"开关，此开关位于激光电源的后面）。通过电流调节旋钮来控制输出电流大小，使半导体激光器输出激光。

③ 调节激光器前面的准直透镜，使激光束经过准直透镜后在工作范围内光斑的大小、形状变化不大。然后调节激光器支架上的俯仰螺钉，使激光束平行于光学平台的台面。

④ 调节激光功率计的零点，将激光束垂直照射在功率计探测器光敏面的中心位置附近。改变输出电流，从 1mA 或 2mA 开始测量，每隔 1mA 测量一次光功率，在阈值附近每隔 0.5mA 测量一次光功率，直到 20mA。光功率＝C650×功率计示值。

⑤ 以电流值为横坐标、光功率值为纵坐标，在坐标纸上绘制出 P-I 关系曲线，并求出阈值电流。

(2) 发射光谱的测量

① 调节激光器前面的准直透镜，使激光束在光栅光谱仪的入射狭缝附近会聚，然后调节激光器的水平方位、高低和俯仰，使激光束平行于光学平台的台面，且使激光束从入射狭缝的中心位置附近射入光谱仪。

② 观察电流较小时半导体激光器的自发辐射光谱，并测量线宽。

③ 观察电流较大时半导体激光器的激光光谱，并测量线宽。

实验注意事项如下。

① 半导体激光器的 p-n 结非常薄，极易被击穿，所以在开、关半导体激光器的电源时，一定要防止浪涌电流的产生，否则将有可能损坏半导体激光器。

② 激光器电源的开启或关闭，由学生和指导教师共同完成。

③ 开启时，先开电源开关，再开电流开关（即“LD短路”开关）。

④ 关闭时，先将电流调节旋钮逆时针旋转到底，使输出电流最小（最小输出电流大于0mA，切勿用力调节旋钮），再关电流开关（即“LD短路”开关），最后关闭电源开关。

五、思考题

(1) 半导体激光器的特点是什么？

(2) 开启和关闭半导体激光器的电源时，应注意什么？

实验 88　霍尔效应

一、实验目的

(1) 了解霍尔效应的基本原理。

(2) 学习用霍尔效应判断半导体类型。

二、实验原理

(1) 霍尔效应。若将通有电流的导体置于磁场 B 中，磁场 B 垂直于电流 I_H 的方向（图 4-28），则在导体中垂直于 B 和 I_H 的方向上出现一个横向电位差 U_H，这个现象称为霍尔效应。霍尔效应对金属并不显著，但对半导体非常显著。霍尔效应可以测定载流子浓度及载流子迁移率等重要参数，还可以判断材料的导电类型，是研究半导体材料的重要手段。此外，还可以用霍尔效应测量直流或交流电路中的电流强度和功率，以及把直流电流转成交流电流并对它进行调制、放大。采用霍尔效应制作的传感器已广泛应用于磁场、位置、位移、转速的测量。

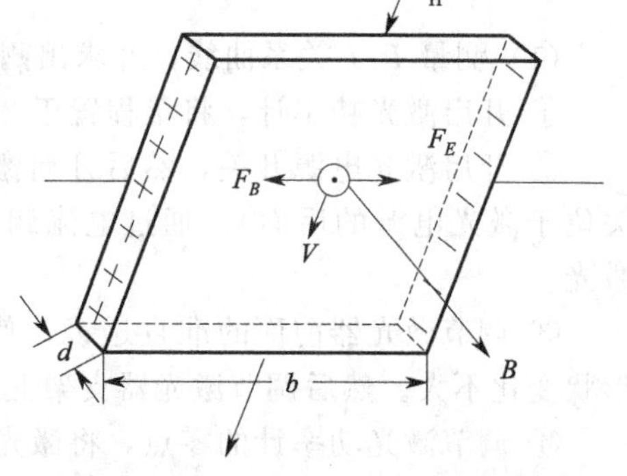

图 4-28　霍尔电压产生原理

霍尔电势差产生过程为：当电流 I_H 通过霍尔元件（假设为 p 型）时，空穴有一定的漂移速度 v，垂直磁场对运动电荷产生一个洛伦兹力［式(4-30)］。洛伦兹力使电荷产生横向偏转，由于样品有边界，所以有些偏转的载流子将在边界积累起来，产生一个横向电场 E，直到电场对载流子的作用力 $F_E=qE$ 与磁场作用的洛伦兹力相抵消为止［式 (4-31)］。这时电荷在样品中流动时将不再偏转，霍尔电势差就是由这个电场建立起来的。

$$F_B=q(v\times B) \tag{4-30}$$

$$q(v\times B)=qE \tag{4-31}$$

式中，q 为电子电量。

如果是n型样品，则横向电场与前者相反，所以n型样品和p型样品的霍尔电势差有不同的符号，据此可以判断霍尔元件的导电类型。

设p型样品的载流子浓度为 p，宽度为 b，厚度为 d。通过样品电流 $I_H=pqvbd$，则空穴的速度 $v=I_H/pqbd$，代入式(4-31)有：

$$E=|v\times B|=\frac{I_HB}{pqbd} \tag{4-32}$$

上式两边各乘以 b，便得到：

$$U_H=Eb=\frac{I_HB}{pqd}=R_H\frac{I_HB}{d} \tag{4-33}$$

式中，$R_H=1/pq$，被称为霍尔系数。

(2) 霍尔效应法判定半导体类型。霍尔效应法用半导体材料构成霍尔片作为传感元件，把磁信号转换成电信号，电路如图4-29所示。直流电源为电磁铁提供励磁电流 I_M，通过变阻器，可以调节 I_M 的大小。电源 E_2 通过可变电阻 R_2（用电阻箱）为霍尔元件提供电流 I_H。当 E_2 电源为直流时，用直流毫安表测霍尔电流，用数字万用表测霍尔电压；当 E_2 为交流时，毫安表和毫伏表都采用数字万用表。

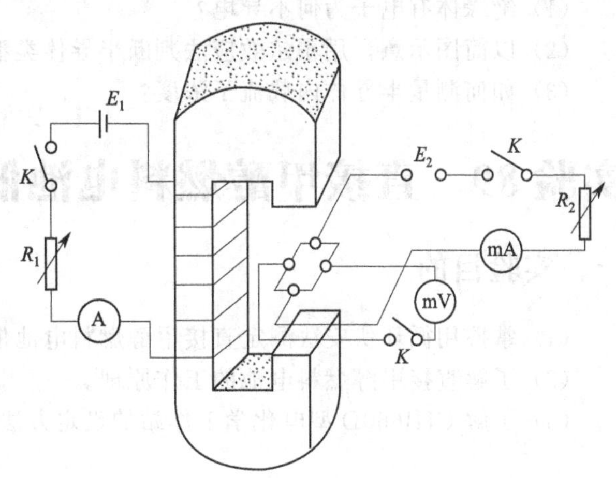

图4-29　实际电路连接

半导体材料有n型（电子型）和p型（空穴型）两种。前者载流子为电子，带负电；后者载流子为空穴，相当于带正电的粒子。由图4-29可以看出，若载流子为电子则霍尔电压存在一定的正负值；若载流子为空穴则正负值相反。通过毫伏表的正负数值即可判断半导体的导电类型。

三、实验用品

HL-4霍尔效应仪、稳流电源、稳压电源、安培表、毫安表、功率函数发生器、特斯拉计、数字万用表、电阻箱等。

四、实验步骤

(1) 测量霍尔电流 I_H 与霍尔电压 U_H 的关系。将霍尔片置于电磁铁中心处，励磁电流 $I_M=0.6$A，调节直流稳压电源 E_2 及直流电阻 R_2，使霍尔电流 I_H 依次为2mA、4mA、6mA、8mA及10mA，测出相应的霍尔电压。作 U_H-I_H 图，验证 I_H 与 U_H 的线性关系。

(2) 测量励磁电流 I_M 与霍尔电压 U_H 的关系。霍尔电流保持在 $I_H=10$mA，通过电磁铁线圈的励磁电流 I_M 从0变到1.0A，每隔0.2A测量霍尔电压，从而得到霍尔电压与励磁

电流的 U_H-I_M 曲线。励磁电流由稳流电源供给，电压调节钮要置于足够大的位置，调节电流控制钮。当面板上“CC”指示红灯亮时表示仪器处于稳流状态，在整个测量过程中必须保持稳流状态。

(3) 测量电磁铁磁场沿水平方向分布。调节支架旋钮，使霍尔片从电磁铁中心处移到支架的左端。励磁电流固定在 $I_M=0.6A$，霍尔电流 $I_H=10mA$，调节支架使霍尔片由电磁铁左边向右慢慢进入电磁铁间隙间，由左到右测量磁场随水平 x 方向分布的 B-x 曲线。x 位置由支架上水平标尺上读得。(磁场随 x 方向分布不必考虑消除副效应。)

注意事项如下。

① 霍尔片又薄又脆，切勿用手摸。

② 霍尔片允许通过电流很小，切勿与励磁电流接错!

③ 电磁铁通电时间不要过长，以防电磁铁线圈过热影响测量结果。

五、思考题

(1) 绝缘体有电子为何不导电?

(2) 以简图示意，用霍尔效应法判断半导体类型。

(3) 如何测量半导体内载流子浓度?

实验 89　直接甲醇燃料电池催化剂性能测试

一、实验目的

(1) 掌握用循环伏安法测定直接甲醇燃料电池催化剂性能的方法。

(2) 了解直接甲醇燃料电池的工作原理。

(3) 了解 CHI660D 型电化学工作站的设定方法。

二、实验原理

直接甲醇燃料电池催化剂主要以 Pt 系催化剂为主，再以碳纳米材料为催化剂载体，催化剂有效分散，催化性能提高。循环伏安法曲线正向扫描的峰电流密度可直接反映甲醇的氧化量及催化剂的电催化活性。

本实验在电极上施加一个线性扫描电压，以恒定的变化速度扫描，当达到某设定的终止电位时，再反向回归至某一设定的起始电位。循环伏安法电位与时间的关系如图 4-30(a) 所示。

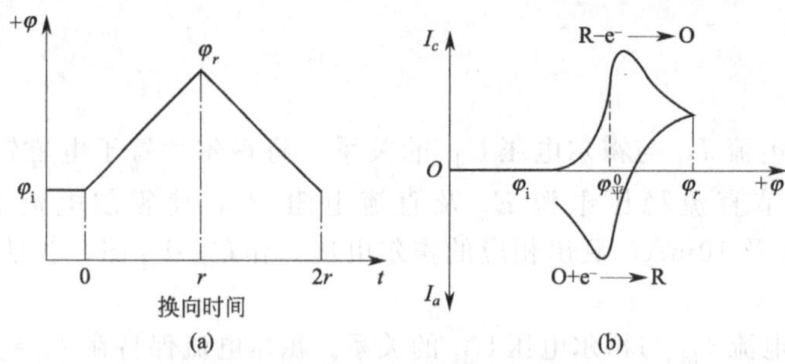

图 4-30　循环伏安法测试原理

若电极反应为 $O+e^- \rightleftharpoons R$，反应前溶液中只含有反应粒子 R，且 O、R 在溶液中均是可溶的，控制扫描起始电势从比体系标准平衡电势负得多的起始电势 φ_i 处开始作正向电扫描，电流响应曲线如图 4-30(b) 所示。

当电极电势逐渐正移到$\varphi^0_平$附近时，R 开始在电极上氧化。由于电势越来越正，电极表面反应物 R 的浓度逐渐下降，因此向着电极表面的流量和电流就开始增加。当 R 的表面浓度下降到近于 0 时，电流也增加到最大值，然后电流逐渐下降。当电势达到 φ_r 后，又改为反向扫描。

随着电极电势逐渐变负，电极附近可还原的 O 粒子浓度较大，在电势接近并通过$\varphi^0_平$时，表面上的电化学平衡向着越来越有利于生成 R 的方向发展。于是 O 开始被还原，并且电流增大到峰值还原电流，随后又由于 O 的显著消耗而引起电流衰降。整个曲线称为"循环伏安曲线"。

三、实验用品

CHI660D 型电化学工作站、玻碳工作电极、Ag/AgCl 参比电极、铂丝电极、高纯氮气、Nafion117 溶液、浓硫酸、甲醇、乙醇。

四、实验步骤

(1) 取制备好的催化剂材料 3.8mg 分散到 1mL 无水乙醇中，超声 30min。

(2) 取催化剂材料的乙醇分散液 30μL 滴涂到玻碳工作电极表面，静置 15min 至完全干燥，在其表面涂 Nafion117 溶液 10μL，静置 15min 至干燥，待用。

(3) 配制 1mol/L CH_3OH 与 0.5mol/L H_2SO_4 溶液。

(4) 打开 CHI660D 电化学工作站，连接电极，并将电极浸泡至 1mol/L CH_3OH 与 0.5mol/L H_2SO_4 溶液中，氮气鼓泡 20min。

(5) 电化学工作站测试参数。工作模式，CV；扫描速度，50mV/s；扫描电压，0.3～1V；扫描循环，5。

(6) 运行程序，保存数据。

五、思考题

(1) 在三电极体系中，工作电极、辅助电极和参比电极各起什么作用？

(2) Nafion117 溶液的作用是什么？

实验 90　芳香性化合物紫外-可见吸收光谱的理论计算研究

一、实验目的

(1) 初步掌握 Gaussian 09 化学计算软件及配套软件 GaussView 的基本使用方法。

(2) 学会构建简单的分子结构，会设置简单的 Gaussian 计算格式。

(3) 学习使用密度泛函（DFT）方法进行构型优化、激发态计算和吸收光谱制图的基本过程。

(4) 理解垂直吸收电子跃迁的过程，并比较三种电子跃迁过程的异同。

二、实验原理

基于第一性原理的密度泛函理论计算有关材料结构的相关光学性质都是基于激发态理论。通常，直接给出的都是在某个结构下，基态与各个激发态之间的电子能量差。基态，是指在正常情况下，整个原子体系处于最低能量状态。激发态，是指分子的一种不稳定状态。一般情况下，分子需要以某种形式吸收一定的能量才有可能达到激发态。当一个分子受到光的辐射时，其能量从最低状态激发到相对较高的状态。通常所说的，某一激发态的能量，是指以下三种理想的情形。

① 垂直吸收。在该过程中，电子吸收能量直接从基态跃迁至激发态，而在跃迁过程中，整个体系的结构则属于该材料在基态时的能量最低结构。

② 垂直发射。在这个过程里，处于激发态的电子将失去自己的一部分能量，并从激发态回落至基态，整个体系的结构则属于该材料在激发态时的能量最低结构。通过该计算过程可以计算体系的发射光谱，可以用于研究光致发光现象。

③ 绝热吸收。在该过程中电子同样发生跃迁效应，即在基态吸收光子或一定的能量跃迁至激发态；同时，结构由基态能量极小值结构转化为激发态能量极小值结构，如图 4-31 所示。

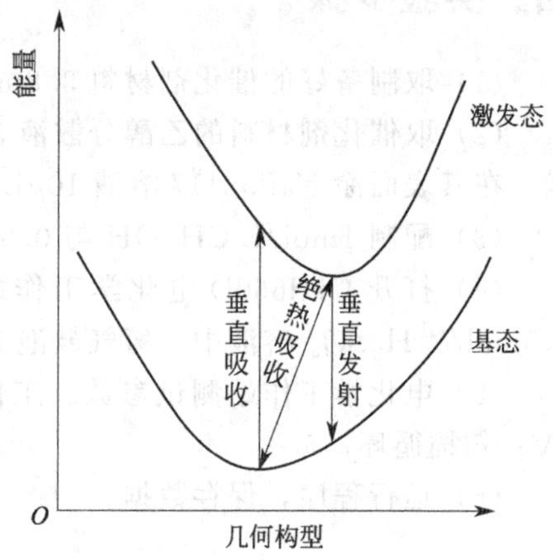

图 4-31 电子跃迁简化模型示意

本实验主要针对垂直吸收过程，并了解不同原子对芳香性化合物（苯、呋喃、吡咯以及噻吩）的紫外-可见吸收光谱的影响。

Gaussian 软件是目前使用极为广泛的一款量子化学计算软件。一套 Gaussian 软件一般包括用于计算的 Gaussian 组件和用于图形界面处理的 GaussView 组件，共两个组件。Gaussian 软件包含了从头计算方法、密度泛函方法、半经验方法、分子力学方法等多种计算方法，具有操作简单、功能强大的特点。本实验在计算基态结构时采用 DFT 方法，计算激发态时采用 TD-DFT 方法。基态和激发态的所有计算全部利用 Gaussian 09 程序包完成。

三、实验用品

Gaussian 09 软件、GaussView 5.0 软件、U 盘（10G 以上容量）、计算机（i5 CPU、4G 内存、500G 硬盘以上配置）。

四、实验步骤

计算吸收光谱主要包括以下步骤：优化基态结构，并提取已优化的基态结构；选取合适的激发态并计算基态与激发态之间的能量。据此计算过程可以得到该体系的吸收光谱，具体步骤如下。

（1）用 GaussView 5.0 软件构建苯、呋喃、吡咯以及噻吩的分子结构式，并选用“opt b3lyp/6-311++g（d，p）”关键词，保存为 gjf 格式的输入文件。

（2）用 Gaussian 09 软件打开上步保存的 gjf 输入文件，进行分子结构的优化，最终得到 Log 格式的输出文件。

（3）在上一步得到的分子最优结构基础上，选用“td=（nstates=20）b3lyp/6-311++g（d，p）”关键词，保存为 gjf 格式的输入文件。用 Gaussian 09 软件进行激发态的计算，最终得到 Log 格式的输出文件。

（4）在上一步基础上，分析最低的二十个激发态及跃迁涉及的吸收光谱图。

（5）实验完毕，归位，打扫卫生。

五、注意事项

（1）本实验的计算对象为真空中的分子，因此高水平计算的结果与实验测定值之间存在微小差异。

（2）量子化学计算的精度取决于所用的方法和基组，不同方法和基组得到的计算结果在某些情况下差异会很大，应结合实际体系和所具备的实验条件选择合适的方法和基组。

六、数据处理

（1）分析优化得到的苯、呋喃、吡咯以及噻吩分子的结构式，比较不同分子间的键长及键角，列于表 4-11。

表 4-11 实验记录

键长及键角	分子化合物			
	苯	呋喃	吡咯	噻吩
C—C (Å) C—X (Å) C—C—C (°) C—X—C(°)				

注：1. X=N、S、O。
2. 1Å=10^{-10}m。

（2）列出不同化合物中的两个起主要作用的激发态及其相对应的激发能量、波长以及强度因子。

（3）用 origin 作出吸收光谱图，分析不同芳香性化合物吸收光谱的变化规律。

七、思考题

（1）初始构型的构建很大程度上决定了量化计算的准确性和耗时，那么构建合理的初始构型方法有哪些？

（2）激发能量和吸收光波长是什么关系？

实验 91　四端子法和四探针法测量半导体的电阻率

一、实验目的

（1）掌握四端子法测量半导体粉末的原理及方法。

（2）了解四探针法测量块状、片状半导体电阻率的原理及方法。

（3）了解影响电阻率测试结果的因素。

二、实验原理

电阻率是半导体材料的重要参数之一。材料的电阻率与半导体器件的性能有着十分密切的关系，因此电阻率的精确测量成为重要的物理实验之一，也是工程技术人员必须掌握的基本技能。

仪器通过四端子法和四探针法对半导体材料进行电阻率测量，具有测量精度高、稳定性好、使用方便等特点。本仪器适用于对半导体粉末及块状、片状半导体材料的电阻率进行测试。

（1）四端子法测试原理

① 电阻测量原理。根据四端子的“电流-电压降”测试方法，选择的该仪器的电气部分是由高精度的恒流源与高灵敏度的数字电压等两大部分组成。可以由仪器输出直流的恒定电源，从而在被测件上产生比较微弱的电压降，接着再由仪器输入端将该电压信号输入仪器中，最后经过内部电路放大，以数字形式显示出来测量结果：

$$R=V/I \tag{4-34}$$

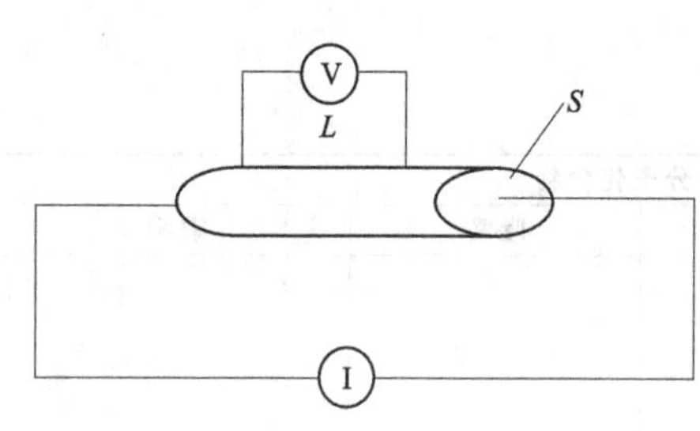

图 4-32　电阻率测量示意

② 电阻率的测量。将标准试样平稳放入专用测试架上，然后在试样两个断面之上选择由仪器输入相关直流的恒定电流，由夹具电位测出该电流电压降，如图 4-32 所示。

试样电阻率：

$$\rho=VS/IL=V\pi D^2/4IL \tag{4-35}$$

式中，V 为电位电极上的电压降；参数 I 为通过试样的电流；参数 S 为试样的截面积；L 为电位电极距离；D 为圆柱形试样直径。

为了使仪器能直接显示试样的电阻率值，我们设定：

$$I=S/L=\pi D^2/4L=K \tag{4-36}$$

式中，K 为体积修正系数。

则 $\rho=V$ 可由电压表直接读出，因此仪器中设置电流调节功能，查表可得出不同的电位电极 L、D 和应调节的体积修正系数。

（2）四探针法测试原理。如图 4-33 所示，当采用的 1、2、3、4 四根金属探针完全排成一直线后，再以一定压力把它们压在半导体材料表面上，并在 1、4 两探针之间通过电流 I；而 2、3 两个探针间则产生新的电位差 V，从而可以得到材料的电阻率：

$$P=CV/I \tag{4-37}$$

式（4-37）中 C 是探针系数，可以由探针的几何位置决定。已知当试样的电阻率分布比较均匀，而且试样的尺寸满足半无限大的条件时：

$$C=\frac{2\pi}{\frac{1}{S_1}+\frac{1}{S_2}-\frac{1}{S_1+S_2}-\frac{1}{S_2+S_3}} \tag{4-38}$$

式（4-38）中参数 S_1、S_2、S_3 分别为探针 1 与 2 之间、探针 2 与 3 之间、探针 3 与 4 之间的间距，探头系数由厂家对探针间距进行测定后提供。当 $S_1=S_2=S_3=1\text{mm}$ 时，$C=2\pi\approx6.28\pm0.05$，其单位为 cm。如果电流采取 $I=C$ 时，则 $\rho=V$，可由数字电压表来直接读出。

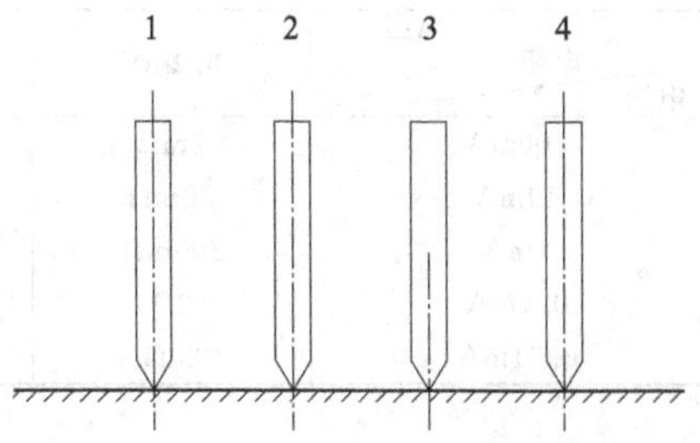

图 4-33 四探针法测量原理

① 块状或棒状样品测量体电阻率。块状和棒状样品由于外形尺寸远大于探针间距，完全合乎半无限大的边界条件，则电阻率值直接由式(4-37) 和式(4-38) 求出。

② 测量薄片样品的电阻率。由于薄片样品的厚度和探针间距均比较小，因而不能忽略，测量时需要提供实时的样品厚度、形状以及测量位置的修正系数。电阻率按照式（4-39）计算：

$$\rho=C\,\frac{V}{I}G(\frac{W}{S})D(\frac{d}{S})=\rho_0 G(\frac{W}{S})D(\frac{d}{S}) \tag{4-39}$$

式中，ρ_0 为块状体的电阻率测量值；W 为样品厚度；S 为探针间距；d 为样品的宽度或长度；G（$\frac{W}{S}$）为样品厚度和探针间距之间换算后的修正函数；D（$\frac{d}{S}$）则为样品的形状和测量位置的修正函数。其修正函数可由相关仪器厂家所提供的附表查得。

当圆形硅片厚度可以满足 $W/S<0.5$ 时，电阻率为：

$$\rho=\rho_0\,\frac{W}{S}\,\frac{1}{2\ln2}D(\frac{d}{S}) \tag{4-40}$$

式中，ln2 为 2 的自然对数。

当忽略探针的几何修正系数时，即认为 $C=2\pi S$ 时：

$$\rho=\frac{\pi VW}{I\ln2}D(\frac{d}{S})=4.53\,\frac{VW}{I}D(\frac{d}{S}) \tag{4-41}$$

③ 测量扩散层方块电阻。如果半导体的薄层尺寸可以满足半无限大的平面条件，则采用式（4-42）：

$$R_0=\frac{\pi}{\ln2}(\frac{V}{I})=4.53\,\frac{V}{I} \tag{4-42}$$

若取 $I=4.53$，则 R_0 值可由电压表直接读出。

三、实验用品

FZ-2010 型半导体粉末电阻率测试仪主要包括电气设备、测试台（粉末测试台和四探针测试台）两大部分，可以根据测试需要选择不同的测试台。

(1) 电气设备。电气箱为仪器的主要电气部分，其面板上有数字和单位显示板以及操作按钮和开关。其中，恒流源具有 100mA、10mA、1mA、100μA、10μA、1μA 六个量程恒流输出，电压测量部分具有 0.2mV、2mV、20mV、200mV、2V 五个量程挡。电流输出和电压测量配合，自动组成电阻测试的各量程，见表 4-12。

表 4-12　自动组成电阻测试的各量程

电流＼电阻＼电压	0.2mV	2mV	20mV	200mV	2V
100mA	2mΩ	20mΩ	200mΩ	2Ω	20Ω
10mA	20mΩ	200mΩ	2Ω	20Ω	200Ω
1mA	200mΩ	2Ω	20Ω	200Ω	2kΩ
0.1mA	2Ω	20Ω	200Ω	2kΩ	20kΩ
0.01mA	20Ω	200Ω	2kΩ	20kΩ	200kΩ

（2）测试台。粉末测试台由加压系统、粉末试样容器、测试台等构成。四探针测试台由探头及压力传动机构、样品台构成。

四、实验步骤

（1）测试准备。仪器放入测试温度为（23±2）℃，湿度＜65 %的环境内1h。将仪器和测试台的220V电源插入电源插座，电源开关置于断开位置，将四端子测试线的插头与电气箱的输入插座连接起来，清理测试电极、粉末试样容器。启动电源开关置于开启位置，数字显示窗亮。

高度基准：在未加压力前（测试的“上电极未接触试样”），调节测试台上的压力调零旋钮，使压力显示为“0000”±1。

仪器自校及测试台高度校准：在测试台上，将试样容器放入定位座中，并在容器中放入高度基准块（10mm）。旋动加压手柄，调整上电极接触至基准块，加以额定压力，再将高度尺上的按零旋钮按下，使数字显示为“0000”，则高度基准已调好。（此时实际高度为10.00mm。）

（2）“I调节”与“自校”的操作

① 测量电流值的调节。功能开关置于“I调节”位置，电流量程开关与电压量程开关必须放在表4-13所列的任一组对应的位置。

表 4-13　电流调节和自校时必须对应的电流电压量程

电压量程	2V	200mV	20mV	2mV	0.2mV
电流量程	100mA	10mA	1mA	0.1mA	0.01mA

按下电流开关，调节电流电位器（可以使电流输出从0到1000），直到数字显示出测量所需要的电流值（如6.24、4.53等）为止。当电流调节电位器顶端100时数字显示为“1000±2”，是相应电流量程的满度值，准确的电流值应由数字显示读出。只要调节好某一量程电流输出值后，其他各量程的电流会按此数字输出，不同数量级的电流值（字）误差为±2。一旦电流值调节好后，不必每次测量都调节。

② 仪器自校。为了校验电气箱中数字电压表和恒流源的精度，仪器内部装有精度为0.02%的标准电阻，供校验之用。自校时，将测量选择开关置于“电阻”位置，工作选择开关置于“自校”位置，电流量程开关和电压量程开关按表4-13所示进行。调节好零位，按下电流开关则数字显示板显示出“19.9X”，各量程数值误差（字）为±6。如果数值超差，可以调节机内压板上“I调节”窗孔，使数字恢复到“19.9X”值。

（3）测量。四端子插头其中两个黑色夹为电位电极夹头，红色夹为电流电极夹头。

① 确定电位电极测试方法。若采用电位电极固定法，可将电位电线接到固定电极 V_1、V_2 上。若采用电位电极变动法，可将电位电线接到 V_1'、V_2'上，如图 4-34 所示。

将基准高度块从试样容器中取出，将一定量（加压后高度大于 16mm）的粉末试样倒进（或通过加料漏斗）试样容器中，然后将试样容器放入测试定位座内。

旋动加压手轮：当上电极接触到粉末试样时，压力开始增加，压力显示屏有相应的压力显示，直至压力稳加到某一规定的压力时为止。

观察试样高度：在施加一规定压力后，观察高度数值显示值，试样实际高度＝高度数字显示值＋10mm；要求每次试样加压后高度误差＜2%，否则应重新取样。

② 若采用电位电极变化测试法，应利用加压后测出的试样高度在表 4-14 中查出体积修正系数 K 值，并将仪器“功能”开关拨到“I 调节”挡。按入电流开关，调节电流调节电位器，使数字显示值与查出的 K 值相同，然后退出电流开关。

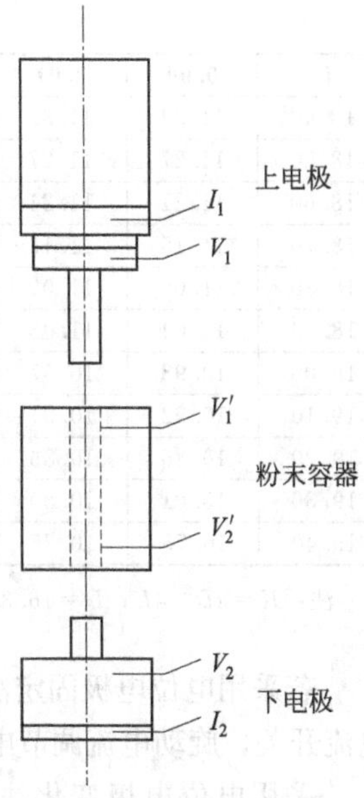

图 4-34 测试电极示意

表 4-14 粉末测试台修正系数

L	0.00	0.01	0.02	0.03	0.04	0.05	0.06	0.07	0.08	0.09
15.50	13.46	13.45	13.44	13.43	13.42	13.40	13.40	13.40	13.39	13.38
15.60	13.37	13.36	13.35	13.34	13.34	13.33	13.32	13.31	13.30	13.29
15.70	13.28	13.28	13.27	13.26	13.25	13.24	13.23	13.23	13.22	13.21
15.80	13.20	13.19	13.18	13.18	13.17	13.16	13.15	13.14	13.13	13.13
15.90	13.12	13.11	13.10	13.09	13.08	13.08	13.07	13.06	13.05	13.04
16.00	13.04	13.03	13.02	13.01	13.00	12.99	12.98	12.97	12.96	12.95
16.10	12.95	12.95	12.94	12.93	12.92	12.91	12.91	12.90	12.89	12.88
16.20	12.87	12.87	12.86	12.85	12.84	12.83	12.83	12.82	12.81	12.80
16.30	12.80	12.79	12.78	12.77	12.76	12.76	12.75	12.74	12.73	12.73
16.40	12.72	12.71	12.70	12.69	12.69	12.68	12.67	12.66	12.66	12.65
16.50	12.64	12.63	12.63	12.62	12.61	12.60	12.59	12.59	12.58	12.57
16.60	12.56	12.56	12.55	12.54	12.53	12.53	12.52	12.51	12.50	12.50
16.70	12.49	12.48	12.47	12.47	12.46	12.45	12.44	12.44	12.43	12.42
16.80	12.41	12.41	12.40	12.39	12.39	12.38	12.37	12.36	12.36	12.35
16.90	12.34	12.33	12.33	12.32	12.31	12.30	12.30	12.29	12.28	12.28
17.00	12.27	12.26	12.25	12.25	12.24	12.23	12.23	12.22	12.21	12.20
17.10	12.20	12.19	12.18	12.18	12.17	12.16	12.15	12.15	12.14	12.13
17.20	12.13	12.12	12.11	12.10	12.10	12.09	12.08	12.08	12.07	12.06
17.30	12.06	12.05	12.04	12.04	12.03	12.02	12.01	12.01	12.00	11.99
17.40	11.99	11.98	11.97	11.97	11.96	11.95	11.95	11.94	11.93	11.92
17.50	11.92	11.91	11.90	11.90	11.89	11.88	11.88	11.87	11.86	11.86
17.60	11.85	11.84	11.84	11.83	11.82	11.82	11.81	11.80	11.80	11.79
17.70	11.78	11.78	11.77	11.76	11.76	11.75	11.74	11.74	11.73	11.72
17.80	11.72	11.71	11.70	11.70	11.69	11.68	11.68	11.67	11.66	11.66
17.90	11.65	11.65	11.64	11.63	11.63	11.62	11.61	11.61	11.60	11.59
18.00	11.59	11.58	11.57	11.57	11.56	11.55	11.55	11.54	11.54	11.53
18.10	11.52	11.52	11.51	11.50	11.50	11.49	11.48	11.48	11.47	11.47
18.20	11.46	11.45	11.45	11.44	11.43	11.43	11.42	11.42	11.41	11.40
18.30	11.40	11.39	11.38	11.38	11.37	11.37	11.36	11.35	11.35	11.34

续表

L	0.00	0.01	0.02	0.03	0.04	0.05	0.06	0.07	0.08	0.09
18.40	11.34	11.33	11.32	11.32	11.31	11.30	11.30	11.29	11.29	11.28
18.50	11.27	11.27	11.26	11.26	11.25	11.24	11.24	11.23	11.23	11.22
18.60	11.21	11.21	11.20	11.20	11.19	11.18	11.18	11.17	11.17	11.16
18.70	11.15	11.15	11.14	11.14	11.13	11.12	11.12	11.11	11.11	11.10
18.80	11.09	11.09	11.08	11.08	11.07	11.06	11.06	11.05	11.05	11.04
18.90	11.04	11.03	11.02	11.02	11.01	11.01	11.00	10.99	10.99	10.98
19.00	10.98	10.97	10.97	10.96	10.95	10.95	10.94	10.94	10.93	10.93
19.10	10.92	10.91	10.91	10.90	10.90	10.89	10.89	10.88	10.87	10.87
19.20	10.86	10.86	10.85	10.85	10.84	10.83	10.83	10.82	10.82	10.81
19.30	10.81	10.80	10.80	10.79	10.78	10.78	10.77	10.77	10.76	10.76
19.40	10.75	10.75	10.74	10.73	10.73	10.72	10.72	10.71	10.71	10.70

注：$K=\pi D^2/4L$；$D=16.3$mm（粉末容器直径）；L 为粉末试样高度。

若采用电位电极固定法测量，V_1、V_2 间距离 $L=16$mm，查表 4-14 得 $K=1304$；加压后按下电流开关，旋动电流调节电位器，使数字显示为“1304”，则 K 值已调节好，退出电流开关。

采用电位电极变化法测量时，例如高度尺上显示的为 5.5mm，我们就可知道试样高度 $L=5.5\text{mm}+10\text{mm}=15.5\text{mm}$，查表 4-14 得 K 值为 1345；再按上述操作步骤，将电流调节到数字显示为“1345”即可。

③ 电阻率测量。根据试样电阻率范围，按照表 4-13 所示选择好电压和电流量程。单位自行转换为 Ω·cm。如果单位要换算到 $k\Omega\cdot mm^2/m$，则可将显示值乘以 10。

功能开关置于“测量”档，调节电压调零旋钮，使数字表显示为“0000”，然后按下电流开关，数字显示出电阻率值。如果数字显示熄灭只剩下“−1”或“1”，则测量数值已超过此电压量程，应将电压量程拨到更高档，读数后退出电流开关，数字显示将恢复到零位，否则应重新测量。在仪表处于高灵敏电压档时更要经常检查零位，再将极性开关拨至下方（负极性），按下电流开关，从数字显示板和单位显示灯可以读出负极性的测量值。将两次测得的电阻率值取平均，即为样品在该处的电阻率值。

（4）数据处理。数据处理见表 4-15 和表 4-16。

表 4-15 数据处理（一）

样品	ρ/(Ω·cm)	ρ'/(Ω·cm)
样品 1		

表 4-16 数据处理（二）

压力	ρ_1/(Ω·cm)	ρ_2/(Ω·cm)	ρ_3/(Ω·cm)

五、思考题

（1）分析电阻率误差的来源。

（2）为什么要用四端子进行测量？如果只用两个端子，这样能否对样品进行较为准确的测量？为什么？

（3）如果表 4-14 中没有提供实际测量样品的相关数据，该如何解决？

实验 92 卡尔·费歇尔法测试材料中微量水分含量

一、实验目的

(1) 掌握卡尔·费歇尔法的测量原理。

(2) 掌握测量液体样品含水量的方法。

(3) 了解测量固体及气体样品含水量的方法。

(4) 了解仪器的应用范围及误差来源。

二、实验原理

微量水分含量是石化类产品质量控制中的重要指标，微量水的存在会对体系的稳定性和使用效果产生很大影响。卡尔·费歇尔法（曾称卡尔·费休法）操作简单，检测速度快，灵敏度高，满足了石油、化工、电力、医药、农药、粮食等领域各类物质对水分含量测定的较高要求。

1935 年卡尔·费歇尔（Karl-Fisher）提出一种采用容量分析来测定水的方法，分为容量法和库仑法两类，本实验采用库仑法。库仑法是一种电化学方法，其原理是电解池中的卡氏试剂（成分有 I_2、SO_2、C_5H_5N、CH_3OH）含量达到平衡时注入含水的样品，使水参与碘和二氧化硫之间的氧化还原反应，从而在吡啶以及甲醇都存在的情况，可以生成氢碘酸吡啶、甲基硫酸吡啶。该氧化还原反应如式(4-43) 和式(4-44)：

$$H_2O+I_2+SO_2+3C_5H_5N \longrightarrow 2C_5H_5N\cdot HI+C_5H_5N\cdot SO_3 \tag{4-43}$$

$$C_5H_5N\cdot SO_3+CH_3OH \longrightarrow C_5H_5N\cdot HSO_4CH_3 \tag{4-44}$$

其中消耗的碘在阳极处电解产生，使氧化还原反应得以不断循环进行，直至水分被全部耗尽；而且在电解的过程中，双铂电极的反应如式(4-45)～式(4-47)：

阳极处：
$$2I^- -2e^- \longrightarrow I_2 \tag{4-45}$$

阴极处：
$$I_2+2e^- \longrightarrow 2I^- \tag{4-46}$$

$$2H^+ +2e^- \longrightarrow H_2\uparrow \tag{4-47}$$

根据法拉第电解定律，电解产生的碘与电解时耗用的电量成正比关系，因此根据输出电量与电解水分的关系，可计算出含水量。从上述反应中可以看出，电解碘的电量等同于电解水的电量，则样品中含水量可通过式(4-48) 计算：

$$\frac{W\times 10^{-6}}{18}=\frac{Q\times 10^{-3}}{2\times 96493}$$

$$W=\frac{Q}{10.72} \tag{4-48}$$

式中，W 为样品中的含水量，μg；Q 为电解电量，mC。

卡尔·费歇尔法可适用于多种有机物和无机物的含水量测定。但由于化合物的差异，可将其分为直接测定和不能直接测定两种类型。

三、实验用品

SFY-01F 型微量水分测定仪，包括主机、电解池、微量注射器（规格为 0.5μL、50μL）及卡氏试剂、无水乙醇、待测样品。

四、实验步骤

（1）测试准备

① 电解池的清洗、安装、注液处理。

② 搅拌器转速调节。

（2）仪器自检

① 上电自检。打开主机电源，液晶显示屏显示仪器制造单位及联系方式，按任意一键进入测试状态。仪器显示实测水分、电解电流、测量电位、温度、日期、时间。

② 电解自检。将搅拌器连接至主机，按电解键、启动键，用导线短接电解插座两极，实测水分显示快速计数；断开短接线，停止计数。

③ 测量自检。用导线短接测量插座两极，电解电流显示为000，测量电位显示－1.3左右。

（3）电解池平衡状态调整

① 过碘状态的调整。按下电解键（电解按键灯亮），测量电位显示为负值、电解电流显示为0，说明仪器为过碘状态。可以用进样器抽取适当纯水，通过样品注入口慢慢注入水分，直到测量电位、电解电流显示有数值，实测水分进行计数。当仪器达到终点时，可以进行样品测试。

② 过水状态的调整。电解按键灯亮。如果测量电位显示较高、电解电流显示较大值，实测水分快速计数，说明仪器受潮或其他原因使电解池内过水；可继续电解，等待停止计数，电解池平衡。

③ 空白电流不稳。如果滴定过程接近结束时测量电位和电解电流显示值来回波动，说明空白电流不稳定。如果电解液更换不久，说明电解池壁上可能吸附水分。这时应停止搅拌，取下电解池，慢慢倾斜转动摇晃，使池壁上水分吸收到电解液中，放回电解池，继续进行电解。可反复几次，直到仪器达到平衡。

（4）仪器标定。当仪器达到初始平衡点而且比较稳定时，可用纯水进行标定。抽取0.1μL纯水，按“启动”键，把纯水通过进样口注入电解池中，电解自动开始。仪器到达终点后，其结果应为（100±10）$\mu g\ H_2O$。一般标定2～3次，显示数字在误差范围内就可以进行样品的测定。

（5）仪器设定。按“设定”键，显示屏显示9项选择功能：打印、时间、序号、体积、总重、皮重、密度、系数及公式。根据测试样品的不同状态和所需结果选择不同的公式进行设定。

$$S/(Z-P) \tag{4-49}$$

$$S/(Z-P) \tag{4-50}$$

说明：式(4-49)、式(4-50)分别是在已知总重、皮重时求得样品水分的百万分含量（10^{-6}）或百分含量（%）。其中，Z（g）为总重，P（g）为皮重，S（μg）为实测的水分量。

$$S/(ZK) \tag{4-51}$$

$$S/(ZK) \tag{4-52}$$

说明：式(4-51)、式(4-52)为已知加入样品的质量及稀释系数时，求得样品水分的百万分含量（10^{-6}）或百分含量（%）。其中，K为稀释系数。

$$S/(TB) \tag{4-53}$$

$$S/(TB) \tag{4-54}$$

说明：式(4-53)、式(4-54) 为已知样品的体积及样品的密度时，求得样品水分的百万分含量（10^{-6}）或百分含量（%）。其中，T（μL）为注入样品体积，B（g/mL）为密度。

(6) 液体样品中水分的测定

① 根据被测样品的含水情况选择合适的进样器。

② 用被测样品将注射器冲洗 2～3 次，然后吸入一定量的样品。

③ 把样品通过进样口注入电解液中，按下电解，启动开关，电解开始。

④ 测定结束，电解终点指示灯亮，蜂鸣器响，仪器显示数值便为实际所测定的水分。

(7) 固体样品中水分的测定。固体含水量的测定和液体含水量的测定方法相同，只是要注意取样应快速、称量应准确。因为进样时需旋出进样旋塞，空气中水分会带入电解池中，所以应先对接固体进样器，待空气中水分电解完后再按启动键，最后旋转固体进样器将固体加入电解池中。固体样品的形状可以是粉末、颗粒、块状（大块状应破碎）。当样品难以溶于电解液时，应通过一些辅助方法或试剂，让样品水分能够充分分散到体系中。

(8) 气体样品中水分的测定。气体含水量的测定关键是采样方法。必须随时能够控制进样量的大小，测定时阳极室须注入大约 150mL 电解液，以保证气体中水分被电解液充分吸收。气体流速应控制在 0.5L/min 左右。

五、思考题

(1) 微量水分测定仪测量精度的影响因素有哪些？

(2) 微量水分测定仪可以测量所有化合物吗？如若不能，试说明原因并举例解释。

参考文献

[1] 李进，王晓芳，高忙忙，等．溶胶-凝胶法制备粉体纳米二氧化钛的研究［J］．宁夏大学学报（自然科学版），2012，33（4）：392-395.

[2] 郭文华，张军剑，李钢．溶胶-凝胶法及其制备纳米 TiO_2 粉体的原理和研究进展［J］．中国陶瓷工业，2006，4（5）：26-29.

[3] 张蕊．溶胶-凝胶法制备二氧化钛粉体与薄膜研究［D］．沈阳：东北大学，2011.

[4] 马娟．ZnS 纳米晶的制备及其性质研究［D］．南京：南京师范大学，2006.

[5] 郭应臣，卓立宏，乔占平．表面修饰 CdS 和（CdS）ZnS 纳米晶的性能研究［J］．化学研究与应用，2007，19（1）：37-41.

[6] 张翔．掺杂 ZnS 纳米晶的合成及其性能研究［D］．洛阳：河南科技大学，2015.

[7] 戴小敏，冯凌竹，李佳欣．大学化学综合实验：三草酸合铁（Ⅲ）酸钾的制备和结构表征［J］．化学教育（中英文），2021，42（4）：56-61.

[8] 林爱琴．三草酸合铁酸钾的制备实验的思考［J］．福建师大福清分校学报，2011，4（5）：62-64.

[9] 李海明，刘志军，魏冬青．高分子科学综合实验设计——甲基丙烯酸甲酯本体聚合及玻璃化转变温度和分子量的测定［J］．实验室科学，2008（5）：89-91.

[10] 肖炳敦．MMA 室温本体聚合法制有机玻璃的配方研究［J］．塑料工业，1988（5）：27-29.

[11] 郑林禄，张薇．本体聚合法制备有机玻璃的影响因素研究［J］．化学工程与装备，2011（10）：53-55.

[12] 洪林娜，李斌，黄辉，等．改性聚醋酸乙烯酯乳液的制备及其性能研究［J］．石油化工，2013，42（10）：1154-1158.

[13] 聂敏，王琪．超声辐照醋酸乙烯酯的乳液聚合［J］．合成化学，2007，15（4）：471-474.

[14] 郭丽华．界面缩聚合成尼龙实验的综合性改进［J］．化学教育，2016，37（20）：35-37.

[15] 展宗瑞，张琪，李倩，等．高分散粒径可控纳米金粒子制备及表征［J］．山东化工，2020，49（1）：15-16，19.

[16] 张琳，李群，刘蓉蓉，等．纳米银的制备及应用［J］．天津造纸，2019，41（1）：28-34.

[17] 李桂村．聚苯胺微米/纳米结构的制备及表征［D］．青岛：中国海洋大学，2005.

[18] 王碧琛．导电聚合物薄膜的电化学制备与电极性能研究［D］．天津：天津大学，2009.

[19] 傅胤荣．稀土掺杂 $Na_2Ca_3Si_2O_8$ 和 $BaZrSi_3O_9$ 基质发光材料的制备和特性研究［D］．广州：广东工业大学，2017.

[20] 肖清泉．稀土掺杂 YAG 荧光粉和 Y-TZP 纳米粉的制备及表征［D］．厦门：厦门大学，2007.

[21] 王世权，王泽新，伍世英，等．Takiyama 法制备均分散碳酸钡粒子［J］．高等学校化学学报，1994，4（2）：283-284.

[22] 王丽娜．不同形貌碳酸钡的制备与研究［D］．绵阳：西南科技大学，2012.

[23] 曹怡，何川．碳酸钡粒子的形貌控制研究［J］．绵阳师范学院学报，2013，32（11）：58-63.

[24] 刘涛．金属基体超疏水表面的制备及其海洋防腐防污功能的研究［D］．青岛：中国海洋大学，2009.

[25] 李宁．化学镀实用技术［M］．2 版．北京：化学工业出版社，2012.

[26] 张邦维．非晶态和纳米合金的化学镀——制备原理、微观结构和理论［M］．北京：化学工业出版社，2017.

[27] 杨斛胖，梁海莲．KDP 晶体的水溶法生长［J］．长春理工大学学报，2003，4（4）：55-57.

[28] 毛琨．降温法生长 KDP 晶体的实验和数值模拟［D］．重庆：重庆大学，2007.

[29] 李巧梅，罗北平，黄锋，等．液相等离子体电沉积制备类金刚石薄膜［J］．电镀与涂饰，2013，32（10）：1-4.

[30] 董艳霞，陈亚芍，赵丽芳．类金刚石薄膜的制备及其血液相容性的初步研究［J］．现代生物医学进展，2007，7（2）：211-214.

[31] 杨小刚．聚苯胺纳米结构的制备及其防腐性能的研究［D］．青岛：中国科学院研究生院（海洋研究所），2008.

[32] 张传芹．聚苯胺纳米结构的合成与形成机理研究［D］．青岛：青岛科技大学，2009.

[33] 袁春华．二氧化铈纳米粒子的制备方法评述［J］．无机盐工业，2007，39（5）：10-11.

[34] 潘湛昌，肖楚民，张环华，等．液相法制备纳米二氧化铈的方法比较［J］．矿业研究与开发，2003（S1）：

178-180.
[35] 全伟．铝合金表面微弧氧化陶瓷膜制备工艺试验设计［D］．武汉：武汉理工大学，2010.
[36] 卓红．阳极氧化法制备多孔氧化物模板及其应用［D］．福州：福建师范大学，2010.
[37] 朱文庆，瞿芳，袁煜昆，等．微乳辅助溶剂热法纳米二氧化铈的合成与表征［J］．纺织高校基础科学学报，2013，26（3）：406-409.
[38] 赵海军，候海涛，曹洁明，等．溶剂热合成具有海绵状结构的介孔 SnO_2［J］．物理化学学报，2007，23（6）：959-963.
[39] 沈水云．浸渍涂敷法制备 YSZ 电解质薄膜及其在 SOFC 中应用［D］．哈尔滨：哈尔滨工业大学，2008.
[40] 孙旺．SOFC 阳极纳米复合粉体及电池成型工艺的研究［D］．哈尔滨：哈尔滨工业大学，2008.
[41] 于欣欣，李爱侠，吴明，等．创新型实验的教学模式改革初探——水污染物降解［J］．大学物理实验，2017，30（3）：139-141.
[42] 李易东．纳米 TiO_2 光触媒的制备及应用研究［J］．现代涂料与涂装，2010，13（12）：34-38.
[43] 曹均助．环氧树脂和介孔 SBA-15 复合材料制备和固化动力学的研究［D］．上海：上海交通大学，2011.
[44] 徐艳，邢立淑，李湘萍，等．无外加酸体系中高温合成 Al-SBA-15［J］．无机化学学报，2013，29（9）：1849-1855.
[45] 张文进．高质量荧光量子点合成及光电应用［D］．上海：华东理工大学，2014.
[46] 李斌．水溶性 CdTe 纳米晶的制备、光学性能及生长行为研究［D］．上海：上海交通大学，2009.
[47] 李继利．锂离子电池正极材料 $LiNi_{1/3}Co_{1/3}Mn_{1/3}O_2$ 的制备与 $LiMn_2O_4$ 的表面包覆改性研究［D］．北京：北京理工大学，2014.
[48] 胡传跃，郭军，文瑾，等．草酸盐共沉淀法制备 $Li(Ni_{1/3}Co_{1/3}Mn_{1/3})O_{2-x}F_x$ 正极材料及电化学性能［J］．化工新型材料，2012，40（9）：101-103.
[49] 杜琳．电催化及光电催化氧化印染废水的研究［D］．成都：四川大学，2007.
[50] 李雪妮．用于电解水制氢催化剂的制备及其性能研究［D］．北京：北京化工大学，2013.
[51] 骆永伟，朱亮，王向飞，等．电解水制氢催化剂的研究与发展［J］．金属功能材料，2021，28（3）：58-66.
[52] 孙勇疆．氧化锌多级微结构的制备及表征［D］．青岛：青岛科技大学，2012.
[53] 邹科．ZnO 纳米材料的铝、稀土元素掺杂及其光学和电学性能研究［D］．济南：山东大学，2011.
[54] 鲍久圣，阴妍，刘同冈，等．蒸发冷凝法制备纳米粉体的研究进展［J］．机械工程材料，2008，32（2）：4-7.
[55] 卢年端，宋晓艳，张久兴，等．惰性气体蒸发-冷凝法制备尺寸可控的纯稀土纳米粉末［J］．粉末冶金技术，2007，25（6）：424-429.
[56] 郭志岩，刘军刚，杜芳林，等．氢电弧等离子体法制备纳米钯粒子及形成过程分析［J］．青岛科技大学学报（自然科学版），2005，26（2）：140-142.
[57] 钟炜，杨君友，段兴凯，等．电弧等离子体法在纳米材料制备中的应用［J］．材料导报，2007，21（S1）：14-16.
[58] 刘伟，张现平，崔作林，等．氢电弧等离子体法制备纳米金粒子［J］．稀有金属，2004，28（6）：1082-1084.
[59] 郑春满，李德湛，盘毅．有机与高分子化学实验［M］．北京：国防工业出版社，2014.
[60] 张存位．悬浮聚合法制备阻燃聚苯乙烯的研究［D］．北京：北京理工大学，2016.
[61] 陈志军，杨清香，李浩，等．悬浮聚合法制备聚苯乙烯磁性微球［J］．材料科学与工程学报，2010，28（1）：62-65，113.
[62] 周美华．光、电催化分解水制氢研究［D］．南昌：南昌大学，2019.
[63] 王玉晓．可见光下光催化分解水制取氢气的研究［D］．天津：天津大学，2009.
[64] 吕绪明，马贤，何茨，等．真空蒸发镀膜法制备金属铈薄膜的表征［J］．稀有金属与硬质合金，2019，47（4）：39-43.
[65] 李昌峰，杜丹丹，洪昕，等．金属纳米粒子膜制备技术和方法研究［J］．医疗卫生装备，2007，28（4）：28-29.
[66] 陈洪玉．金相显微分析［M］．哈尔滨：哈尔滨工业大学出版社，2013.
[67] 胡闯开，黄志伟，李志辉．低碳钢金相试样的制备工艺的研究［J］．山西冶金，2019，42（6）：10-11，43.
[68] 王学武．金属材料与热处理［M］．北京：机械工业出版社，2016.
[69] 丁仁亮．金属材料及热处理［M］．4 版．北京：机械工业出版社，2009.
[70] 崔波．金属材料热处理工艺与技术分析［J］．世界有色金属，2018（20）：211-212.
[71] 那顺桑．金属材料工程专业实验教程［M］．北京：冶金工业出版社，2004.
[72] 张皖菊，李殿凯．金属材料学实验［M］．合肥：合肥工业大学出版社，2013.
[73] 闫红来．铝/钢异种金属电阻点焊接头微观组织与力学性能研究［J］．热加工工艺，2015，44（17）：186-188.

[74] 杜艳迎，史玉升，魏青松，等．不锈钢粉末冷等静压数值模拟与实验验证［J］．材料工程，2010（3）：89-92.
[75] 孙雪坤，沈以赴，金琪泰．金属粉末冷等静压下致密化过程的分析［J］．中国有色金属学报，1998（S1）：137-140.
[76] 高卫国．浅谈铝合金熔炼过程中常见夹杂及净化技术［J］．冶金管理，2021（11）：31-41.
[77] 刘培德，董垒，温晓妮．铸造铝合金熔炼工艺研究［J］．世界有色金属，2018（2）：14-15.
[78] 贺伟．铝合金熔炼工艺［J］．中国铸造装备与技术，2015（1）：51-53.
[79] 朱国丽，彭建财，李文艳，等．硬质合金真空烧结和低压烧结的研究［J］．工具技术，2015，49（7）：31-34.
[80] 吴翔，谭千榆．真空烧结产品变形机理及其控制［J］．四川有色金属，2012（3）：38-39，57.
[81] 杨清芝．实用橡胶工艺学［M］．北京：化学工业出版社，2005.
[82] 唐颂超．高分子材料成型加工［M］．3版．北京：中国轻工业出版社，2013.
[83] 程果锋．废弃热固塑料资源化利用技术研究［D］．上海：东华大学，2009.
[84] 田宁，张亚军，金志明，等．长纤维/热塑性塑料直接注射成型的研究进展［J］．现代塑料加工应用，2020，32（3）：56-59.
[85] 陈智修．聚氯乙烯热收缩膜一步法加工成型工艺的研究［J］．聚氯乙烯，2005（3）：23-25.
[86] 冯青琴．介孔纳米 γ-Al_2O_3 的制备及吸附性能研究［D］．郑州：郑州大学，2007.
[87] 陈大明．氧化铝陶瓷基片水基凝胶法低成本制备技术［J］．材料导报，2001（2）：42.
[88] 胡麟祥．氧化铝陶瓷的两步法烧结工艺研究［D］．济南：济南大学，2020.
[89] 任继文，成佐明．8YSZ陶瓷成型与烧结工艺的优化［J］．材料工程，2015，43（7）：32-37.
[90] 冯聪，曲坤南，王海．玻璃熔制的综合实验［J］．实验科学与技术，2021，19（3）：46-50.
[91] 张梅梅，刘建安，王介峰，等．玻璃工艺综合实验教学与实践［J］．实验技术与管理，2011，28（5）：142-144.
[92] 郝艳霞，李健生，王连军．固态粒子烧结法制备YSZ超滤膜［J］．中国陶瓷工业，2005（1）：22-25.
[93] 李洪伟．超微孔 Al_2O_3 膜的制备与性能研究［D］．北京：北京化工大学，2000.
[94] 赵基钢，刘纪昌，孙辉，等．无机膜的制备及应用［J］．化工科技，2005（5）：68-72.
[95] 袁文生，刘江，隋静，等．注浆成型法制备阳极支撑锥管状SOFC［J］．电源技术，2008（7）：446-448.
[96] 刘丹丹．水系浆料在注浆成型制备固体氧化物燃料电池中的应用［D］．广州：华南理工大学，2014.
[97] 刘粤惠，刘平安．X射线衍射分析原理与应用［M］．北京：化学工业出版社，2003.
[98] 王新，徐捷，穆宝忠．晶体的X射线衍射物相分析方法研究［J］．实验技术与管理，2021，38（3）：29-33.
[99] Williams D B，Carte C B．透射电子显微学：材料科学教材（4卷本）［M］．北京：清华大学出版社，2007.
[100] 夏委委，张梦倩．透射电镜三维重构技术在材料学科实验教学中的应用［J］．实验技术与管理，2021，38（8）：154-162.
[101] 章晓中．电子显微分析［M］．北京：清华大学出版社，2006.
[102] 凌妍，钟娇丽，唐晓山，等．扫描电子显微镜的工作原理及应用［J］．山东化工，2018，47（9）：78-79，83.
[103] 房俊卓，吕俊敏，罗民．扫描电子显微镜在材料测试与表征课程中的应用探索［J］．实验技术与管理，2018，35（2）：76-80.
[104] 徐颖．热分析实验［M］．北京：学苑出版社，2011.
[105] 刘素霞，张永刚．综合热分析仪实验教学初探［J］．科技创新导报，2015，12（5）：124-125.
[106] 于欣欣，张利利，戴鹏，等．综合热分析仪在本科生实验教学中的应用［J］．大学物理实验，2015，28（4）：24-26.
[107] 张正行．有机光谱分析［M］．北京：人民卫生出版社，2009.
[108] 丁敬敏，赵连俊．有机分析［M］．北京：化学工业出版社，2004.
[109] 王晓莉．紫外-可见吸收光谱在有机化合物结构分析中的应用［J］．内蒙古石油化工，2012，38（20）：17-18.
[110] 斯帕克曼．气相色谱与质谱：实用指南（原著第2版）［M］．影印版．北京：科学出版社，2020.
[111] 王桂友，臧斌，顾昭．质谱仪技术发展与应用［J］．现代科学仪器，2009（6）：124-128.
[112] 孙文通，黄蓁，邱烨．气质联用仪测定汽油中含氧化合物、苯和甲苯的含量［J］．质谱学报，2010，31（1）：59-64.
[113] 盛龙生．色谱质谱联用技术［M］．北京：化学工业出版社，2006.
[114] 卢翠芬，李鹤玲，沈金瑞，等．气质联用仪定性定量分析的实验教学设计与探讨［J］．广州化工，2017，45（15）：179-180.
[115] 施明哲．扫描电镜和能谱仪的原理与实用分析技术［M］．北京：电子工业出版社，2015.
[116] 张大同．扫描电镜与能谱仪分析技术［M］．广州：华南理工大学出版社，2009.

[117] 张庆军．高温氧化物陶瓷材料显微结构扫描电镜分析 [J]．电子显微学报，2001 (4)：332-333.
[118] 何曼君，张红东，陈维孝，等．高分子物理 [M]．3 版．上海：复旦大学出版社，2008.
[119] 高巧春．偏光显微镜观察聚合物结晶形态的实验教学改革 [J]．山东化工，2019，48 (23)：180-181，183.
[120] 李晓瑜，杨昌跃，李震，等．聚合物取向结晶形态观察实验设计 [J]．实验技术与管理，2021，38 (1)：70-74.
[121] 张留成，瞿雄伟，丁会利．高分子材料基础 [M]．3 版．北京：化学工业出版社，2013.
[122] 刘靖新，贺志远．聚合物共混物分相与解分相动力学 [J]．塑料，2018，47 (3)：122-125.
[123] 葛利玲．光学金相显微技术 [M]．北京：冶金工业出版社，2017.
[124] 曹欢玲，许卫群．铁碳合金平衡组织观察实验的教学探讨 [J]．实验技术与管理，2009，26 (8)：134-136.
[125] 韩志勇．金属材料及热处理 [M]．7 版．北京：中国劳动社会保障出版社，2018.
[126] 陈显兰，张国伟，刘卫，等．铅锡二元合金相图实验改进 [J]．化学教育，2014，35 (6)：32-34.
[127] 杨种田，汪大海．铅锡合金沉积物的显微组织 [J]．三峡大学学报（自然科学版），2002 (5)：456-457.
[128] 丁文溪．工程材料及应用 [M]．北京：中国石化出版社，2013.
[129] 毕梦园，谢仁义，张艺凡，等．CoCrFeNi 高熵合金组织演变规律及再结晶动力学 [J]．东北大学学报（自然科学版），2021，42 (7)：933-938.
[130] 潘巍，李瑜，孙昭宜．电化学阻抗谱（EIS）技术在腐蚀防护中的应用现状 [J]．化工新型材料，2021：1-16.
[131] 王佳，贾梦洋，杨朝晖，等．腐蚀电化学阻抗谱等效电路解析完备性研究 [J]．中国腐蚀与防护学报，2017，37 (6)：479-486.
[132] 黄秋安，李伟恒，汤哲鹏，等．电化学阻抗谱基础 [J]．自然杂志，2020，42 (1)：12-26.
[133] 郭林秀．球墨铸铁金相试样制备方法与技巧 [J]．山西冶金，2020，43 (5)：39-41.
[134] 鲜广，范洪远，郭智兴，等．钒钛灰铸铁金相组织观察与分析 [J]．实验室研究与探索，2017，36 (1)：38-41.
[135] 赵蓉旭，滕令坡，敖国龙．用马尔文 MS2000 激光粒度分析仪测定颜填料粉体粒度 [J]．中国涂料，2014，29 (3)：64-69.
[136] 马尔文仪器有限公司．马尔文 MS2000 激光粒度分析仪使用手册 [M]．郑州：黄河水利出版社，2001.
[137] 赵建波，张婷．马尔文 MS2000 激光粒度颗分仪测试分析 [J]．陕西水利，2016 (6)：21-24.
[138] 陈泉水，郑举功，任广元．无机非金属材料物性测试 [M]．北京：化学工业出版社，2013.
[139] 王群．陶瓷原料粉体真密度测定法改进初探 [J]．陶瓷，2009 (6)：46.
[140] 杨德武，王瑶，王瑜，等．双比重瓶真密度测定计算及再现性分析 [J]．过滤与分离，2008 (2)：24-26.
[141] GB/T 5211.4—1985. 颜料装填体积和表观密度的测定．
[142] EN 543—2003. 胶粘剂、粉末和粒状胶粘剂表观密度的测定．
[143] 陈金魁，毕效革．中华人民共和国有色金属行业标准：氧化铝、氢氧化铝白度测定方法（YS/T 469—2004）[S]．北京：国家发展和改革委员会，2004.
[144] 潘懋．滴定法测定气相法白炭黑比表面积的讨论 [J]．化学世界，1993 (8)：380-383.
[145] Gun'ko V M，朱兴玲．气相法白炭黑的形态和表面性质 [J]．炭黑工业，2007 (6)：1-18.
[146] 沈冬梅，肖举强，陈晓娟．高度法和压力法测定粉末接触角的比较 [J]．硫磷设计与粉体工程，2007 (1)：9-12，49.
[147] 蒋子铎，邝生鲁，杨诗兰．动态法测定粉末-液体体系的接触角 [J]．化学通报，1987 (7)：31-33.
[148] 姚荣兴，王瑛，王迎，等．测量粉体湿润接触角的实验装置的设计及应用 [J]．玻璃与搪瓷，2005 (2)：39-42.
[149] 陈冰，程国安，詹妙忠，等．中华人民共和国轻工行业标准：陶瓷坯体显气孔率、体积密度测试方法（QB/T 1642—2012）[S]．北京：中国轻工业出版社，2013.
[150] 朱桥，王秀峰．高温熔体密度测量研究进展 [J]．硅酸盐通报，2013，32 (6)：1087-1091.
[151] 周艳艳，王新伟，裴春燕．影响光学玻璃化学稳定性测定结果的因素分析 [J]．长春理工大学学报（自然科学版），2007 (1)：95-97.
[152] JB/T 10576—2006. 无色光学玻璃化学稳定性试验方法　粉末法．
[153] 卢宏炎．光学玻璃的化学稳定性及防腐 [D]．长春：长春理工大学，2004.
[154] 高继伟，姚春梅，杨光敏．陶瓷的分类及吸水率的测定 [J]．科技展望，2014 (22)：177.
[155] 黄培，邢卫红，徐南平．气体泡压法测定无机微滤膜孔径分布研究 [J]．水处理技术，1996 (2)：22-26.
[156] 庞先杰，钟邦克．多孔无机膜孔径大小和分布的测定 [J]．石油化工，1997 (5)：61-64.
[157] 邹燕南，许成．KS 型可塑性仪及测试 [J]．中国陶瓷，1985 (5)：51-54.
[158] 杨淑金，吴伯麟．低可塑性粘土的可塑性改造研究及表征 [J]．中国陶瓷，2008 (9)：43-45.
[159] 虞莹莹．涂料粘度的测定——流出杯法 [J]．化工标准．计量．质量，2005 (2)：25-27.

[160] 虞兆年．涂 4 杯粘度计 [J]．上海涂料，2003 (4)：35.
[161] 屠振文．涂料粘度及其测定方法 [J]．上海涂料，2006 (2)：31-33，48.
[162] 杨辉其．新编金属硬度试验 [M]．北京：中国计量出版社，2005.
[163] GB/T 231.1—2018. 金属材料 布氏硬度试验 第 1 部分：试验方法．
[164] GB/T 4340.1—2009. 金属材料 维氏硬度试验 第 1 部分：试验方法．
[165] GB/T 531.1—2008. 硫化橡胶或热塑性橡胶压入硬度试验方法 第 1 部分：邵氏硬度计法（邵尔硬度）.
[166] GB/T 2411—2008. 塑料和硬橡胶 使用硬度计测定压痕硬度（邵氏硬度）.
[167] 郭同翠，刘明新，熊伟，等．动态接触角研究 [J]．石油勘探与开发，2004，31 (S1)：36-39.
[168] 王晓东，彭晓峰，王补宣．动态湿润与动态接触角研究进展 [J]．应用基础与工程科学学报，2003，11 (4)：396-404.
[169] GB/T 10125—2012. 人造气氛腐蚀试验 盐雾试验．
[170] 闫凯，宋庆军，李秀娟．盐雾腐蚀及其试验中需要注意的几个问题分析 [J]．环境技术，2013，31 (4)：18-20.
[171] 于树洪，申华文，李佳筱，等．盐雾试验腐蚀性能比对方法及研究 [J]．福建分析测试，2021，30 (4)：36-39，44.
[172] JIS G0579—2007. 不锈钢用阳极极化曲线测量方法．
[173] 杨余芳．电化学实验教学中极化曲线的测量与应用 [J]．教育教学论坛，2017 (7)：276-278.
[174] 梅婉，王泽华，张欣，等．金属材料的电偶腐蚀及其防护技术研究进展 [J/OL]．热加工工艺，2022 (4)：15-21. https：//doi.org/10.14158/j.cnki.1001-3814.20210535.
[175] 惠怀兵，刘晔红，许岩．镁合金的电偶腐蚀及防护 [J]．电镀与精饰，2008，30 (12)：31-34.
[176] GB/T 3651—2008. 金属高温导热系数测量方法．
[177] 姚凯，郑会保，刘运传，等．导热系数测试方法概述 [J]．理化检验（物理分册），2018，54 (10)：741-747.
[178] 李晗，李飞．DPR-4A 导热系数测定仪温度控制及试验装置改进的探讨 [J]．计量与测试技术，2014，41 (12)：22-24.
[179] GB/T 34108—2017. 金属材料 高应变速率室温压缩试验方法．
[180] 盛国裕．工程材料测试技术 [M]．北京：中国计量出版社，2007.
[181] 陈融生，王元发．材料物理性能检验 [M]．北京：中国质检出版社，2008.
[182] GB/T 229—2020. 金属材料 夏比摆锤冲击试验方法．
[183] GB/T 228.1—2010. 金属材料 拉伸试验 第 1 部分：室温试验方法．
[184] GB/T 232—2010. 金属材料 弯曲试验方法．
[185] GB/T 7314—2017. 金属材料 室温压缩试验方法．
[186] 张国光．影响绝缘电阻测量值的主要因素 [N]．电子报，2008.
[187] ZC36 型高阻计说明书 [Z]．上海第六电表厂有限公司，2020.
[188] 孙书政．聚苯乙烯分子刷结构对其玻璃化转变行为影响的研究 [D]．杭州：浙江理工大学，2017.
[189] 詹世平，陈淑花，张欣华，等．非晶态粉体玻璃化转变温度的测量方法与装置 [J]．化学工程，2007 (5)：52-55，62.
[190] 刘澜，李永通，王少龙，等．黏度法测定超高分子量聚乙烯分子量的研究 [J]．工程塑料应用，2013，41 (2)：66-69.
[191] 虞志光．高聚物分子量及其分布的测定 [M]．上海：上海科技编译馆，1984.
[192] 龚兴厚，刘清亭，杜娜，等．黏度法测聚乙烯醇黏均分子量实验的改进 [J]．化工高等教育，2016，33 (5)：77-79.
[193] 尚成新，白亚，王海丽，等．BSPA 对 RAFT 聚合速率的影响研究 [J]．材料导报，2016，30 (S1)：354-356.
[194] 朱清梅，王雅珍，张小舟，等．改进苯乙烯聚合反应动力学实验装置的研究 [J]．化工时刊，2010，24 (7)：72-74.
[195] GB/T 528—2009. 硫化橡胶或热塑性橡胶 拉伸应力应变性能的测定．
[196] 杨罡，赵西坡，吴涛，等．再生橡胶性能测试与表征方法 [J]．弹性体，2014，24 (3)：65-70.
[197] 罗春霞，陈海英．半导体激光器的实验特性分析及识别 [J]．激光杂志，2018，39 (10)：156-159.
[198] 张金胜．高功率半导体激光器结构研究 [D]．长春：中国科学院研究生院（长春光学精密机械与物理研究所），2014.
[199] 江剑平．半导体激光器 [M]．北京：电子工业出版社，2000.
[200] 罗志高．霍尔效应及应用实验设计与实现 [J]．大学物理实验，2020，33 (3)：48-52.

[201] 阎守胜．现代固体物理学导论［M］．北京：北京大学出版社，2008.
[202] 张根磊．直接甲醇燃料电池阳极铂基电催化剂的研究［D］．天津：天津大学，2017.
[203] 张健．直接甲醇燃料电池低铂催化剂的制备及其电化学性能研究［D］．广州：广东工业大学，2020.
[204] 张琼，吴杰颖．Gaussian 09 软件在配合物紫外-可见吸收光谱教学中的应用［J］．赤峰学院学报（自然科学版），2018，34（9）：53-54.
[205] 李飞玲，贺艳斌，杨金香．Gaussian 09 软件在蒽醌类化合物光谱实验教学中的应用［J］．实验技术与管理，2016，33（8）：133-136.
[206] 刘新福，杜占平，李为民．半导体测试技术原理与应用［M］．北京：冶金工业出版社，2007.
[207] 宿昌厚，鲁效明．论四探针法测试半导体电阻率时的厚度修正［J］．计量技术，2005（8）：5-7.
[208] 毕鹏禹，董慧茹，曹建平．卡尔费休库仑法测定微量水的装置改进［J］．分析化学，2005，33（4）：588-590.
[209] 李玉书，李晓东，余忠波．用无吡啶的卡尔费休试剂-微库仑法测定微量水分［J］．理化检验（化学分册），2011，47（10）：1235-1236.